中国机械工业教育协会“十四五”普通高等教育规划教材

浙江省普通本科高校“十四五”重点立项建设教材

智能控制理论及应用

主　编　任　佳
副主编　赵新龙
参　编　武晓莉

U0412980

机 械 工 业 出 版 社

本书介绍了三类典型的智能控制方法，包括模糊控制、神经网络、智能优化算法，系统地阐述了每类方法的基本概念、模型结构、设计思路和方法，以及基于MATLAB的仿真案例。全书共分4部分，一共13章，主要包括概论、模糊控制篇（包括控制系统设计引论、模糊控制的数学基础、Mamdani模糊控制系统、T-S模糊控制系统）、神经网络篇（包括单层感知器、线性神经网络、BP神经网络和径向基函数神经网络）、优化算法篇（包括遗传算法和粒子群优化算法），以及综合应用篇；书中配有关键知识点短视频、程序代码、思考题与习题，方便读者动手实践、自学自测。

本书可作为高等院校自动化、电气工程、机电工程、电子信息工程、计算机应用等专业高年级本科生和控制科学与工程硕士研究生的智能控制教材，也适合从事工业自动化领域的工程技术人员阅读。

本书配有电子课件、教学视频、习题答案、教学大纲等教学资源，欢迎选用本书作教材的教师登录 www. cmpedu. com 注册下载，或加微信13910750469索取。

图书在版编目（CIP）数据

智能控制理论及应用/任佳主编. —北京：机械工业出版社，2024.4
浙江省普通本科高校“十四五”重点立项建设教材
ISBN 978-7-111-75591-3

Ⅰ.①智… Ⅱ.①任… Ⅲ.①智能控制-高等学校-教材 Ⅳ.①TP273

中国国家版本馆CIP数据核字（2024）第072713号

机械工业出版社（北京市百万庄大街22号 邮政编码100037）
策划编辑：吉 玲 责任编辑：吉 玲 李 乐
责任校对：张勤思 陈 越 封面设计：张 静
责任印制：常天培
北京机工印刷厂有限公司印刷
2024年7月第1版第1次印刷
184mm×260mm · 11.75印张 · 296千字
标准书号：ISBN 978-7-111-75591-3
定价：39.80元

电话服务
客服电话：010-88361066
010-88379833
010-68326294

网络服务
机 工 官 网：www. cmpbook. com
机 工 官 博：weibo. com/cmp1952
金 书 网：www. golden-book. com
机工教育服务网：www. cmpedu. com

封底无防伪标均为盗版

前　言

智能控制是继古典控制理论、现代控制理论之后发展出的又一个研究领域，它是人工智能与自动控制的紧密融合。随着人工智能的不断发展，智能控制方法也层出不穷。本书重点介绍其中的三类典型方法：模糊控制、神经网络以及智能优化算法。

本书编写思路和特点如下：

1）立足读者视角，围绕“是什么？怎么做？为什么？”三个主要问题展开论述，层层递进地解决读者的疑问，呈现所讲的内容。

2）在理解理论知识的基础上，注重理论知识的应用，在各章引入具体案例进行理论知识的巩固、应用及仿真实现。

3）对于章节中的重点内容和关键知识点，提供了相应的教学短视频，帮助读者深入理解相关概念和重点知识，并进一步拓展思路。

全书共13章，分为4部分，适用于32课时的教学计划，其中第3章、第4章、第11章建议各分配4课时，其余章节分配2课时。第4部分综合应用篇，可作为课程大作业或课程设计案例参考。本书第1~9章由任佳编写，第10章由赵新龙编写，第11~13章由任佳与武晓莉共同编写，全书由任佳统稿。针对关键知识点和仿真实例，在相应章节处提供了对应的二维码，读者扫描二维码即可获取相关视频或代码资源，书中的仿真图与其相对应。

感谢Passino、刘金锟、孙晓燕、包子阳教授对本书的支持，慷慨分享相关案例资源，感谢浙江理工大学的赵一钢、李恒、李骋远等同学为本书提供资料，感谢所有修读智能控制课程的同学们的努力、启发和激励，同时将此书献给我最亲爱和温暖的家人。

由于作者学识水平有限，书中难免存在疏漏或不妥之处，恳请广大读者批评指正，不胜感激，联系方式：jren@zstu.edu.cn。

任　佳

目 录

第 3 篇　优化算法篇

第 4 篇　综合应用篇

第 1 章

概　论

导读

智能控制是自动控制理论发展的新阶段，主要用于解决传统控制难以解决或解决不好的复杂系统的控制问题。那么智能控制是如何产生的？什么样的系统属于智能控制系统？其主要研究手段和方法有哪些？本章将针对上述问题展开论述。

本章知识点

- 自动控制理论的主要发展脉络。
- 智能控制的定义。
- 智能控制的主要技术和方法。

1.1　控制理论的发展及智能控制的提出

“视频教学 ch1-001”

1.1.1　控制理论的发展

自从美国数学家维纳（Wiener，1894—1964，控制论之父）在 20 世纪 40 年代创立控制论以来，自动控制理论经历了经典控制理论、现代控制理论、大系统理论与智能控制 3 个主要的发展阶段。

1. 经典控制理论

第一阶段是经典（古典）控制理论时期，时间为 20 世纪 30 年代至 50 年代。

经典控制理论主要研究单输入单输出线性系统，这类系统通常采用常系数线性微分方程或传递函数描述，主要基于根轨迹方法和频率响应方法对系统进行分析和综合。

这一时期的主要代表人物除了奈奎斯特（Nyquist，1889—1976）等人以外，还有美国的伯德（Bode，1905—1982）和伊文斯（Evans，1904—1950）。其中，伯德于 1945 年出版了《网络分析和反馈放大器设计》一书，提出了简便而实用的伯德图法；伊文斯于 1948 年提出了直观而又简便的根轨迹法，并在控制工程上得到了广泛应用。

经典控制理论能够较好地解决单输入单输出反馈控制系统的建模、分析与设计问题，但它具有明显的局限性，尤其是它难以有效地应用于时变系统和多变量系统，也难以揭示系统更为深刻的特性。

2. 现代控制理论

第二阶段是现代控制理论时期，时间为20世纪50年代至70年代。

在这个时期，经典控制理论已经相对成熟。同时，由于计算机技术的飞速发展，以及所需要控制的系统不再是简单的单输入单输出线性系统，使得控制理论由经典控制理论向现代控制理论过渡。

现代控制理论主要研究多输入多输出系统，可以是线性的，也可以是非线性的；可以是定常的，也可以是时变的；可以是连续的，也可以是离散的。系统分析的数学工具主要是状态空间描述方法，控制器的设计主要基于状态反馈。

在这一时期，主要代表人物有苏联数学家庞特里亚金（Pontryagin，1908—1988）、美国数学家贝尔曼（Bellman，1920—1984），以及美籍匈牙利数学家卡尔曼（Kalman，1930—2016）。其中，庞特里亚金于1958年提出了用于最优控制的极大值原理；贝尔曼于1954年创立了动态规划，在1956年应用于控制过程，解决了空间技术中出现的复杂控制问题，并开拓了现代控制理论中最优控制理论这一新的领域；1960年，卡尔曼等发表了关于线性滤波器和估计器的论文，提出了系统的能控性、能观性以及系统分解理论。以上理论成为现代控制理论的三大基石。此外，20世纪70年代初，瑞典的奥斯特隆姆（Astrom）教授和法国的朗道（Landau）教授在自适应控制理论与应用方面也取得了非常出色的研究成果。

3. 大系统理论与智能控制

第三阶段是大系统理论与智能控制时期，时间为20世纪70年代末至今。

20世纪70年代末，控制理论朝着大系统理论与智能控制方向发展，其中前者是控制理论在广度上的开拓，后者是控制理论在深度上的挖掘。大系统理论利用控制和信息的观点，研究各种大系统的结构方案、总体设计中的分解方法和协调等问题。

“视频教学 ch1-002”

智能控制是控制理论发展的高级阶段，它主要用来解决那些用传统控制方法难以解决的复杂系统的控制问题。智能控制的研究对象具有以下一些特点：

（1）不确定性的模型　智能控制适用于不确定性对象的控制，其不确定性包含两层意思：一是模型未知或知之甚少；二是模型的结构和参数可能在很大范围内变化。

（2）高度的非线性　输入输出变量间呈现较复杂的非线性。

（3）复杂的任务要求　控制任务具有多重性和时变性。

1.1.2 智能控制理论的提出

智能控制是一门交叉学科，1971年，美籍华裔学者普渡大学傅京逊教授首先提出智能控制是人工智能与自动控制的交集，即二元论。其表达式为

$$\mathrm{IC}=\mathrm{AC}\cap\mathrm{AI}$$

式中，IC为智能控制（Intelligent Control）；AC为自动控制（Automatic Control），是一个能按照规定程序对机器或装置进行自动操作或控制的系统；AI为人工智能（Artificial Intelligence），是一个用来模拟人的思维进行信息处理的系统，具有记忆、学习等功能。可以看出，傅京逊主要强调人工智能中仿人智能与自动控制的结合。

1977年，美国学者G. N. Saridis在此基础上引入运筹学，提出了三元论的智能控制概念，即

$$IC = AC \cap AI \cap OR$$

式中，OR 为运筹学（Operational Research），是一种定量优化方法，包含规划、调度、管理、决策等内容。

三元论结构除“智能”与“控制”外，还强调了更高层次控制中的调度、规划和管理的作用，为递阶智能控制提供了理论依据。

所谓智能控制，即设计一个控制器（或系统），使之具有学习、记忆、推理、决策、自适应和自组织等功能，并能根据环境（包括被控对象或被控过程）信息的变化做出适应性反应，从而实现由人来完成的任务。

1985 年 8 月，IEEE 在美国纽约召开了第一届智能控制学术讨论会，随后成立了 IEEE 智能控制专业委员会；1987 年 1 月，在美国举行第一次国际智能控制大会，标志着智能控制领域的形成。智能控制在我国也不断发展，1993 年，在北京召开了第一届全球华人智能控制与智能自动化大会。中国自动化学会智能自动化专业委员会等学术组织相继成立。

近 30 年来，模糊数学、神经网络、优化算法等各门学科的快速发展给智能控制注入了巨大的活力，由此衍生出多种智能控制方法，如：模糊控制、神经网络控制和基于各种优化算法的控制等。

1.2 智能控制的主要技术

1.2.1 模糊逻辑控制

我们知道，各种传统控制方法的设计均建立在已知被控对象的精确数学模型基础之上。然而，随着系统复杂程度的提高，将难以建立系统的精确数学模型。

在工程实践中，人们发现，一个复杂的控制系统可由一个操作人员凭借丰富的操作经验得到满意的控制效果。若能将这些熟练操作员的实践经验加以总结和描述，并用计算机来实现，将可实现对一些复杂对象的控制。由于这些实践经验多是用人的自然语言表达的，充满模糊语义，需要借助模糊集合进行表示和运算，由此便产生了模糊控制。

由此可知：模糊控制是一种基于规则的控制。它直接采用语言型控制规则，出发点是现场操作人员的控制经验或相关专家的知识，在设计中不需要建立被控对象的精确数学模型，因而使得控制机理和策略易于接受与理解，设计简单，便于应用。

“视频教学 ch1-003”

1965 年美国加州大学自动控制系扎德（Zadeh，1921—2017）提出模糊集合理论，奠定了模糊控制的基础；1974 年，伦敦大学的 E. H. Mamdani 博士首次将模糊集和模糊语言逻辑用于蒸汽机控制，开创了模糊控制的历史。1983 年日本富士电机开创了模糊控制在日本的第一项应用——水净化处理，之后富士电机致力于模糊逻辑元件的开发与研究，并于 1987 年在仙台地铁线上采用了模糊控制技术，1989 年将模糊控制消费品推向高潮，使日本成为模糊控制技术的主导国家。

模糊控制的发展可分为 3 个阶段：

1）1965—1974 年为模糊控制发展的第一阶段，即模糊数学发展和形成阶段。

2）1974—1979 年为模糊控制发展的第二阶段，模糊控制在工业领域得到应用。

3）1979 年至今为模糊控制发展的第三阶段，即高性能模糊控制阶段。

1.2.2 人工神经网络

人工神经网络（Artificial Neural Network，ANN），通常简称神经网络，是一种在生物神经网络的启示下建立的数据处理模型。一个生物神经元结构的模型示意图如图 1-1 所示。由图看出，生物神经元由细胞体、树突、突触和轴突等构成。树突是神经元的生物信号输入端，与其他的神经元相连；轴突是神经元的信号输出端，连接到其他神经元的树突上；突触是两个神经元之间相互接触，并借以传递信息的部位，前一个生物神经元的信息由其轴突传到末梢之后，通过突触对后面各个神经元产生影响。生物神经元有两种状态：兴奋和抑制，平时生物神经元都处于抑制状态，当生物神经元的树突输入信号大到一定程度，超过某个阈值时，生物神经元由抑制状态转为兴奋状态，同时轴突向其他生物神经元发出信号。

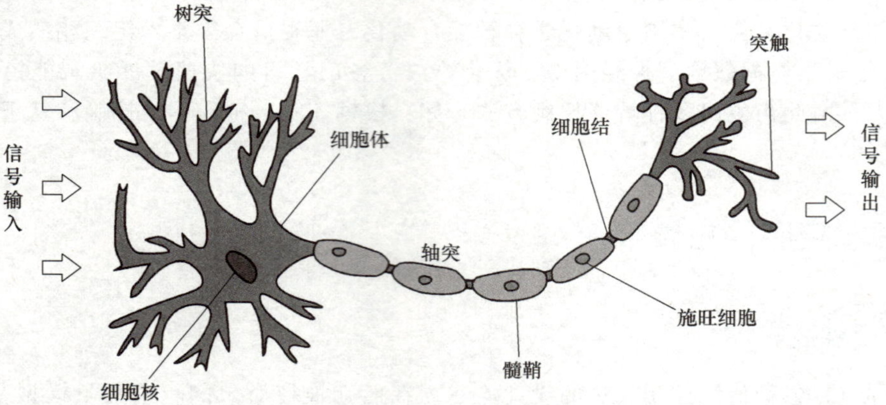

图 1-1 生物神经元结构的模型示意图

人脑大约包含 100 亿个神经元，每个生物神经元大约与 10^2 至 10^4 个其他生物神经元相连接，形成极为错综复杂而又灵活多变的生物神经网络。人工神经网络是在现代神经生物学研究基础上提出的模拟生物过程以反映人脑某些特性的计算结构，它不是人脑神经系统的真实描写，只是它的某种抽象、简化和模拟。

在人工神经网络中，“神经元”被看作基本的处理单元，由多个神经元通过不同连接构成多样化的神经网络结构。目前人们提出的神经元模型已有很多，其中最早提出且影响最大的，是 1943 年心理学家麦卡洛克（McCulloch）和数学家皮茨（Pitts）提出的 M-P 模型。典型的神经网络还有多层前馈神经网络、径向基函数神经网络、Hopfield 神经网络等。

“视频教学 ch1-004”

神经网络经历了以下几个大的发展时期：

1. 启蒙时期（1940—1969）

1943 年，M-P 模型。他们所做的开创性的工作被认为是人工神经网络（ANN）的起点。

1949 年，生理学家 Hebb 提出了神经元权值的 Hebb 调整规则。

1958 年，计算机学家 Rosenblatt 提出了一种具有三层网络特性的神经网络结构，称为“感知器”。

1969 年，人工智能的创始人之一的 Minsky 和 Papert 出版了名为《感知器》的书，书中指出简单神经网络只能运用于线性问题的求解，能够求解非线性问题的网络应具有隐含层，而从理论上还不能证明将感知器模型扩展到多层网络是有意义的。

由于 Minsky 在学术界的地位和影响，因此其悲观论点极大地影响了当时的人工神经网络研究。之后，神经网络研究陷入低潮期。

2. 低潮时期（1969—1982）

在该时期，神经网络领域的研究人员大幅度减少，但仍有为数不多的学者在困难时期依然坚持致力于神经网络的研究。

1972 年，芬兰教授 Kohonen 提出了自组织映射（Self-Organizing Map，SOM）理论。Kohonen 认为，一个神经网络接受外界输入模式时，将会分为不同的对应区域，各区域对输入模式具有不同的响应特征，而且这个过程是自动完成的。SOM 网络是一类无导师学习网络，主要用于模式识别及分类问题。

1976 年，美国学者 Grossberg 夫妇提出了自适应共振机理论（Adaptive Resonance Theory，ART），其学习过程具有自组织和自稳定的特征。

3. 复兴时期（1982—1995）

1982 年，美国加州理工学院的优秀物理学家 Hopfield 提出了 Hopfield 神经网络。

1985 年，Hinton 和 Sejnowski 提出了一种随机神经网络模型——玻尔兹曼机。一年后他们又改进了模型，提出了受限玻尔兹曼机。

1986 年，Rumelhart、Hinton、Williams 等人在多层神经网络模型的基础上，提出了多层神经网络权值修正的反向传播学习算法——BP（Error Back-Propagation）算法，解决了多层前向神经网络的学习问题，证明了多层神经网络具有很强的学习能力，它可以完成许多学习任务，解决许多实际问题。

1987 年 6 月，首届国际神经网络学术会议在美国加州圣迭戈召开。之后国际神经网络学会和电气与电子工程师学会（IEEE）联合召开每年一次的国际学术会议。

4. 沉寂期（1995—2006）

1995 年，Cortes 和 Vapnik 提出了支持向量机（Support Vector Machine，SVM）。它是一种二分类模型，其基本模型定义为特征空间上的间隔最大的线性分类器，其学习策略便是间隔最大化，最终可转化为一个凸二次规划问题的求解。

在此期间，传统机器学习，SVM 有了突破性进展。SVM 可以通过核方法（kernel method）进行非线性分类，是常见的核学习（kernel learning）方法之一。

5. 再次复兴（2006 至今）

借助深度学习得到应用，各种新的神经网络模型不断被提出，各种图像识别、语音识别的记录不断被刷新。

神经网络的特点可以概括为以下几个方面：

（1）自学习和自适应性　自适应性是指一个系统能够改变自身的性能以适应环境变化的能力。当环境发生变化时，相当于给神经网络输入新的训练样本，网络能够自动调整参数，改变映射关系。

（2）非线性　神经网络可以实现输入输出之间的非线性映射关系，权值不同，映射关系不同。

（3）计算的并行性　神经网络具有天然的并行性，这是由其结构特征决定的。每个神经元都可以根据接收到的信息进行独立运算和处理，并输出结果。

（4）存储的分布性　由于神经元之间的相对独立性，因此神经网络学习到的“知识”

不是集中存储在网络的某一处，而是分布在网络的所有连接权值中。

1.2.3　智能优化算法

优化问题是指在满足一定条件下（约束条件），在众多方案中寻找最优方案，以使得系统的性能指标达到最大值或最小值。优化问题广泛存在于自动控制、生产调度、信号处理、图像处理、模式识别等众多领域。优化方法是一种以数学为基础，用于求解各种优化问题的应用技术。由于优化问题复杂多样，因此针对优化方法的研究已经成为一个独立的分支，门类众多，其主要分类可以参考图 1-2。

智能优化算法又称启发式算法，这类算法是受到人类智能、生物群体社会性或自然现象规律的启发而提出的随机搜索算法。常用的智能优化算法有：粒子群优化算法、蚁群算法、鱼群算法、蜂群算法等仿动物类算法，遗传算法、禁忌搜索等仿人算法，以及模拟退火等仿物理过程的算法。

"视频教学 ch1-005"

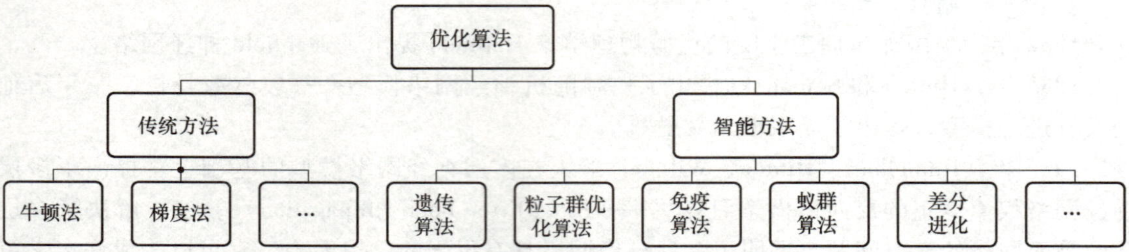

图 1-2　优化算法分类结构图

优化算法可用于模糊控制规则的优化以及神经网络参数的学习，在智能控制领域有着广泛的应用。

1.3　本书的主要内容

智能控制是一门不断发展的交叉学科，分支众多，本书主要围绕其中的三个主题展开讨论，分别是模糊控制篇、神经网络篇和优化算法篇，最后还增设了综合应用篇。教材的整体结构框架如图 1-3 所示。

模糊控制、神经网络、智能优化算法是具有代表性的、在智能控制领域得到广泛应用的研究分支，三者不仅可以单独解决智能控制问题，而且更多时候是两两融合或者三者融合共同来解决复杂的智能控制问题。

在每个算法分支中，我们选择最具代表性的经典算法进行讲述，力争深入浅出地讲述算法的基础理论、实现方法，同时针对重点知识点配备了相应的短视频，书中提供了大量的

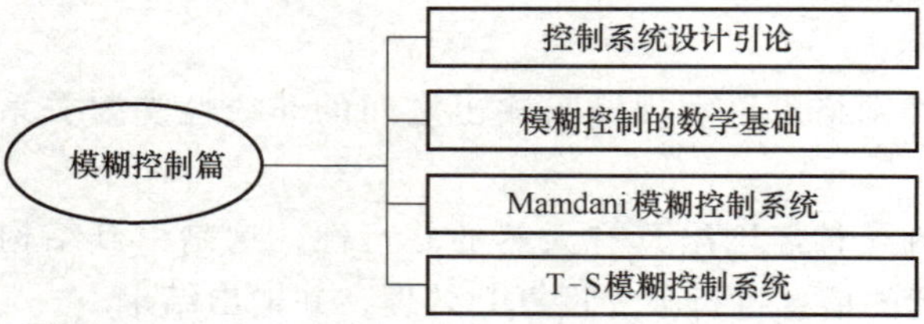

图 1-3　本书的整体结构框架

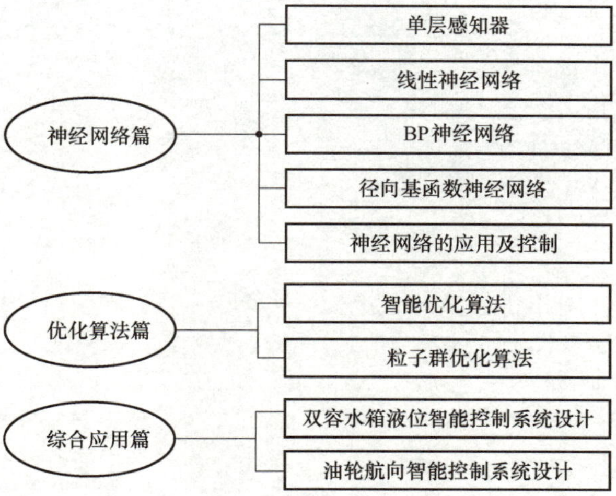

图 1-3　本书的整体结构框架（续）

MATLAB 仿真案例，方便读者更好地理解算法的核心思想和实现思路，也非常鼓励读者多多动手实践。

思考题与习题

1-1　请观看视频或阅读文献“百家讲坛：自动控制发展的历程——哈尔滨工业大学王广雄教授”，总结自动控制发展的历史，谈谈自己对自动控制的认识和思考。

1-2　开展小组讨论：请列举生活中的一个智能控制相关案例，并且思考讨论该案例中何处体现出了智能性，体现了哪种智能性？

第 1 篇　模糊控制篇

第 2 章

控制系统设计引论

导读

自动控制技术，萌芽于工业革命时期，蓬勃发展于计算机产业革命时代，今天已经融入我们生活的方方面面。环顾四周，小到家用电器、日常出行，再到各类服务机器人、工业生产线；放眼上下，从海洋、陆地、天空到外太空，自动控制与人类的生活息息相关，浑然一体。控制理论也在实践需求的推动下不断发展，从经典控制到现代控制，再到各种先进控制、智能控制，新思想不断涌现。

作为从传统控制向智能控制的过渡，本章将以水箱液位定值控制系统的设计为例，从传统控制逐步进入智能控制（模糊控制），在厘清控制理论发展脉络的同时，为后续智能控制的学习做好准备。

本章知识点

- 水箱液位的传统控制系统设计思路。
- 水箱液位的模糊控制系统设计思路。

2.1 引言：以水箱液位控制为例

我们一起来看下面的控制案例。

假设某工业现场有一个如图 2-1 所示的储水箱。该水箱有一个进水口、一个出水口，其

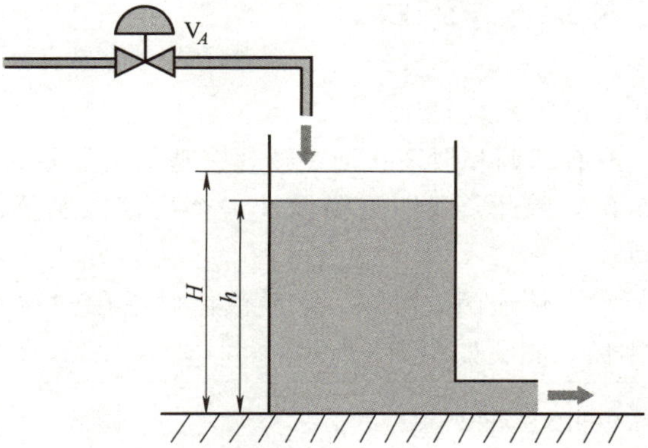

图 2-1 水箱对象示意图

中进水口通过阀门 V_A 调节进水量，出水口管道的大小固定，不可调节。

控制要求为：实现储水箱液位的定值控制，即将水箱液位 $h(t)$ 控制在设定高度 $H=20\text{cm}$。性能指标要求如下：上升时间 $t_r<10\text{s}$，超调量 $\sigma<10\%$，稳态误差 $e_{ss}<2\%$。

2.2 传统控制系统设计

接下来我们用经典控制理论来完成 2.1 节给出的控制任务。基于经典控制理论的控制系统设计可概括为如下三个步骤，即被控对象建模、分析及设计。

1. 被控对象建模

建模即获取被控对象的数学模型，通常的建模方法有机理分析法和实验建模法，详细的建模步骤和方法可参考自动控制理论相关书籍，这里不再赘述。对于 2.1 节给出的示例，我们基于开环阶跃响应法对其进行建模，获得其传递函数模型如下：

$$G(s)=\frac{K}{Ts+1} \tag{2-1}$$

式中，$T=216$，$K=1.2$。

2. 分析

分析是了解被控对象的特性，常用的分析方法有开环时域、频域响应法。由此可以看出，建模是分析的基础，有了数学模型才能对其做进一步的分析，但分析的最终目的还是为了设计出满足特定性能要求的控制系统。下面我们对水箱模型进行开环响应分析。

（1）时域分析：阶跃响应分析　在 MATLAB 中输入以下命令：

```
K=1.2;
T=216;
u=16.6;
G_tank=tf(K,[T,1]);
step(u*G_tank)
```

其中 $u=16.6$ 代表给定阀门 16.6% 的开度，运行程序，可得到图 2-2 所示的水箱液位开环阶跃响应曲线。

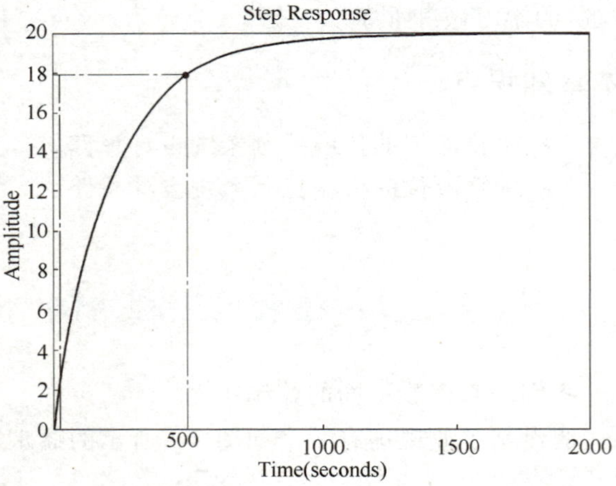

图 2-2　水箱液位开环阶跃响应曲线

从图 2-2 中可以看出：开环系统显示出一阶系统的典型特征，没有超调和振荡；通过选择合适的控制量，液位基本稳定在 20cm；上升时间太慢，大概为 500s。因此，我们需要设计一个反馈控制器，在满足其他动态性能的同时，提高其响应时间。

（2）开环零极点分析　由传递函数可知，水箱液位对象在 $-1/T$ 处有一个极点，通过以下 MATLAB 命令绘制其零极点图，如图 2-3 所示。

```
pzmap(G_tank);
axis([-1 1 -1 1]);
```

由于有唯一的负极点，所以系统稳定。同时，系统响应速度跟极点幅值大小有关，极点幅值越大，响应速度越快。由于我们无法改变对象的参数，所以需要借助控制器的设计，通过改变闭环零极点位置，使得闭环系统的性能满足期望的要求。

(3) 频域分析：开环伯德图分析　输入命令 bode（G_tank），绘制对象的伯德图如图 2-4 所示，该伯德图同样展示出了典型一阶对象的特性。

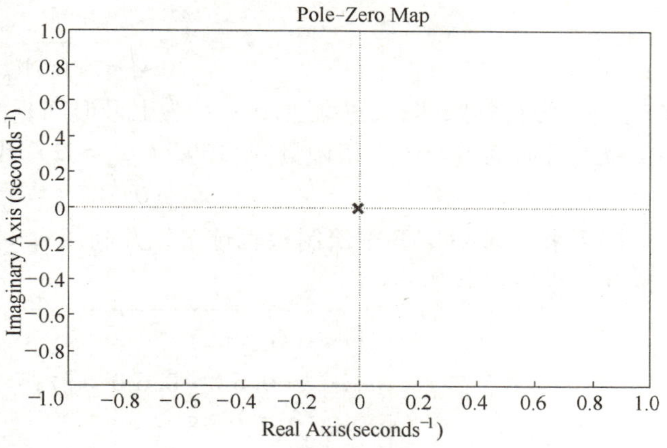

图 2-3　水箱液位对象的零极点图

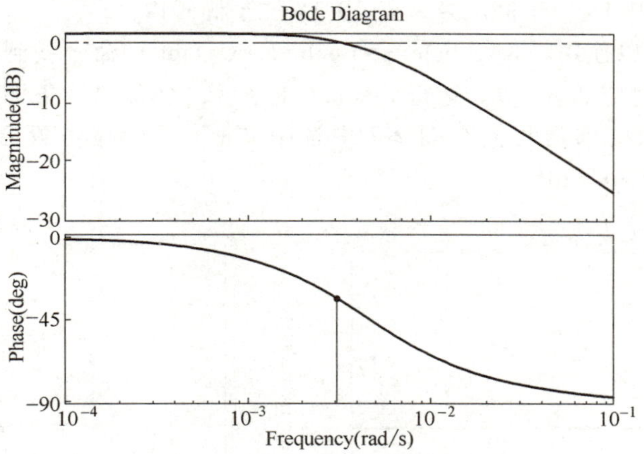

图 2-4　水箱液位对象的伯德图

3. 设计

要设计的反馈控制系统的框图如图 2-5 所示，由此可知，我们的任务是设计合适的控制器 $C(s)$，使得闭环系统的性能满足期望的要求。

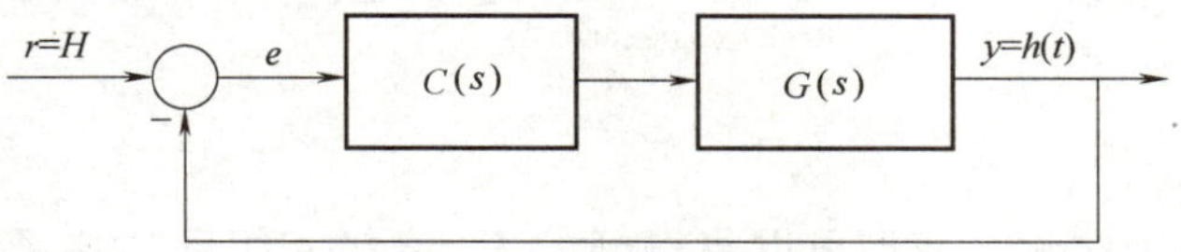

图 2-5　反馈控制系统结构框图

(1) 根轨迹法设计　我们知道，根轨迹图显示的是当增益从零变为无穷大时闭环极点的运动轨迹。这里，设控制器 $G(s)=K_p$，则系统的闭环传递函数如下：

$$\frac{H(s)}{R(s)}=\frac{K_pG(s)}{1+K_pG(s)}=\frac{K_pK}{Ts+1+K_pK} \tag{2-2}$$

结合性能指标要求，可知系统应满足如下条件：

$$w_n \geqslant \frac{1.8}{t_r} \tag{2-3}$$

$$\xi \geqslant \sqrt{\frac{\ln^2 M_p}{\pi^2 + \ln^2 M_p}} \tag{2-4}$$

式中，w_n 为自然频率；ξ 为阻尼比；t_r 为上升时间；M_p 为最大峰值。

将上升时间 $t_r<10s$，超调量 $\sigma<10\%$（$M_p=22$）代入，可得

$$w_n \geqslant 0.18,\ \xi \geqslant 0.7 \tag{2-5}$$

接下来在 MATLAB 中绘制根轨迹图，并利用 sgrid 命令找到能够满足性能指标的闭环极点位置。程序代码如下：

```
rlocus(G_tank)
axis([-0.6 0 -0.6 0.6]);
sgrid(0.7,0.18);
```

运行上述程序，得到如图 2-6 所示的闭环根轨迹图。图中，两条成夹角的虚线为 $\xi=0.7$ 的位置，阻尼比 $\xi>0.7$ 位于两线夹角内，$\xi<0.7$ 位于夹角外；半圆形的虚线为 $w_n=0.18$ 的位置，自然频率 $w_n>0.18$ 位于椭圆外，$w_n<0.18$ 位于椭圆内。

接下来，我们可以使用［Kp，poles］=rlocfind（G_tank）命令找到满足性能指标的闭环极点 poles 的位置和对应的 K_p 值。运行 rlocfind 命令后，会看到一条提示，要求在根轨迹图上选择一个点。按照要求当我们在图 2-7 中选中“+”号所在位置后，可得到如下结果：$K_p=57.4077$；poles=−0.3236。

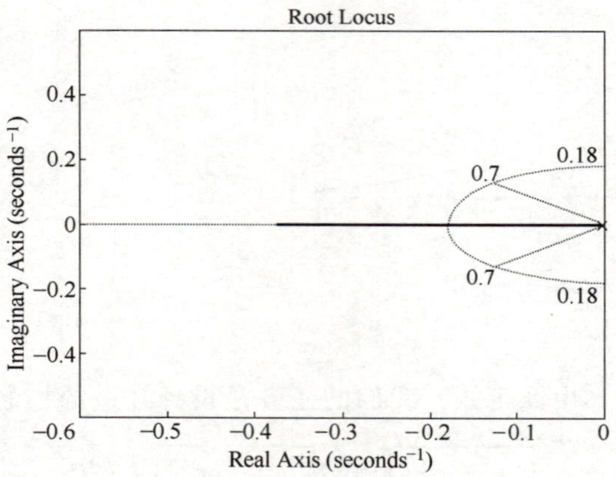

图 2-6　闭环根轨迹图

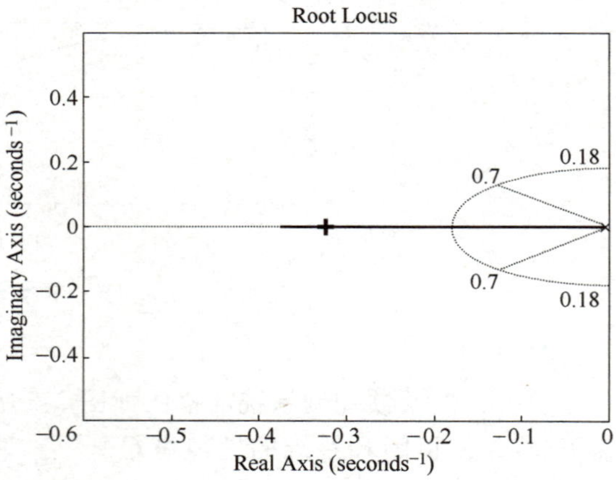

图 2-7　执行 rlocfind 命令后的根轨迹图

之后，我们可以将得到的 K_p 值代入闭环传递函数，观察闭环系统的响应曲线。代码如下：

```
Kp=57.4;
sys_cl=feedback(Kp*G_tank,1);
t=0:0.1:20;
step(H*sys_cl,t)
```

运行后可得图 2-8 所示的闭环响应曲线。从图中可以看出：上升时间、超调量、稳态误差均满足要求。如果稳态误差不满足要求，可继续使用超前滞后方法进行进一步的校正。

（2）PID 控制器设计　接下来，我们进行 PID 控制方案的设计，即图 2-5 中的 $C(s)$ 为 PID 控制器，PID 控制器的传递函数表达式如下：

$$C(s)=K_p+\frac{K_i}{s}+K_d s=\frac{K_d s^2+K_p s+K_i}{s} \tag{2-6}$$

式中，K_p 为比例系数；K_i 为积分系数；K_d 为微分系数。

PID 在 MATLAB 中可以通过调用函数 pid（Kp，Ki，Kd）来实现。首先，加入比例作用，因为大的比例作用可以帮助系统提高响应时间。输入下列命令：

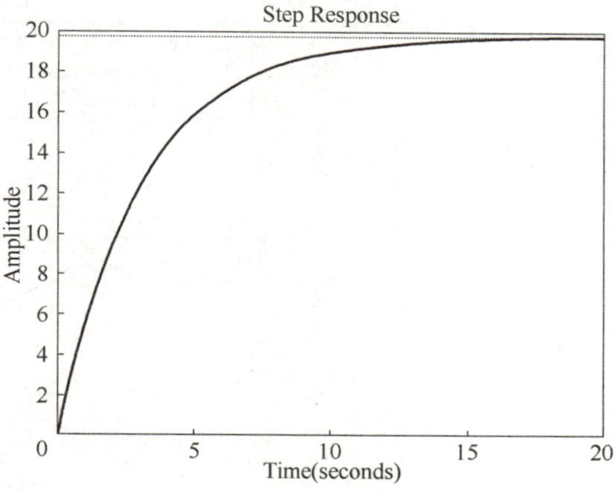

图 2-8　闭环系统响应曲线

```
Kp=10;
C=pid(Kp);
T=feedback(C*G_tank,1);
t=0:0.1:20;
step(H*T,t)
axis([0 20 0 20]);
```

运行程序，可得图 2-9 所示的闭环响应曲线，由图可知：当前参数下，上升时间太慢。接着我们增加 K_p，将其从 10 增加到 60，可得到图 2-10 所示的闭环响应曲线。

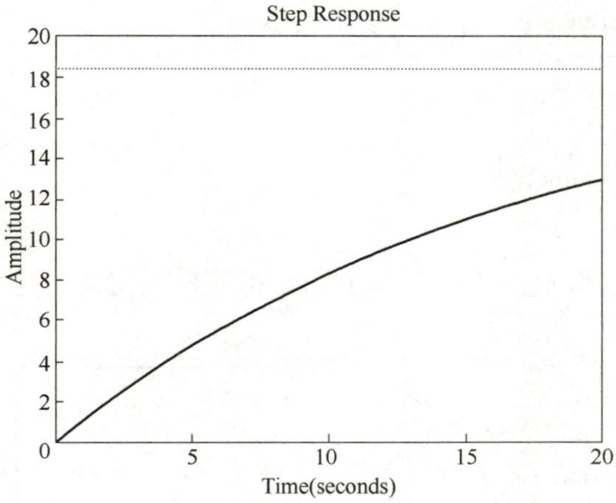

图 2-9　闭环响应曲线（$K_p=10$）

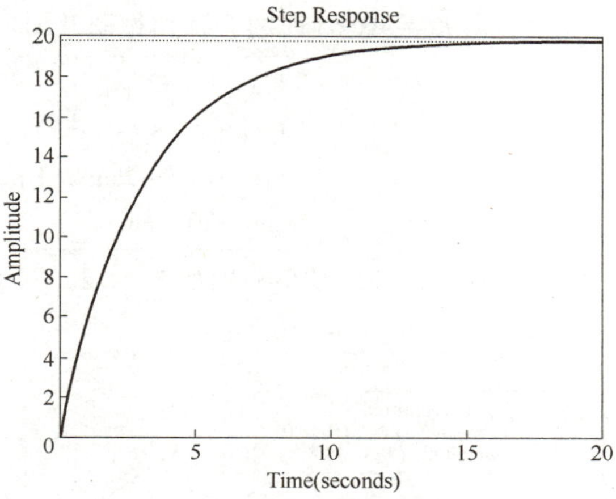

图 2-10　闭环响应曲线（$K_p=60$）

可以看出，随着 K_p 的增大，控制系统满足了设定的性能要求。对于其他复杂系统，或者性能要求比较高的场合，可能需要加入积分进一步减小稳态误差，或加入微分作用提高动态过程的稳定性。

（3）基于频域法的设计：伯德图设计　首先绘制水箱对象的伯德图（bode（G_tank）），如图 2-11 所示。

稳态误差可由下式计算：

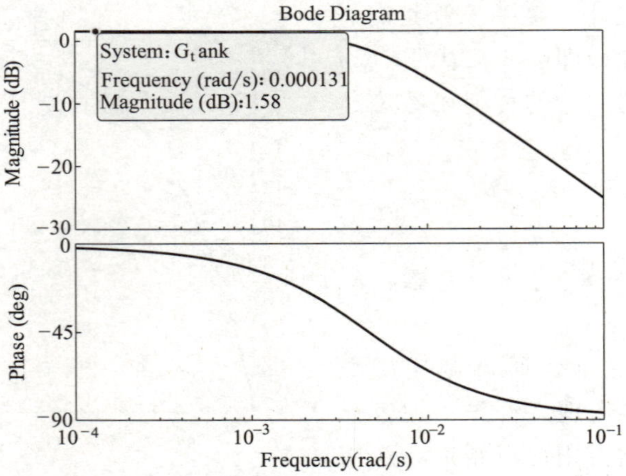

图 2-11 水箱对象的伯德图

$$e_{ss}=\frac{1}{1+M_{w\to 0}}\times 100\% \tag{2-7}$$

对于该系统，由图 2-11 可知，低频段幅值为 1.58dB = 1.20，因此稳态误差为 45.45%。因此需要提高低频段幅值以减小稳态误差。要求的性能指标中稳态误差<2%，因此有

$$\frac{1}{1+M_{w\to 0}}<0.02\Rightarrow M_{w\to 0}>49=33.8\text{dB} \tag{2-8}$$

当前对象的低频段幅值为 1.58dB，因此为使稳态误差满足要求，我们使用比例控制 K_p 进行调整，且 K_p 必须满足下式：

$$K_p>(33.8-1.58)\text{dB}=32.22\text{dB}=40.83 \tag{2-9}$$

绘制当 $K_p=40.83$ 时的开环伯德图及闭环响应曲线，即输入如下命令：

```
Kp=40.83
bode(Kp * G_tank)
sys_c1=feedback(Kp * G_tank,1)
step(20 * sys_c1)
```

运行程序，相应结果分别如图 2-12、图 2-13 所示。从图 2-12 看出，低频段幅值调整为

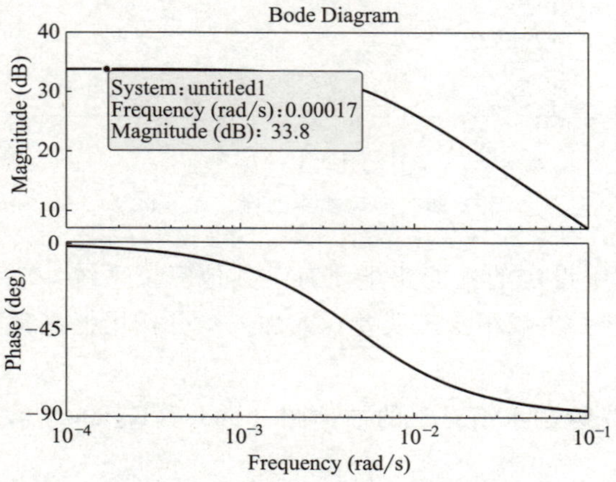

图 2-12 校正后水箱对象的伯德图

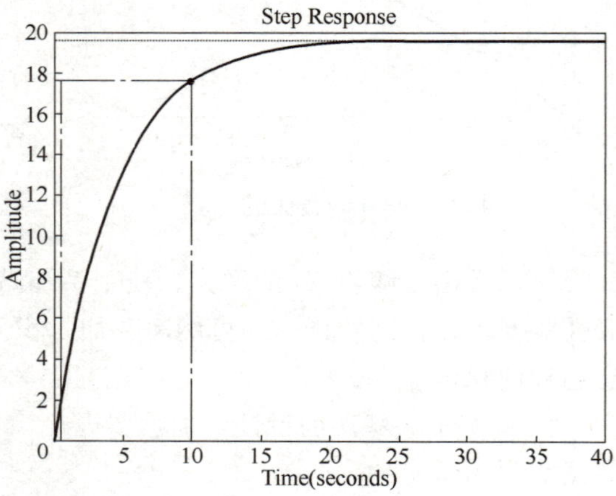

图 2-13 校正后的闭环响应曲线（$K_p=40.83$）

33.8，使得稳态误差满足要求。从图 2-13 所示的闭环响应曲线也可以看到，稳态误差满足要求，但是上升时间偏慢，因此可以继续增大 K_p 值。将 K_p 增大到 50，可得图 2-14 所示的闭环响应曲线，可见，此时上升时间<10s，满足设定的性能要求。

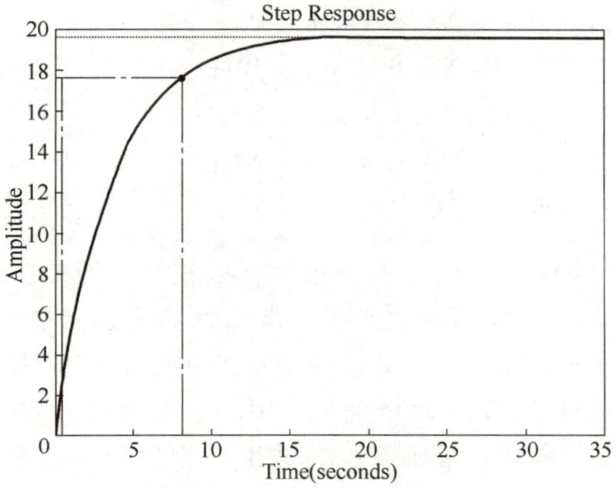

图 2-14　增大 K_p 后的闭环响应曲线（$K_p=50$）

2.3　模糊控制系统设计

上面我们介绍了基于传统方法对单容水箱液位对象进行分析以及控制系统设计的思路。可以看出，传统方法（根轨迹、频率响应法）是建立在对象精确建模基础上的设计方法，但在实际生产生活中，随着控制对象的日益大型化、复杂化，精确建模变得越来越困难，因此许多独具特色的智能控制方法应运而生。模糊控制是一种无须对被控对象进行建模，完全基于专家经验的智能控制方法，它将专家经验转换为计算机可以执行的规则，让计算机代替专家智能地完成控制任务。

接下来，仍以水箱液位控制系统设计为例进行阐述。我们把水箱液位反馈控制系统用图 2-15 来表示，我们要做的就是要寻找合适的控制器（Controller），使得水箱液位 h 以给定的性能要求跟踪设定值 H。在本示例中，如果正在阅读本书的您能够基于经验完成对水箱液位的控制，那么就可以把您的经验总结成模糊规则，让计算机去实现。下面我们一起来尝试一下。

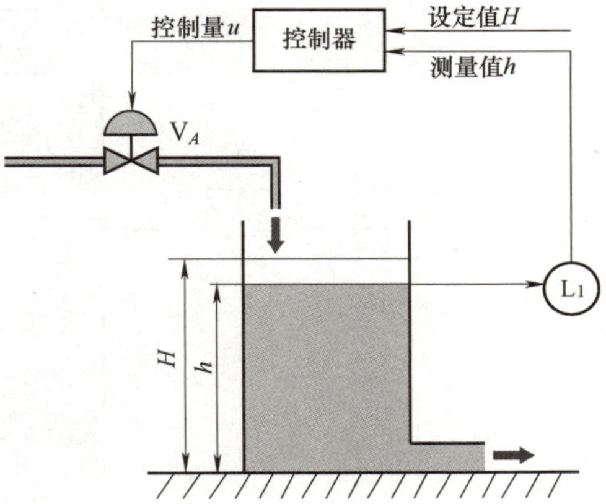

图 2-15　水箱液位的一般控制系统结构图

假设现在进水口阀门 V_A 的开度由您负责操控，归纳起来，不外乎会出现以下几种情况：如果当前液位 h 低于目标液位 H，您一定会开大阀门 V_A 来增加进水量使当前液位上升，并且液位低得越多，阀门 V_A 开得越大；相应地，如果当前液位 h 高于目标液位 H，您将会关小进水口阀门 V_A 来减少进水量以使当前液位下降，并且液位高得越多，阀门 V_A 关得越小；当然，如果当前液位 h 恰好等于目标液位 H，则可以保持当前阀门 V_A 的开度不变。

为表述方便，引入如下变量：误差 $e=h-H$，du 代表入口阀门的开度变化量，NB、NS、ZO、PS、PB 分别表示负大、负小、零、正小、正大，则上述操作经验可总结为如下由人的模糊语义集合组成的规则库：

If e is NS, then du is PS;
If e is NB, then du is PB;
If e is PS, then du is NS;
If e is PB, then du is NB;
If e is ZO, then du is ZO.

模糊控制实质上就是让计算机代替人去执行这些规则，即图 2-15 中的控制器中执行的是人的控制经验（规则库）。紧接着问题来了，那么计算机如何执行人的控制经验呢？假设目标液位的设定值 $H=20\text{cm}$，当前压力传感器测量的实际液位值为 $h=10\text{cm}$，则误差 $e=h-H=-10\text{cm}$，即输入控制器中的误差为精确值 −10，但规则库中的条件项为模糊语义集合（NB，NS，ZO，PS，PB）；同样，规则库中的结论项为模糊语义集合，而控制器要输出的量也须为精确值。可见，要想让控制器顺利执行人的控制经验，其中关键的问题是实现模糊语义集合与精确数值之间的转换。幸运的是，模糊集合理论能够很好地帮助我们解决这个问题，借助它可以实现模糊语义集合（后面统一把它叫作模糊集合）与精确数值之间的转换，可以完成模糊关系的提取和模糊推理，从而实现整个模糊控制，如图 2-16 所示。

到现在我们就可以非常明确：模糊控制之所以叫作模糊控制，绝对不是因为它是所谓的模模糊糊的控制，而是因为借助模糊集合理论这个工具，让计算机实现了基于人类专家经验的控制。也可以这样描述：模糊控制真正的智能性体现在计算机执行的是人类的专家经验，而其主要的技术手段和工具是模糊集合理论。

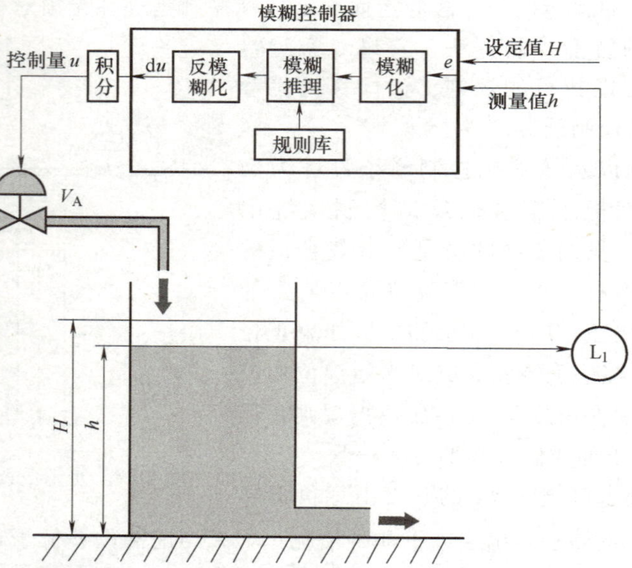

图 2-16　水箱液位的模糊控制系统结构图

关于模糊控制，暂且介绍到这里。可见要学习模糊控制，先要了解模糊集合及其相关知识。因此，接下来在第 3 章我们先学习模糊集合的相关知识，到第 4 章再正式进入模糊控制系统的设计。

思考题与习题

2-1　请以 2.1 节中水箱液位控制为例，基于 MATLAB 软件，用现代控制理论方法完成建模、分析、设计整个过程，体会在控制系统设计中建模、分析、设计各个环节的目的和作用，总结经典控制理论、现代控制理论的异同点。

2-2　查找资料，进一步了解模糊控制的应用领域，想想生活中哪些场合或对象适合使用模糊控制？

2-3　尝试写出目前你对模糊控制的认识，学习第 4 章后回头查看当时的想法，进行对比、总结。

第3章

模糊控制的数学基础

导读

模糊控制是基于模糊集合理论，把人类专家用自然语言描述的控制经验转换为计算机能够实现的 If-then 规则，从而实现对不同对象的有效控制。本章介绍模糊控制的数学基础——模糊集合理论，下一章将进一步介绍模糊控制系统的设计及实现。

本章知识点

- 模糊集合的定义及基本运算。
- 模糊关系的定义及应用。
- 模糊推理的定义及应用。

3.1 模糊集合及运算

在了解模糊集合之前，先简要回顾一下经典集合的相关知识，便于对比学习。

3.1.1 经典集合回顾

1. 集合的基本概念

19 世纪末，即 1876—1883 年间，德国数学家康托尔（Cantor，1845—1918）对任意元素的集合进行了系统的研究，奠定了集合论的基础，康托尔因此被公认为集合论的创始人。

集合是指具有某种特定属性的对象的全体。这里对象的含义是广泛的，它可以是具体的事物，也可以是抽象的概念。集合中的个体称为**集合的元素**。通常用大写字母如 A、B、C、…、X、Y、Z 等表示集合，用小写字母如 a、b、c、…、x、y、z 等表示集合的元素。元素与集合之间是“属于”或“不属于”的关系：若元素 x 属于集合 X，用 $x \in X$ 表示，反之用 $x \notin X$ 表示。

论域是指集合的全体，一般用大写字母 U 表示。空集是指不包含任何元素的集合，通常用 $\varnothing$ 表示。如果一个集合中元素的个数为有限多个，则称该集合为有限集，否则称为无限集。集合既可以是连续的也可以是离散的。

2. 集合的运算

设 A、B 是论域 U 中的两个集合，集合的运算包括：

交：由所有属于集合 A 且属于集合 B 的元素组成的集合，称为 A 与 B 的交集，记为 $A\cap B$，即

$$A\cap B=\{x\,|\,x\in A,且\ x\in B\} \tag{3-1}$$

并：由属于集合 A 或属于集合 B 的所有元素组成的集合，称为 A 与 B 的并集，记为 $A\cup B$，即

$$A\cup B=\{x\,|\,x\in A,或\ x\in B\} \tag{3-2}$$

补：对于集合 A，由论域中不属于 A 的所有元素组成的集合，称为 A 在 U 中的补集，记为 $\overline{A}$，即

$$\overline{A}=\{x\,|\,x\notin A,且\ x\in U\} \tag{3-3}$$

同理有

$$\overline{B}=\{x\,|\,x\notin B,且\ x\in U\} \tag{3-4}$$

3. 集合的直积

集合 A 与集合 B 的直积 $A\times B$ 定义为

$$A\times B=\{(x,y)x\,|\in A\wedge y\in B\} \tag{3-5}$$

由式（3-5）可知，直积就是从集合 A 中取一元素 x，然后再从集合 B 中取一元素 y，构成有序对（x，y），所有这样的有序对（x，y）组成的集合即为 $A\times B$。直积又称为笛卡儿积（Cartesian product）或叉积。注意：上述有序对的顺序是不能改变的，即（x，y）$\neq$（y，x），故通常情况下 $A\times B\neq B\times A$。

【例 3.1】 设集合 $A=\{a，b，c\}$，$B=\{1，2\}$，则有

$$A\times B=\{(a,1),(a,2),(b,1),(b,2),(c,1),(c,2)\}$$
$$B\times A=\{(1,a),(1,b),(1,c),(2,a),(2,b),(2,c)\}$$

集合的直积可以推广到多个集合上去，设 A_1，A_2，…，A_n 为 n 个集合，则

$$A_1\times A_2\times\cdots\times A_n=\{(x_1,x_2,\cdots,x_n)\,|\,x_1\in A_1,x_2\in A_2,\cdots,x_n\in A_n\} \tag{3-6}$$

【例 3.2】 设 $\mathbf{R}$ 是实数集，则有

$$\mathbf{R}\times\mathbf{R}=\{(x,y)\,|\,-\infty<x<+\infty,-\infty<y<+\infty\}$$

即通常所说的二维平面 $\mathbf{R}^2$。

同理，有

$$\mathbf{R}\times\mathbf{R}\times\mathbf{R}=\{(x,y,z)\,|\,-\infty<x<+\infty,-\infty<y<+\infty,-\infty<z<+\infty\}$$

即通常所说的三维欧氏空间 $\mathbf{R}^3$，进而可知 $\mathbf{R}\times\mathbf{R}\times\cdots\times\mathbf{R}=\mathbf{R}^n$，即为 n 维欧氏空间。

4. 集合的表示方法

（1）列举法　列举法就是将集合中的元素逐一列举出来（一般不考虑元素的前后顺序），常用于表示有限集合。

【例 3.3】 中国古代的四大发明可以表示为

$$A=\{指南针,造纸术,印刷术,火药\}$$

【例 3.4】 请用列举法表示所有大于−2 且小于 10 的偶数构成的集合

$$B=\{0,2,4,6,8\}$$

（2）描述法　用集合所含元素的共同特征（或性质）表示集合的方法称为描述法，又称为定义法。

【例 3.5】 例 3.4 用描述法可以表示如下：

$$B=\{x\mid -2<x<10,\text{且 } x \text{ 为偶数}\}$$

（3）图像法　图像法又称韦恩图法、韦氏图法，一般用矩形或圆形表示一个集合，是一种直观的图形化表示方法。

【例 3.6】　某班级共 33 人，某次期末考试中：英语考试 90 分以上者 6 人，数学考试 90 分以上者 10 人，英语和数学均达到 90 分以上者共 2 人，请用韦恩图表示出班级中英语和数学均低于 90 分的同学的集合。

答：设 U 为班级所有同学组成的集合，E 表示英语 90 分以上同学的集合，M 表示数学 90 分以上同学的集合，则班级中英语和数学均低于 90 分的同学的集合可用韦恩图表示为图 3-1 所示中的深色阴影部分。

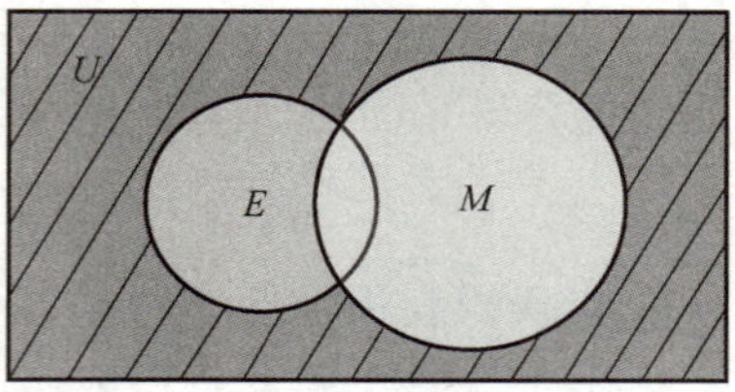

图 3-1　韦恩图集合表示法示例

（4）运算法　运算法指通过集合的交、并、补等运算来描述一个集合。

（5）特征函数法　它是利用经典集合非此即彼的明晰性来表示集合的，因为某一集合中的元素要么属于这个集合，要么不属于这个集合，二者必取其一。

设 A 是论域 U 中的一个子集，且 $x\in U$，函数 $\mu_A(x)$ 定义为集合 A 的特征函数，可表示如下：

$$\mu_A(x)=\begin{cases}1 & x\in A\\ 0 & x\notin A\end{cases} \tag{3-7}$$

集合 A 的特征函数在 x 处的取值 $\mu_A(x)$ 叫作 x 在集合 A 中的隶属度。在经典集合中，特征函数的取值只有 $\{0,1\}$ 两种情况：取值为 1 表示 x 属于 A；取值为 0 表示 x 不属于 A。

【例 3.7】　例 3.4 用特征函数法可以表示如下：

$$\mu_B(x)=\begin{cases}1 & x=0,2,4,6,8\\ 0 & x \text{ 为其他值}\end{cases}$$

3.1.2　模糊集合的基本概念及表示方法

1. 经典集合及其局限性

由上一节可知，在经典集合论中，一个事物要么属于某集合，要么不属于某集合，两者必取其一，没有模棱两可的情况。

我们知道，每一个概念都有其内涵和外延。从集合论的角度看，内涵就是集合的定义，而外延就是组成集合的所有元素。经典集合表达概念的内涵和外延都是明确的。而在人们的思维中，有许多没有明确外延的概念，即模糊概念。表现在语言上，就有许多表达模糊概念的词，如以某地的气温为论域，那么“热”“舒适”“冷”都没有明确的外延，或以人的身高为论域，那么“高个子”“中等身高”“矮个子”也没有明确的外延。所以诸如此类的概念都是模糊概念。

模糊概念无法用经典集合加以描述，这是因为论域中的元素属于集合的程度不是绝对的 0 或 1。那么，怎样描述一个模糊概念呢？模糊集合应运而生。模糊集合把经典集合中属于（1）、不属于（0）两种情况扩展成 0 到 1 之间连续变化的值。这样，人的自然语言就可以用这种新的数学工具来描述和处理了。下面以人对室温（0~40℃）的感觉为例，来看看如何用模糊集合表示。大部分人把从 15~25℃ 的室温称作“舒适”的温度，而把 15℃ 以下称为“冷”，把 25℃ 以上称为“热”。同样的问题用经典集合和模糊集合来定义的结果如

图 3-2 所示。图中，横坐标代表温度，纵坐标代表属于的程度（隶属度）。由图 3-2a 可知，所有小于 15℃ 的温度，哪怕是 14.9℃ 也只能属于“冷”，显然与人的感觉不一致；而图 3-2b 中，对于相同的 14.9℃，它可以同时属于“冷”和“舒适”，只不过它属于两个集合的程度不同，程度的大小由对应温度点对应的纵坐标值指示。在图 3-2b 中，14.9℃ 属于“冷”模糊集合的程度为 0.01，属于“舒适”模糊集合的程度为 0.99。可见，在此例中，模糊集合显然更胜一筹，它可以更加准确地描述人对温度的感受。

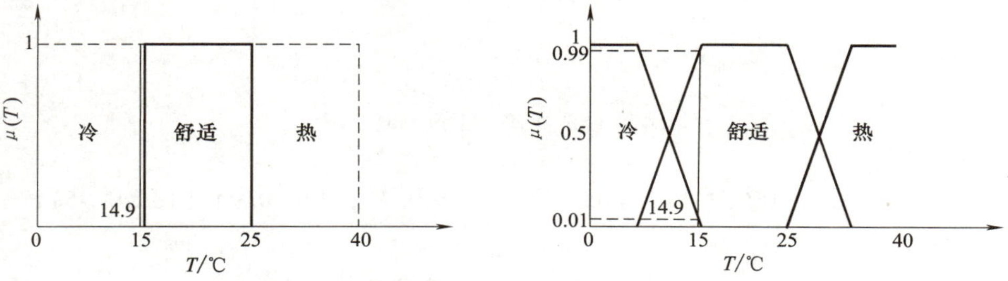

a) 经典集合对温度的定义　　b) 模糊集合对温度的定义

图 3-2　温度的集合定义

2. 模糊集合的定义

【定义 3-1】 **模糊集合**（Fuzzy Set）[1]：给定论域 X 以及论域中的元素 x，论域 X 中的模糊集合 $\underset{\sim}{A}$ 可由一对有序对进行表示：

$$\underset{\sim}{A}=\{(x,\mu_{\underset{\sim}{A}}(x))\mid x\in X\} \tag{3-8}$$

有序对中第一个元素 x 表示集合中的元素，第二个元素 $\mu_{\underset{\sim}{A}}(x)$ 表示元素 x 对模糊集合 $\underset{\sim}{A}$ 的隶属度（Degree of Membership），其取值区间为 [0，1]，$\mu_{\underset{\sim}{A}}(x)$ 的大小反映了元素 x 隶属于模糊集合 $\underset{\sim}{A}$ 的程度。

“视频教学 ch3-001”

$\mu_{\underset{\sim}{A}}(x)=1$，表示元素 x 完全属于 $\underset{\sim}{A}$；

$\mu_{\underset{\sim}{A}}(x)=0$，表示元素 x 完全不属于 $\underset{\sim}{A}$；

$0<\mu_{\underset{\sim}{A}}(x)<1$，表示元素 x 部分属于 $\underset{\sim}{A}$。

由此可以看出，经典集合是模糊集合的特殊形态，模糊集合是经典集合的推广。为区别起见，本书中经典集合用大写字母表示，相应的模糊集合用大写字母下加 ~ 表示。

3. 模糊集合的表示方法

（1）论域 X 为离散有限集 $\{x_1, x_2, \cdots, x_n\}$ 时的表示方法

1）扎德（Zadeh）表示法

$$\underset{\sim}{A}=\frac{\mu_{\underset{\sim}{A}}(x_1)}{x_1}+\frac{\mu_{\underset{\sim}{A}}(x_2)}{x_2}+\cdots+\frac{\mu_{\underset{\sim}{A}}(x_n)}{x_n} \tag{3-9}$$

注意：式（3-9）中$\dfrac{\mu_{\underset{\sim}{A}}(x_i)}{x_i}$并不表示“分数”，而是表示论域中元素 x_i 与隶属度 $\mu_{\underset{\sim}{A}}(x_i)$ 之间的对应关系；同样“+”也不表示“求和”，而是表示所有元素的整体。

2）序偶表示法：将论域中的元素 x_i 与隶属度 $\mu_{\underset{\sim}{A}}(x_i)$ 构成序偶对来表示集合 $\underset{\sim}{A}$，即

$$\underset{\sim}{A}=\{(x_1,\mu_{\underset{\sim}{A}}(x_1)),(x_2,\mu_{\underset{\sim}{A}}(x_2)),\cdots,x_n,\mu_{\underset{\sim}{A}}(X_n)\} \tag{3-10}$$

注意：采用扎德表示法或序偶表示法时，隶属度为 0 的项可以省略不写。

3）向量表示法：将论域中各元素的隶属度 $\mu_{\underset{\sim}{A}}(x_i)$ 写成向量的形式，即

$$\underset{\sim}{A}=(\mu_{\underset{\sim}{A}}(x_1),\mu_{\underset{\sim}{A}}(x_2),\cdots,\mu_{\underset{\sim}{A}}(x_n)) \tag{3-11}$$

注意： 在向量表示法中，隶属度为 0 的项不能省略。

【例 3.8】 考虑论域 U 为 6 个人的身高，分别为 145，165，170，175，180，185，它们对于“高个子”模糊集合 $\underset{\sim}{T}$ 的隶属度分别为 0，0.4，0.6，0.7，0.9，0.95，请分别采用上述 3 种方法表示该模糊集合。

解：

扎德表示法：

$$\underset{\sim}{T}=\frac{0}{145}+\frac{0.4}{165}+\frac{0.6}{170}+\frac{0.7}{175}+\frac{0.9}{180}+\frac{0.95}{185}$$

序偶表示法：

$$\underset{\sim}{T}=\{(145,0),(165,0.4),(170,0.6),(175,0.7),(180,0.9),(185,0.95)\}$$

向量表示法：

$$\underset{\sim}{T}=(0,0.4,0.6,0.7,0.9,0.95)$$

（2）论域 U 为连续域的表示方法　对于连续域的一般模糊集合，可表示为

$$\underset{\sim}{A}=\{(x,\mu_{\underset{\sim}{A}}(x))\mid x\in X\} \tag{3-12}$$

或者用扎德表示法表示为

$$\underset{\sim}{A}=\int_X\frac{\mu_{\underset{\sim}{A}}(x)}{x} \tag{3-13}$$

注意： $\dfrac{\mu_{\underset{\sim}{A}}(x)}{x}$ 并不表示“分数”，而表示论域中的元素 x 与隶属度 $\mu_{\underset{\sim}{A}}(x)$ 之间的对应关系；$\int$ 不表示“积分”，而表示论域中的元素 x 与隶属度 $\mu_{\underset{\sim}{A}}(x)$ 对应关系的总括。

【例 3.9】 设论域 $X=[0,40]$℃，给出图 3-3 所示的“冷” $\underset{\sim}{C}$、“舒适” $\underset{\sim}{W}$、“热” $\underset{\sim}{H}$ 三个模糊集合的图示法表示，请用隶属度函数表示三个模糊集合。

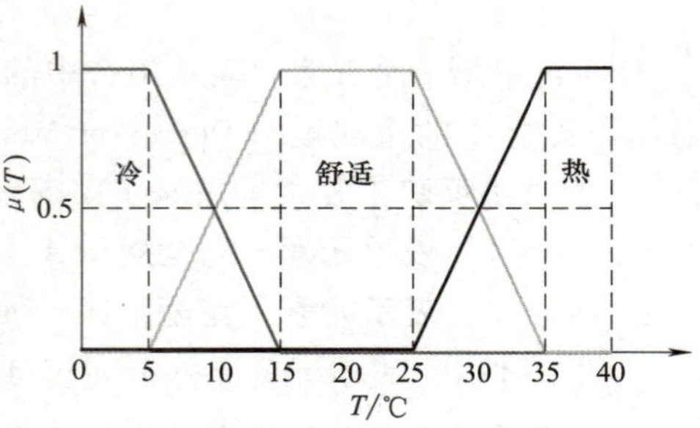

图 3-3　三个模糊集合的隶属度函数图示

解： 三个模糊集合的隶属度函数表示为

$$\underset{\sim}{C}=\{(x,\mu_{\underset{\sim}{C}}(x))\mid x\in[0,40]\},\mu_{\underset{\sim}{C}}(x)=\begin{cases}1 & 0\leqslant x<5\\ -\dfrac{x}{10}+\dfrac{3}{2} & 5\leqslant x\leqslant 15\\ 0 & 15<x\leqslant 40\end{cases}$$

$$\underset{\sim}{W}=\{(x,\mu_{\underset{\sim}{W}}(x))\mid x\in[0,40]\},\mu_{\underset{\sim}{W}}(x)=\begin{cases}0 & 0\leqslant x<5,35<x\leqslant 40\\ \dfrac{x}{10}-\dfrac{1}{2} & 5\leqslant x\leqslant 15\\ 1 & 15<x<25\\ -\dfrac{x}{10}+\dfrac{7}{2} & 25\leqslant x\leqslant 35\end{cases}$$

$$\underset{\sim}{H}=\{(x,\mu_{\underset{\sim}{H}}(x))\mid x\in[0,40]\},\mu_{\underset{\sim}{H}}(x)=\begin{cases}0 & 0\leqslant x<25\\ \dfrac{x}{10}-\dfrac{5}{2} & 25\leqslant x\leqslant 35\\ 1 & 35<x\leqslant 40\end{cases}$$

用扎德表示法表示为

$$\underset{\sim}{C}=\int_{0\leqslant x<5}\frac{1}{x}+\int_{5\leqslant x\leqslant 15}\frac{-\dfrac{x}{10}+\dfrac{3}{2}}{x}+\int_{15<x\leqslant 40}\frac{0}{x}$$

$$=\int_{0\leqslant x<5}\frac{1}{x}+\int_{5\leqslant x\leqslant 15}\frac{-\dfrac{x}{10}+\dfrac{3}{2}}{x}$$

$$\underset{\sim}{W}=\int_{5\leqslant x\leqslant 15}\frac{\dfrac{x}{10}-\dfrac{1}{2}}{x}+\int_{15<x<25}\frac{1}{x}+\int_{25\leqslant x\leqslant 35}\frac{-\dfrac{x}{10}+\dfrac{7}{2}}{x}$$

$$\underset{\sim}{H}=\int_{25\leqslant x\leqslant 35}\frac{\dfrac{x}{10}-\dfrac{5}{2}}{x}+\int_{35<x\leqslant 40}\frac{1}{x}$$

注意：通常我们可以将隶属度为 0 的区域省略不写。

【例 3.10】　模糊集合 $\underset{\sim}{A}$="接近 10 的实数"，可表示如下：

$$\underset{\sim}{A}=\{(x,\mu_{\underset{\sim}{A}}(x))\mid x\in\mathbf{R}\},\mu_{\underset{\sim}{A}}(x)=[1+(x-10)^2]^{-1}$$

或者

$$\underset{\sim}{A}=\int_{x\in\mathbf{R}}\frac{[1+(x-10)^2]^{-1}}{x}$$

其隶属度函数图形如图 3-4 所示。

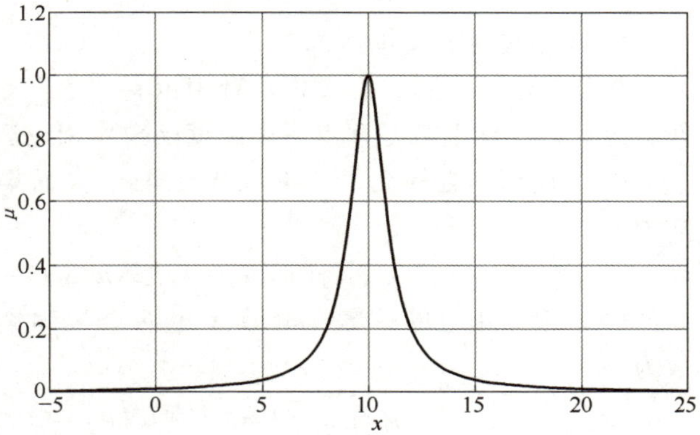

图 3-4　"接近 10 的实数"模糊集合隶属度函数图形

4. 模糊集合的其他定义

【定义 3-2】　**α 截集**（α-level set，或 α-cut set）：给定模糊集合 $\underset{\sim}{A}$，$\forall\alpha\in[0,1]$，集合 $\underset{\sim}{A}$ 中所有隶属度大于或等于 α 的元素组成的集合称为 $\underset{\sim}{A}$ 的 α 截集，即

$$A_\alpha=\{x\in X\mid\mu_{\underset{\sim}{A}}(x)\geqslant\alpha\}\qquad(3\text{-}14)$$

可见 A_α 是普通集合，它是把 x 中隶属度大于等于 α 的元素集中起来的集合，α 称为阈值。进一步把 $A'_\alpha=\{x\in X\mid\mu_{\underset{\sim}{A}}(x)>\alpha\}$ 称为强 α 截集（**strong** α-level set，或 **strong** α-cut set）。

【例 3.11】　例 3.8 中"高个子"模糊集合 $\underset{\sim}{\boldsymbol{T}}$ 的 α 截集有

$$\boldsymbol{T}_{0.4}=\{165,170,175,180,185\}$$

$$\boldsymbol{T}_{0.7}=\{175,180,185\}$$

$$\boldsymbol{T}_{0.95}=\{185\}$$

当 α=0.7 时，其强 α **截集** $\boldsymbol{T}'_{0.7}=\{180,185\}$。

强调说明：模糊集合的 α 截集是普通集合，不是模糊集合。

【定义 3-3】　**模糊集合的空集**：若对于所有的 $x\in X$，均有 $\mu_{\underset{\sim}{A}}(x)=0$，则称 $\underset{\sim}{A}$ 为模糊空

集，记作 $\underset{\sim}{A}=\varnothing$。

【定义 3-4】 **模糊集合的全集**：若对于所有的 $x\in X$，均有 $\mu_{\underset{\sim}{A}}(x)=1$，则称 $\underset{\sim}{A}$ 为模糊全集。

5. 凸模糊集合

【定义 3-5】 给定论域为 **R** 的模糊集合 $\underset{\sim}{A}$，如果对任意实数 $x<y<z$，都有

$$\mu_{\underset{\sim}{A}}(y)\geqslant\min\{\mu_{\underset{\sim}{A}}(x),\mu_{\underset{\sim}{A}}(z)\} \tag{3-15}$$

则称 $\underset{\sim}{A}$ 为**凸模糊集合**（Convex Fuzzy Set）。

实质上凸模糊集合的隶属度函数曲线为单峰的；而非凸模糊集合的隶属度函数曲线则大多是双峰或多峰的。图 3-5 分别给出一个凸模糊集合和非凸模糊集合的示例。注意：凸模糊集合的 α 截集为闭区间。

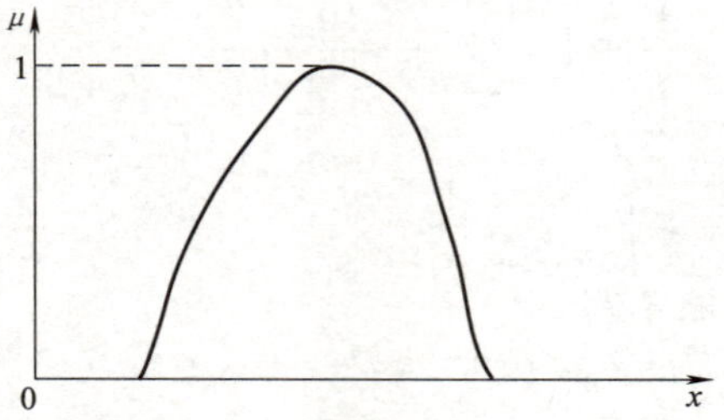

a) 凸模糊集合

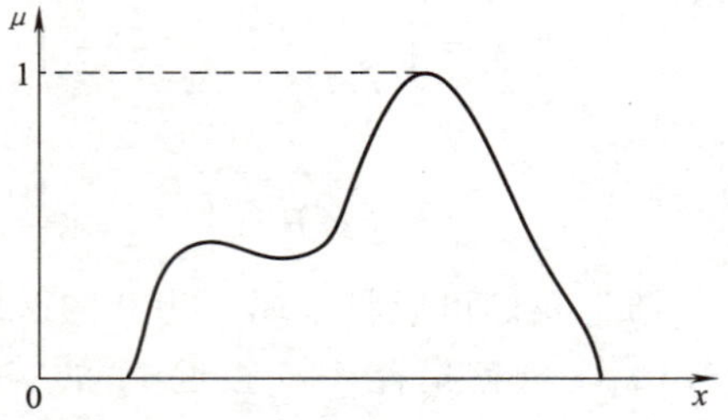

b) 非凸模糊集合

图 3-5 凸模糊集合和非凸模糊集合示例

3.1.3 模糊集合的运算

1. 模糊集合的基本运算

与经典集合一样，在模糊集合中也有“交”“并”“补”等基本运算，两个模糊集合之间的运算，实际上就是逐点对隶属度函数作相应运算。

（1）模糊集合的交集 论域 X 上两个模糊集合 $\underset{\sim}{A}$、$\underset{\sim}{B}$ 的交集记为 $\underset{\sim}{A}\cap\underset{\sim}{B}$，其隶属度函数为

$$\mu_{\underset{\sim}{A}\cap\underset{\sim}{B}}(x)\triangleq\mu_{\underset{\sim}{A}}(x)\wedge\mu_{\underset{\sim}{B}}(x)=\min\{\mu_{\underset{\sim}{A}}(x),\mu_{\underset{\sim}{B}}(x)\} \tag{3-16}$$

（2）模糊集合的并集 论域 X 上两个模糊集合 $\underset{\sim}{A}$、$\underset{\sim}{B}$ 的并集记为 $\underset{\sim}{A}\cup\underset{\sim}{B}$，其隶属度函数为

$$\mu_{\underset{\sim}{A}\cup\underset{\sim}{B}}(x)\triangleq\mu_{\underset{\sim}{A}}(x)\vee\mu_{\underset{\sim}{B}}(x)=\max\{\mu_{\underset{\sim}{A}}(x),\mu_{\underset{\sim}{B}}(x)\} \tag{3-17}$$

（3）模糊集合的补集 论域 X 上模糊集合 $\underset{\sim}{A}$ 的补集记为 $\overline{\underset{\sim}{A}}$，其隶属度函数为

$$\mu_{\overline{\underset{\sim}{A}}}(x)=1-\mu_{\underset{\sim}{A}}(x) \tag{3-18}$$

式中，∧、∨分别表示取小、取大运算，也称为扎德算子。

上述模糊运算可用图 3-6 表示。

当论域 X 为连续有限域时，模糊集合的交集、并集、补集可以直接写成

$$\underset{\sim}{A}\cap\underset{\sim}{B}=\int_X\frac{\mu_{\underset{\sim}{A}}(x)\ \wedge\ \mu_{\underset{\sim}{B}}(x)}{x} \tag{3-19}$$

$$\underset{\sim}{A}\cup\underset{\sim}{B}=\int_X\frac{\mu_{\underset{\sim}{A}}(x)\ \vee\ \mu_{\underset{\sim}{B}}(x)}{x} \tag{3-20}$$

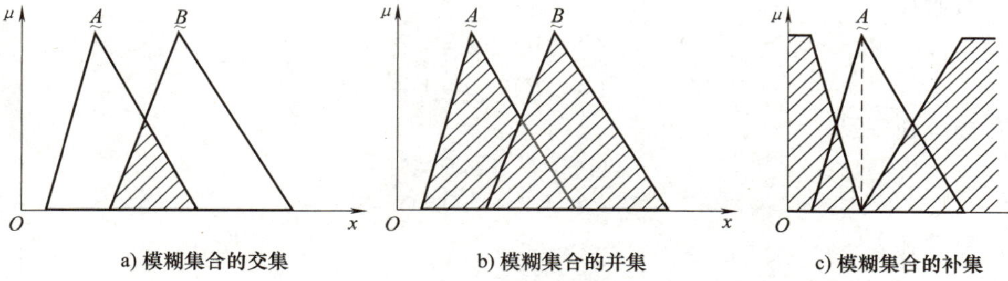

图 3-6　模糊集合运算韦氏图

$$\overline{\underset{\sim}{A}}=\int_X \frac{1-\mu_{\underset{\sim}{A}}(x)}{x} \tag{3-21}$$

【例 3.12】　设 $\underset{\sim}{A}$、$\underset{\sim}{B}$ 是论域 $X=\{x_1, x_2, x_3, x_4\}$ 上的两个模糊集合，且已知

$$\underset{\sim}{A}=\frac{0.3}{x_1}+\frac{0.5}{x_2}+\frac{0.7}{x_3}+\frac{0.4}{x_4}$$

$$\underset{\sim}{B}=\frac{0.5}{x_1}+\frac{1}{x_2}+\frac{0.8}{x_3}$$

试求 $\underset{\sim}{A}\cap\underset{\sim}{B}$，$\underset{\sim}{A}\cup\underset{\sim}{B}$，$\overline{\underset{\sim}{A}}$ 和 $\overline{\underset{\sim}{B}}$。

解：利用模糊集合运算，可得

$$\underset{\sim}{A}\cap\underset{\sim}{B}=\frac{0.3\wedge0.5}{x_1}+\frac{0.5\wedge1}{x_2}+\frac{0.7\wedge0.8}{x_3}+\frac{0.4\wedge0}{x_4}=\frac{0.3}{x_1}+\frac{0.5}{x_2}+\frac{0.7}{x_3}+\frac{0}{x_4}$$

$$\underset{\sim}{A}\cup\underset{\sim}{B}=\frac{0.3\vee0.5}{x_1}+\frac{0.5\vee1}{x_2}+\frac{0.7\vee0.8}{x_3}+\frac{0.4\vee0}{x_4}=\frac{0.5}{x_1}+\frac{1}{x_2}+\frac{0.8}{x_3}+\frac{0.4}{x_4}$$

$$\overline{\underset{\sim}{A}}=\frac{1-0.3}{x_1}+\frac{1-0.5}{x_2}+\frac{1-0.7}{x_3}+\frac{1-0.4}{x_4}=\frac{0.7}{x_1}+\frac{0.2}{x_2}+\frac{0.3}{x_3}+\frac{0.6}{x_4}$$

$$\overline{\underset{\sim}{B}}=\frac{1-0.5}{x_1}+\frac{1-1}{x_2}+\frac{1-0.8}{x_3}+\frac{1-0}{x_4}=\frac{0.5}{x_1}+\frac{0}{x_2}+\frac{0.2}{x_3}+\frac{1}{x_4}$$

注意：计算时不要漏掉隶属度值为 0 的项。

2. 模糊集合运算的基本性质

（1）幂等律

$$\underset{\sim}{A}\cap\underset{\sim}{A}=\underset{\sim}{A}$$
$$\underset{\sim}{A}\cup\underset{\sim}{A}=\underset{\sim}{A}$$

（2）交换律

$$\underset{\sim}{A}\cap\underset{\sim}{B}=\underset{\sim}{B}\cap\underset{\sim}{A}$$
$$\underset{\sim}{A}\cup\underset{\sim}{B}=\underset{\sim}{B}\cup\underset{\sim}{A}$$

（3）结合律

$$(\underset{\sim}{A}\cap\underset{\sim}{B})\cap\underset{\sim}{C}=\underset{\sim}{A}\cap(\underset{\sim}{B}\cap\underset{\sim}{C})$$
$$(\underset{\sim}{A}\cup\underset{\sim}{B})\cup\underset{\sim}{C}=\underset{\sim}{A}\cup(\underset{\sim}{B}\cup\underset{\sim}{C})$$

（4）分配律

$$(\underset{\sim}{A}\cap\underset{\sim}{B})\cup\underset{\sim}{C}=(\underset{\sim}{A}\cup\underset{\sim}{C})\cap(\underset{\sim}{B}\cup\underset{\sim}{C})$$
$$(\underset{\sim}{A}\cup\underset{\sim}{B})\cap\underset{\sim}{C}=(\underset{\sim}{A}\cap\underset{\sim}{C})\cup(\underset{\sim}{B}\cap\underset{\sim}{C})$$

(5) 吸收律

$$(\underset{\sim}{A}\cap\underset{\sim}{B})\cup\underset{\sim}{A}=\underset{\sim}{A}$$
$$(\underset{\sim}{A}\cup\underset{\sim}{B})\cap\underset{\sim}{A}=\underset{\sim}{A}$$

(6) 同一律

$$\underset{\sim}{A}\cup U=U,\underset{\sim}{A}\cap U=\underset{\sim}{A}$$
$$\underset{\sim}{A}\cup\varnothing=\underset{\sim}{A},\underset{\sim}{A}\cap\varnothing=\varnothing$$

(7) 复原律

$$\overline{\overline{\underset{\sim}{A}}}=\underset{\sim}{A}$$

(8) 对偶律

$$\overline{\underset{\sim}{A}\cap\underset{\sim}{B}}=\overline{\underset{\sim}{A}}\cup\overline{\underset{\sim}{B}}$$
$$\overline{\underset{\sim}{A}\cup\underset{\sim}{B}}=\overline{\underset{\sim}{A}}\cap\overline{\underset{\sim}{B}}$$

3. 其他模糊算子

上面的模糊集合运算是采用扎德算子∧或∨来进行的。扎德算子的优点是计算简单，但它的缺点是利用取小算子∧进行交集运算时，其结果只保留了它们的隶属度中较小值的信息，而舍弃了其余信息；利用取大算子∨进行并集运算时，其结果只保留了隶属度中较大的值，而舍弃了其余的信息。这样计算的结果有时无法满足实际的需要。为了适应不同的场合和不同的描述对象，人们根据具体情况又定义了多种不同的算子。

对于“交”，如果采用代数积进行运算，则有

$$\mu_{\underset{\sim}{A}\cap\underset{\sim}{B}}(x)\triangleq\mu_{\underset{\sim}{A}}(x)\mu_{\underset{\sim}{B}}(x) \tag{3-22}$$

如果采用有界积进行运算，则有

$$\mu_{\underset{\sim}{A}\cap\underset{\sim}{B}}(x)\triangleq\max\{0,\mu_{\underset{\sim}{A}}(x)+\mu_{\underset{\sim}{B}}(x)-1\} \tag{3-23}$$

对于“并”，如果采用代数和进行运算，则有

$$\mu_{\underset{\sim}{A}\cup\underset{\sim}{B}}(x)\triangleq\mu_{\underset{\sim}{A}}(x)+\mu_{\underset{\sim}{B}}(x)-\mu_{\underset{\sim}{A}}(x)\mu_{\underset{\sim}{B}}(x) \tag{3-24}$$

如果采用有界和进行运算，则有

$$\mu_{\underset{\sim}{A}\cup\underset{\sim}{B}}(x)\triangleq\min\{1,\mu_{\underset{\sim}{A}}(x)+\mu_{\underset{\sim}{B}}(x)\} \tag{3-25}$$

上述模糊算子在下一章设计模糊控制器时会用到。

请思考：与扎德算子∧或∨相比，上述算子的计算结果有什么不同？

3.1.4 应用：语言变量的模糊集合划分

本章前面几节介绍了模糊集合的基本概念和常见运算。我们知道，模糊集合理论是模糊控制系统实现的重要理论工具，它解决了专家经验中语言变量的模糊性与精确量之间的转换以及模糊推理等关键问题。因此，在学习了模糊集合的基础知识之后，本节延伸出第一个应用问题：语言变量的模糊性与精确量之间的转换，即语言变量的模糊集合划分和表示。

人的思维有其独特性，由人操作的许多任务在执行中并不要求高度的准确性，而是把和任务相关的信息译成与初始数据有近似关系的信息进行处理，这种总结性的信息常常采用自然语言的形式进行表示，语言变量（Linguistic Variable）则是自然语言研究的重要方面。语言变量与数值变量相对应，语言变量的值不是数，而是语言中的词或句，它提供了一种近似的表征方法。模糊控制中专家的经验通常总结为语言变量形式表示的规则，如：“If **液位高**，then **关小**阀门”“If **液位低**，then **开大**阀门”。接下来我们重点讨论语言变量的模糊集合划分与表示问题。关于语言变量，Zimmermann 的著作 *Fuzzy Set Theory and Its Applications*[2] 中

有更为深入而具体的介绍，有兴趣的读者可进一步参阅。

下面我们仍以 2.3 节中引入的水箱液位控制系统为例进行描述。

1. 确定语言变量及其论域

该例中，模糊控制规则总结如下：

If e is NS, then du is PS;

If e is NB, then du is PB;

If e is PS, then du is NS;

If e is PB, then du is NB;

If e is ZO, then du is ZO.

可见，这里输入为语言变量——误差 e，输出为语言变量——控制增量 du，结合设定值，考虑令 e、du 的论域分别为［-20，20］、［-10，10］。论域范围的确定要考虑将该语言变量的主要变化范围包括进来。

说明：此例中的模糊控制为单输入单输出控制器，后续还会接触到多输入多输出控制器，相应的输入输出语言变量的确定要根据对象和控制要求进行确定。

2. 确定语言变量划分的模糊集合的个数

显然，根据规则可知该例中输入变量 e 划分为 5 个模糊集合，输出变量 du 也划分为 5 个模糊集合，分别表示为 {NB，NS，ZO，PS，PB}。

在实际模糊控制器设计中，可根据控制需求确定每个语言变量划分的模糊集合的个数。一般来讲，模糊集合划分的个数越多，控制精度越高，但相应计算量也会增加，反之亦然。

3. 确定每个模糊集合的隶属度函数

接下来，确定语言变量中每个模糊集合的隶属度函数。该例中，输入、输出语言变量的 5 个模糊集合的划分结果如图 3-7、图 3-8 所示。

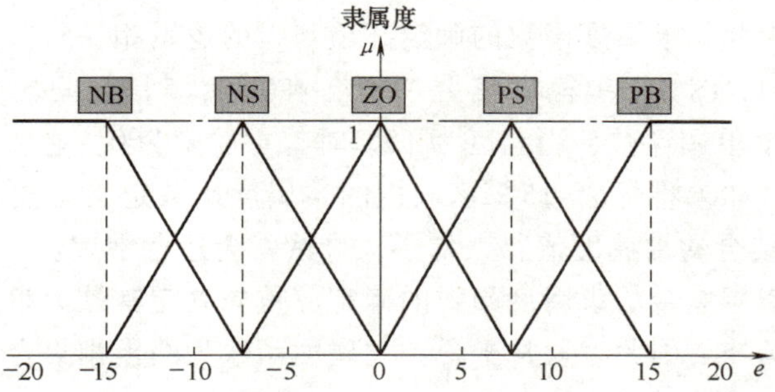

图 3-7　语言变量 e 的模糊集合划分

基于图 3-7、图 3-8，我们可以很方便地写出每个模糊集合的对应的隶属度函数，以图 3-7 中误差 e 中的模糊集合 ZO 为例，其隶属度函数的数学描述为

$$ZO = \{x, \mu_{ZO}(x) \mid x \in [-20, 20]\}$$

$$\mu_{ZO}(x) = \begin{cases} 0 & -20 \leqslant x < -7.5, 7.5 < x \leqslant 20 \\ \dfrac{2}{15}x + 1 & -7.5 \leqslant x \leqslant 0 \\ -\dfrac{2}{15}x + 1 & 0 < x \leqslant 7.5 \end{cases} \tag{3-26}$$

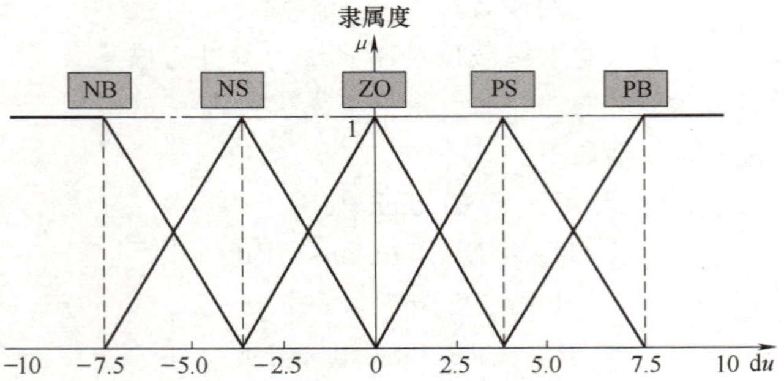

图 3-8　语言变量 du 的模糊集合划分

【动动手】　请读者尝试写出语言变量 e 和 du 中定义的其他模糊集合。

由上可知，在语言变量的模糊集合划分中，隶属度函数的确定是关键。然而，建立一个能够恰如其分地描述模糊集合的隶属度函数，并不是一件容易的事。其原因在于，一个模糊语义所表现出来的模糊性通常是人对客观现象的主观反映。隶属度函数的形成过程基本上是人的主观心理活动；人的主观因素和心理因素的影响使得隶属度函数的确定呈现出复杂性、多样性，也导致到目前为止如何确定隶属度函数尚无定法。虽然隶属度函数的确定目前没有通用的公式或定理可以遵循，但是隶属度函数本质上反映的是事物的渐变性，因此它仍应遵守一些基本原则。下面重点讨论一下隶属度函数确定中的几点关键问题。

"视频教学 ch3-002"

（1）隶属度函数遵守的基本原则

1）表示隶属度函数的模糊集合必须是凸模糊集合。

模糊集合描述的对象为自然语言中的语言变量，其隶属度函数刻画的是论域中的元素属于模糊集合的程度，因此，隶属度函数的确定必须与人的逻辑相一致。如以例 3.9 人对室温（0~40℃）的感觉为例，图 3-3 中模糊集合“冷”在［0，5］区间内隶属度取值为 1，在［5，15］区间内隶属度单调递减，当温度为 15℃时，隶属度为 0，显然该模糊集合的隶属度定义与人的常识一致。如果将［5，15］区间内的隶属度函数定义为波浪形，即随着温度升高，属于“冷”模糊集合的隶属度值忽大忽小，显然就会违背常理。

一般来说，**某一模糊集合的隶属度函数的确定应首先确定其最大隶属度值对应的元素范围，然后向两边单调延伸**。因此，通常来说，隶属度函数为凸模糊集合，从形象上看呈单峰馒头形。

2）变量所取隶属度函数通常是对称和平衡的。

在模糊控制系统中，每一个语言变量可以划分为多个模糊集合。如前面介绍的水箱液位控制中的输入量误差 e，我们将其划分为 5 个模糊集合。一般来说，模糊集合个数越多，控制系统的分辨率越高，其响应结果就越平滑。但带来的不足之处是模糊规则会增多，计算成本大大增加，系统设计的困难程度加重。反之亦然。因此，模糊集合的划分个数既不能过多又不能过少，一般取 3~9 个为宜，并且通常取奇数个，在“ZO”的两边对称选取。

3）隶属度函数要符合人们的语义顺序，避免不恰当的重叠。

通常语言变量的模糊集合我们会使用 NB（负大）、NS（负小）、ZO（零）、PS（正小）、PB（正大）来定义，即语言值的分布必须满足常识和经验。除此之外，还应注意：论域中的每个点应该至少属于一个隶属度函数的区域，同时一般应该属于至多不超过两个隶属度函数的区域；每个模糊集合向两边延伸的范围也有一定的限制，间隔的两个模糊集合的隶属度函数尽量不相交；相邻的两个隶属度函数重叠时，重叠部分对两个隶属度函数的最大隶属度不应该有交叉（交叉点除外）。

为了定量研究隶属度函数之间的重叠关系，Motorola 公司的 Marsh 提出重叠率和重叠鲁棒性的概念。它们的定义如下：

$$重叠率=\frac{a}{b} \tag{3-27}$$

$$重叠鲁棒性=\frac{\int_L^U \mu_c \mathrm{d}x}{U-L} \tag{3-28}$$

其示意图如图 3-9 所示。

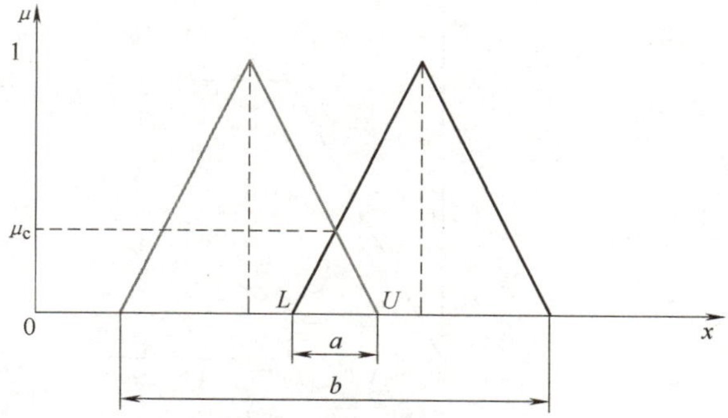

图 3-9　重叠率和重叠鲁棒性定义变量图示

对于重叠指数的选择有以下经验知识：一般取重叠率为 0.2～0.6，重叠鲁棒性为 0.3～0.7。重叠率和重叠鲁棒性越大，模糊控制就更具有模糊性。为了使模糊控制模块更平滑地工作，应该选择合理的重叠率和重叠鲁棒性。图 3-10 给出了几个不同重叠率和重叠鲁棒性的隶属度函数示例。

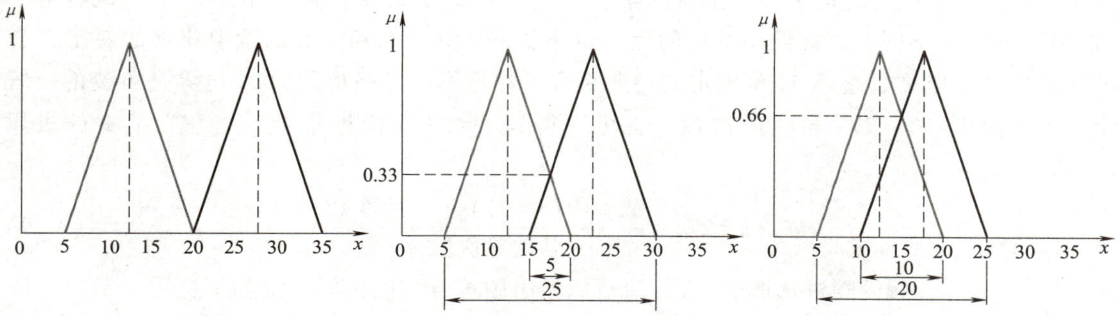

重叠率=0　重叠鲁棒性=0

重叠率=5/25=0.2　重叠鲁棒性=0.33×5/5=0.33

重叠率=10/20=0.5　重叠鲁棒性=0.66×10/10=0.66

图 3-10　隶属度函数不同重叠率示例

（2）隶属度函数的确定方法

1）直觉法。直觉法就是人们用自己对模糊概念的认识和理解，或者大家对模糊概念的普遍认同来建立隶属度函数。这种方法通常用于描述人们熟知的、有共识的客观模糊现象，或者用于难于采集数据的情况。

例如，根据人们对汽车行驶速度“慢速”“中速”和“快速”这三个概念的普遍认同，可以给出描述这三个概念的模糊集合的隶属度函数如图 3-11 所示。

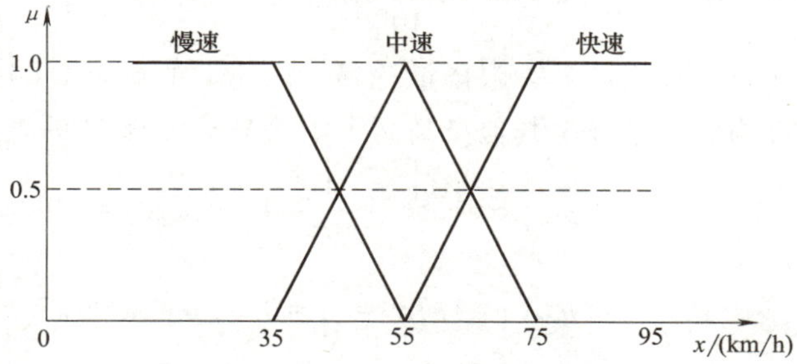

图 3-11　汽车行驶速度的隶属度函数

虽然直觉法非常简单，也很直观，但它却包含着对象的背景、环境以及语义上的有关知识，也包含了对这些知识的语言学描述。因此，对于同一个模糊概念，不同的背景、不同的人可能会建立出不同的隶属度函数。例如，对于模糊集“高个子”，如果论域是“成年男性”，则可构造隶属度函数如图 3-12a 所示；而如果论域是“初中一年级男生”，则可构造隶属度函数如图 3-12b 所示。

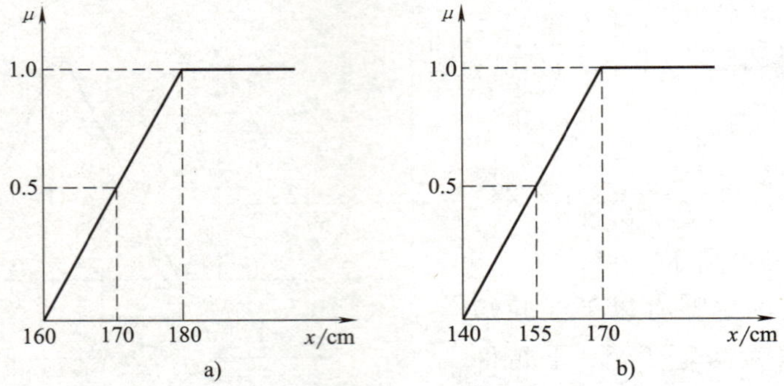

图 3-12　不同论域下“高个子”的隶属度函数

2）模糊统计试验法。借助概率论的思想，人们设计了一种称为模糊统计试验的方法来获取隶属度函数：为了确定论域中某个元素对于某个模糊集合的隶属度，进行 n 次独立重复统计试验。比如：要确定 $x=27$ 在模糊集合“青年” $\underset{\sim}{Y}$ 上的隶属度，由于每个被试者对于“青年”的理解不同，因此给出的区间范围也不相同。如果将第 i 次试验中获得的属于“青年”的集合记作 Y^i，显然 Y^i 是确定的经典集合，并且不同试验得到的 Y^i 边界是可变的。统计 n 次试验中 $(x=27)\in Y^i$ 的次数，就可以得到 $x=27$ 在模糊集合“青年” $\underset{\sim}{Y}$ 上的隶属度，即

$$\mu_{\underset{\sim}{A}}(x=27)=\frac{\text{试验中}(x=27)\in Y^i\text{ 的次数}}{\text{总试验次数 }n} \tag{3-29}$$

【例 3.13】　假设随机选取 10 人，请他们给出中等身材的区间范围如下：

编号	区间	编号	区间	编号	区间	编号	区间	编号	区间
1	1.60~1.69	3	1.63~1.70	5	1.65~1.75	7	1.56~1.70	9	1.62~1.73
2	1.65~1.72	4	1.64~1.73	6	1.60~1.69	8	1.69~1.75	10	1.69~1.77

请利用模糊统计法求身高 = 1.64m 属于中等身材集合 $\underset{\sim}{M}$ 的隶属度。

解：$\mu_{\underset{\sim}{M}}(x=1.64)=\frac{6}{10}=0.6$

设其论域为有限离散论域 {1.56，1.60，1.64，1.69，1.73，1.77}，则可以用相同的方法确定论域中其他身高属于中等身材集合 $\underset{\sim}{M}$ 的隶属度

$$\mu_{\underset{\sim}{M}}(x=1.56)=\frac{1}{10}=0.1;\ \mu_{\underset{\sim}{M}}(x=1.60)=\frac{3}{10}=0.3;\mu_{\underset{\sim}{M}}(x=1.69)=\frac{10}{10}=1$$

$$\mu_{\underset{\sim}{M}}(x=1.73)=\frac{5}{10}=0.5;\ \mu_{\underset{\sim}{M}}(x=1.77)=\frac{1}{10}=0.1$$

从而确定中等身材集合 $\underset{\sim}{M}$ 表示如下：

$$\underset{\sim}{M}=\frac{0.1}{1.56}+\frac{0.3}{1.60}+\frac{0.6}{1.64}+\frac{1}{1.69}+\frac{0.5}{1.73}+\frac{0.1}{1.77}$$

随着试验的增大，模糊统计法计算出的隶属频率会趋向稳定，这个稳定值就是元素 x 属于模糊集合的隶属度，该方法较直观地反映了模糊概念中的隶属程度，但其缺点是工作量和计算量较大。

3）二元对比排序法。二元对比排序法是一种较实用的确定隶属度函数的方法，它通过对多个对象进行两两对比来确定某种特征下的顺序，由此决定这些对象对该特征的隶属程度。这种方法更适用于根据事物的抽象性质由专家来确定隶属度函数的情形，可以通过多名专家或一个委员会，或者是一次民意测试来实施。

设 $U=\{u_1, u_2, u_3, \cdots\}$ 为给定的论域，$\underset{\sim}{A}$ 为一模糊集合，二元对比排序法的实施步骤为：

① 任取论域中的一对元素，如：u_1、u_2 进行比较，得到以 u_2 为标准时 u_1 隶属于 $\underset{\sim}{A}$ 的程度值 $f_{u_2}(u_1)$，以及以 u_1 为标准时 u_2 隶属于 $\underset{\sim}{A}$ 的程度值 $f_{u_1}(u_2)$。

② 计算相对优先度函数

$$f(u_1/u_2)=\frac{f_{u_2}(u_1)}{\max\{f_{u_2}(u_1), f_{u_1}(u_2)\}}, \forall u_1, u_2 \in U \tag{3-30}$$

或

$$f(u_1/u_2)=\frac{f_{u_2}(u_1)}{f_{u_2}(u_1)+f_{u_1}(u_2)}, \forall u_1, u_2 \in U \tag{3-31}$$

显然，$0 \leqslant f(u_1/u_2) \leqslant 1$，$\forall x, y \in U$。

③ 以 $f(u_1/u_2)$ 为元素构造相对优先矩阵

$$\boldsymbol{G}=\begin{pmatrix} f(u_1/u_1) & f(u_1/u_2) & f(u_1/u_3) & \cdots \\ f(u_2/u_1) & f(u_2/u_2) & f(u_2/u_3) & \cdots \\ f(u_3/u_1) & f(u_3/u_2) & f(u_3/u_3) & \cdots \\ \vdots & \vdots & \vdots & \end{pmatrix} \tag{3-32}$$

④ 取相对优先矩阵 $\boldsymbol{G}$ 中每一行的最小值或平均值（如下式），即得 $\underset{\sim}{A}$ 的隶属度函数

$$\underset{\sim}{A}(x)=\min_{u_i \in U}\{f(u_1/u_i)\}, \forall u_1 \in U \tag{3-33}$$

或

$$\underset{\sim}{A}(x)=\frac{1}{|U|}\sum_{u_i \in U} f_{u_i}(u_1), \forall u_1 \in U \tag{3-34}$$

【例 3.14】 某汽车研究所拟对 4 种车型 a、b、c、d 的舒适性进行评估。为此，令 $U=\{a, b, c, d\}$，$\underset{\sim}{A}=\{$乘坐舒适性$\}$，并挑选 10 名长期从事汽车道路试验的技术人员和司机，通过实际乘坐进行评估，评估方法为：任取 2 辆车编成一组进行对比，以先乘坐的一辆车为基准，后乘坐的一辆车为对象做比较进行评分，评分标准见表 3-1。

表 3-1　相对舒适性评分表

乘坐感觉	很好	好	稍好	相同	稍差	差	很差
分值	10	9	7	5	3	1	0

例如，先乘坐 b 车再乘坐 a 车，以 b 车为基准，10 名试乘人对 a 车评分的总和为 63 分，

则取 $f_b(a)=0.63$，$f_a(b)=0.37$。按照该方法得到所有评分结果，见表 3-2。

表 3-2 相对舒适性得分表

$f_y(x)$		基准 y			
		a	b	c	d
对象 x	a	0.50	0.63	0.70	0.79
	b	0.37	0.50	0.68	0.69
	c	0.30	0.32	0.50	0.74
	d	0.21	0.31	0.26	0.50

方法 1：如根据式（3-30）计算相对优先度，可得

$$f(a/a)=1,\ f(a/b)=1,\ f(a/c)=1,\ f(a/d)=1$$

$$f(b/a)=\frac{37}{63},\ f(b/b)=1,\ f(b/c)=1,\ f(b/d)=1$$

$$f(c/a)=\frac{30}{70},\ f(c/b)=\frac{32}{68},\ f(c/c)=1,\ f(c/d)=1$$

$$f(d/a)=\frac{21}{79},\ f(d/b)=\frac{31}{69},\ f(d/c)=\frac{26}{74},\ f(d/d)=1$$

可求得相应的相对优先矩阵为

$$\boldsymbol{G}=\begin{pmatrix} 1 & 1 & 1 & 1 \\ \frac{37}{63} & 1 & 1 & 1 \\ \frac{30}{70} & \frac{32}{68} & 1 & 1 \\ \frac{21}{79} & \frac{31}{69} & \frac{21}{74} & 1 \end{pmatrix}$$

若取相对优先矩阵 $\boldsymbol{G}$ 中每一行的最小值，则得 $\underset{\sim}{A}$ 的隶属度函数为

$$\mu_{\underset{\sim}{A}}(a)=1,\mu_{\underset{\sim}{A}}(b)=\frac{37}{63}\approx 0.5873,\mu_{\underset{\sim}{A}}(c)=\frac{30}{70}\approx 0.4286,\mu_{\underset{\sim}{A}}(d)=\frac{21}{79}\approx 0.2658$$

若取相对优先矩阵 $\boldsymbol{G}$ 中每一行的平均值，则得 $\underset{\sim}{A}$ 的隶属度函数为

$$\mu_{\underset{\sim}{A}}(a)=1,\mu_{\underset{\sim}{A}}(b)=\frac{113}{126}\approx 0.8968,\mu_{\underset{\sim}{A}}(c)=\frac{345}{476}\approx 0.7248,\mu_{\underset{\sim}{A}}(d)=\frac{793}{1535}\approx 0.5166$$

方法 2：如根据式（3-31）计算相对优先度，可得

$$f(a/a)=0.50,\ f(a/b)=0.63,\ f(a/c)=0.70,\ f(a/d)=0.79$$

$$f(b/a)=0.37,\ f(b/b)=0.50,\ f(b/c)=0.68,\ f(b/d)=0.69$$

$$f(c/a)=0.30,\ f(c/b)=0.32,\ f(c/c)=0.50,\ f(c/d)=0.74$$

$$f(d/a)=0.21,\ f(d/b)=0.31,\ f(d/c)=0.26,\ f(d/d)=0.50$$

可求得相应的相对优先矩阵为

$$\boldsymbol{G}=\begin{pmatrix} 0.50 & 0.63 & 0.70 & 0.79 \\ 0.37 & 0.50 & 0.68 & 0.69 \\ 0.30 & 0.32 & 0.50 & 0.74 \\ 0.21 & 0.31 & 0.26 & 0.50 \end{pmatrix}$$

若取相对优先矩阵 $\boldsymbol{G}$ 中每一行的最小值，则得 $\underset{\sim}{A}$ 的隶属度函数为

$$\mu_{\underset{\sim}{A}}(a)=0.50, \mu_{\underset{\sim}{A}}(b)=0.37, \mu_{\underset{\sim}{A}}(c)=0.30, \mu_{\underset{\sim}{A}}(d)=0.21$$

若取相对优先矩阵 $\boldsymbol{G}$ 中每一行的平均值，则得 $\underset{\sim}{A}$ 的隶属度函数为

$$\mu_{\underset{\sim}{A}}(a)=0.655, \mu_{\underset{\sim}{A}}(b)=0.56, \mu_{\underset{\sim}{A}}(c)=0.465, \mu_{\underset{\sim}{A}}(d)=0.32$$

4）典型函数法。作为初学者，更多时候，我们可以基于基本的隶属度函数图形结合自己的直观经验进行隶属度函数的确定。基本的隶属度函数图形可分为以下三类：

① 左大右小的下降函数（通常称作 Z 函数）。Z 形隶属度函数由 2 个参数 a，b 确定，其表达式为

$$\mu(x)=\begin{cases}1 & x \leqslant a \\ 1-2\left(\dfrac{x-a}{b-a}\right)^2 & a<x<\dfrac{a+b}{2} \\ 2\left(\dfrac{x-b}{b-a}\right)^2 & \dfrac{a+b}{2} \leqslant x<b \\ 0 & x \geqslant b\end{cases} \tag{3-35}$$

式中，a，b 确定隶属度函数为 1，0 的两个端点，其图形如图 3-13a 所示，在 MATLAB 中，用函数 zmf(x,[a,b]) 表示。

② 左小右大的上升函数（通常称作 S 函数）。S 形隶属度函数由 2 个参数 a，b 确定，其表达式为

$$\mu(x)=\begin{cases}0 & x \leqslant a \\ 2\left(\dfrac{x-a}{b-a}\right)^2 & a<x<\dfrac{a+b}{2} \\ 1-2\left(\dfrac{x-b}{b-a}\right)^2 & \dfrac{a+b}{2} \leqslant x<b \\ 1 & x \geqslant b\end{cases} \tag{3-36}$$

式中，a，b 确定隶属度函数为 0，1 的两个端点，其图形如图 3-13b 所示，在 MATLAB 中，用函数 smf(x,[a,b]) 表示。

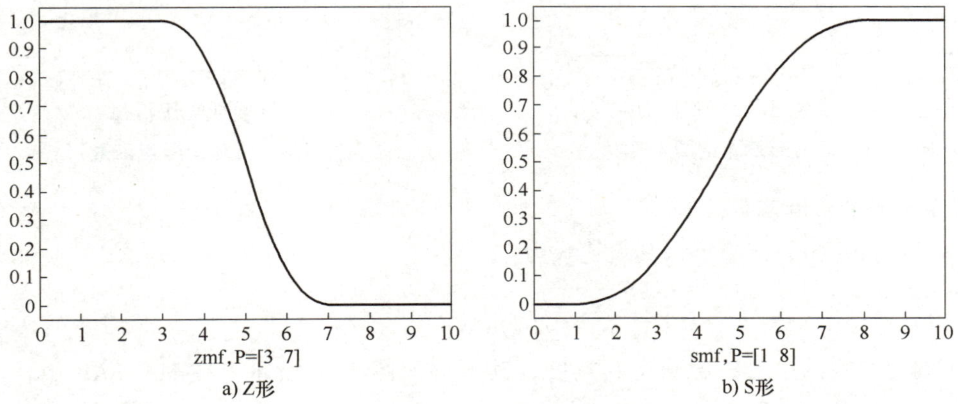

图 3-13　Z 形、S 形隶属度函数图形

③ 对称形凸函数。该类型函数通常又包含以下几种情形。

a. 三角形隶属度函数。

它由 3 个参数 a，b，c 确定，其表达式为

$$\mu(x)=\begin{cases}0 & x\leqslant a\\ \dfrac{x-a}{b-a} & a<x<b\\ \dfrac{c-x}{c-b} & b\leqslant x<c\\ 0 & x\geqslant c\end{cases}\tag{3-37}$$

式中，a，c 确定三角形的两个端点；b 确定三角形的顶点，其图形如图 3-14 所示，在 MATLAB 中，用函数 trimf(x,[a,b,c]) 表示。

b. 梯形隶属度函数。

它由 4 个参数 a，b，c，d 确定，其表达式为

$$\mu(x)=\begin{cases}0 & x\leqslant a\\ \dfrac{x-a}{b-a} & a<x<b\\ 1 & b\leqslant x<c\\ \dfrac{d-x}{d-c} & c\leqslant x<d\\ 0 & x\geqslant d\end{cases}\tag{3-38}$$

式中，a，d 确定梯形的两个下底点；b，c 确定梯形的两个上顶点，其图形如图 3-15 所示，在 MATLAB 中，用函数 trapmf(x,[a, b, c, d]) 表示。

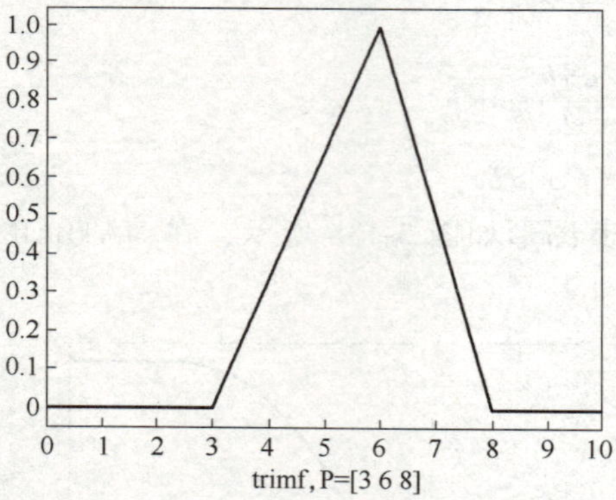

图 3-14 三角形隶属度函数形状

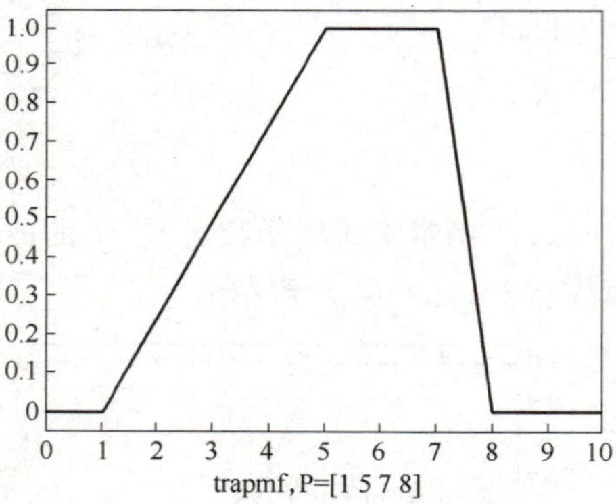

图 3-15 梯形隶属度函数形状

c. 高斯形隶属度函数。

它由 2 个参数 c，σ 确定，其表达式为

$$\mu(x)=\mathrm{e}^{\frac{-(x-c)^2}{2\sigma^2}}\tag{3-39}$$

式中，c 确定曲线的中心；σ 确定其宽度，其图形如图 3-16 所示，在 MATLAB 中，用函数 gaussmf(x,[sig, c]) 表示。

d. 广义钟形隶属度函数。

它由参数 a，b，c 确定，其表达式为

$$\mu(x)=\frac{1}{1+\left|\frac{x-c}{a}\right|^{2b}} \tag{3-40}$$

式中，c 确定曲线的中心，其图形如图 3-17 所示，在 MATLAB 中，用函数 gbellmf(x,[a,b,c]) 表示。

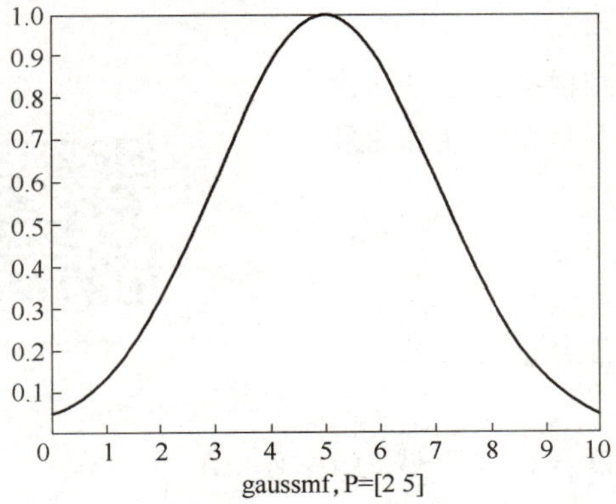

图 3-16　高斯形隶属度函数形状

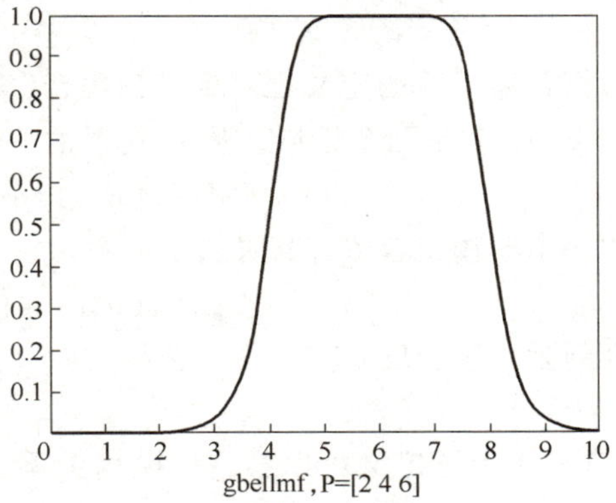

图 3-17　广义钟形隶属度函数形状

5）专家经验法。专家经验法是根据专家的实际经验给出模糊信息的处理算式或相应权系数值来确定隶属度函数的一种方法。在许多情况下，经常是初步确定粗略的隶属度函数，然后再通过“学习”和实践检验逐步修改和完善，而实际效果正是检验和调整隶属度函数的依据。

6）自学习方法。利用神经网络的学习功能，由神经网络自动生成隶属度函数，并通过网络的学习自动调整隶属度函数的值。在学习了第 8 章、第 9 章的知识后，请读者尝试实现。

3.2　模糊关系

3.2.1　模糊关系的定义及表示

1. 普通关系

关系是客观世界存在的普遍现象，它描述了事物之间存在的某种联系：人与人之间有父子、师生、同事等关系，两个数字之间有大于、等于、小于等关系，元素与集合之间有属于、不属于等关系。

设 X，Y 是两个非空集合，其直积 $X\times Y=\{(x,y)\mid x\in X,y\in Y\}$ 的一个子集 R 称为 X 到 Y 的一个普通关系，该关系属于包含两个元素的集合，当然也可以用经典集合中介绍过的特征函数 $\mu_R(x,\ y)$ 加以描述，若 $(x,\ y)\in R$，则有 $\mu_R(x,\ y)=1$，否则 $\mu_R(x,\ y)=0$。

例如：东亚和西亚的足球队要进行足球比赛，其中东亚代表队 $X=\{$中国，韩国，日本$\}$，西亚代表队 $Y=\{$伊朗，阿联酋，沙特$\}$，二元关系 R 表示东亚和西亚球队之间是否进行小组比赛，则 R 可以描述为

$\boldsymbol{R}=$

	中国	日本	韩国
伊朗	1	0	0
阿联酋	0	0	1
沙特	0	1	0

以此类推，三个及以上的客体之间的关系称为多元关系。普通关系只能表示元素之间是否相关，无法表示相关的程度。

2. 模糊关系的定义

把普通关系的定义推广到模糊集合，便可以得到模糊关系的定义。

设 U，V 是两个论域，从 U 到 V 的一个模糊关系是指定义在直积

$$U \times V=\{(u,v) \mid u \in U, v \in V\}$$

上的一个模糊集合 $\underset{\sim}{R}$，其隶属度函数由

$$U_R(u,v) \in [0,1]$$

完全刻画，隶属度 $\mu_R(u,\ v)$ 表示 $(u,\ v)$ 具有关系 $\underset{\sim}{R}$ 的程度。

“视频教学 ch3-003”

注意：

1）由上述定义可以看出，模糊关系也是模糊集合，其论域为 $U\times V$，值域为 $[0,\ 1]$。与上一节介绍的模糊集合不同的是，这里的变量不再是一个，而是两个，因此又称为二元模糊关系。

2）将上述模糊关系推广到多维，当 $\underset{\sim}{R}$ 定义在直积 $U_1\times U_2\times\cdots\times U_n$ 上时，即是 n 元模糊关系。

3）当序偶对的隶属度只取 0 和 1 时，模糊关系就退化为普通关系。可见，模糊关系是普通关系的推广，普通关系是模糊关系的特例。

【例 3.15】 某家庭中子女与父母的长相“相似关系”$\underset{\sim}{R}$ 为模糊关系，可表示如下：

$\underset{\sim}{R}$	父	母
子	0.2	0.8
女	0.6	0.1

【动动脑】 请大家想一想，分别举一个普通关系和模糊关系的例子。

3. 模糊关系的表示

模糊关系通常用模糊集合、模糊矩阵等方法来表示。

（1）模糊集合表示法　定义在 $U\times V$ 上的二元模糊关系 $\underset{\sim}{R}$ 可表示为

$$\underset{\sim}{R}=\int_{U\times V}\frac{\mu_{\underset{\sim}{R}}(u,v)}{(u,v)},\ u \in U, v \in V \tag{3-41}$$

以例 3.15 所述的模糊关系为例，用模糊集合表示为

$$\underset{\sim}{R}=\frac{0.2}{(父,子)}+\frac{0.6}{(父,女)}+\frac{0.8}{(母,子)}+\frac{0.1}{(母,女)}$$

（2）模糊矩阵表示法　通常，离散有限域的二元模糊关系用模糊矩阵来表示。

当 $U=\{u_1,\ u_2,\ \cdots,\ u_m\}$，$V=\{v_1,\ v_2,\ \cdots,\ v_n\}$，则 $U\times V$ 的模糊关系 $\underset{\sim}{R}$ 可用下列 $m\times n$ 矩阵来表示：

$$\underset{\sim}{R}=\begin{pmatrix} r_{11} & r_{12} & \cdots & r_{1n} \\ r_{21} & r_{22} & \cdots & r_{2n} \\ \vdots & \vdots & & \vdots \\ r_{m1} & r_{m2} & \cdots & r_{mn} \end{pmatrix} \tag{3-42}$$

式中，$r_{ij}=\mu_{\underset{\sim}{R}}(u_i, v_j)\,|\,i=1, 2, \cdots, m;\ j=1, 2, \cdots, n$。

用模糊矩阵来表示例 3.15，有

$$\underset{\sim}{R}=\begin{pmatrix} 0.2 & 0.8 \\ 0.6 & 0.1 \end{pmatrix}$$

4. 模糊关系的运算

模糊集合的运算都适用于模糊关系。

设 $\underset{\sim}{R}$、$\underset{\sim}{S}$ 为定义在论域 $U\times V$ 上的两个模糊关系，则有

并：

$$\underset{\sim}{R}\cup\underset{\sim}{S}=(r_{ij}\vee s_{ij}) \tag{3-43}$$

交：

$$\underset{\sim}{R}\cap\underset{\sim}{S}=(r_{ij}\wedge s_{ij}) \tag{3-44}$$

补：

$$\overline{\underset{\sim}{R}}=(1-r_{ij}) \tag{3-45}$$

包含：

$$\underset{\sim}{R}\subseteq\underset{\sim}{S}\Leftrightarrow(r_{ij}\leqslant s_{ij}) \tag{3-46}$$

相等：

$$\underset{\sim}{R}=\underset{\sim}{S}\Leftrightarrow(r_{ij}=s_{ij}) \tag{3-47}$$

3.2.2 应用：语言规则中蕴涵的模糊关系

在模糊控制中，每一条语言规则都可以用其蕴涵的模糊关系来表示。

1. 单输入单规则蕴涵的模糊关系

给定规则“if x is $\underset{\sim}{A}$，then y is $\underset{\sim}{B}$”，则模糊集合 $\underset{\sim}{A}$ 与 $\underset{\sim}{B}$ 之间所蕴涵的这种逻辑关系就称为模糊蕴涵关系，记为 $\underset{\sim}{A}\rightarrow\underset{\sim}{B}$，这里设模糊集合 $\underset{\sim}{A}$、$\underset{\sim}{B}$ 的论域分别为 X、Y。很多人对此进行了研究，并提出了多种计算方法。在模糊逻辑控制中，通常有如下几种模糊蕴涵关系的运算方法：

（1）模糊蕴涵最小运算（Mamdani）

$$\underset{\sim}{R}=\underset{\sim}{A}\times\underset{\sim}{B}=\int_{X\times Y}\frac{\mu_{\underset{\sim}{A}}(x)\wedge\mu_{\underset{\sim}{B}}(y)}{(x,y)} \tag{3-48}$$

（2）模糊蕴涵积运算（Larsen）

$$\underset{\sim}{R}=\underset{\sim}{A}\times\underset{\sim}{B}=\int_{X\times Y}\frac{\mu_{\underset{\sim}{A}}(x)\mu_{\underset{\sim}{B}}(y)}{(x,y)} \tag{3-49}$$

（3）模糊蕴涵算术运算（扎德）

$$\underset{\sim}{R}=(\overline{\underset{\sim}{A}}\times Y)\oplus(X\times\underset{\sim}{B})=\int_{X\times Y}\frac{1\wedge(1-\mu_{\underset{\sim}{A}}(x)+\mu_{\underset{\sim}{B}}(y))}{(x,y)} \tag{3-50}$$

式中，$\oplus$称作有界和算子。

（4）模糊蕴涵的最大最小运算（扎德）

$$\underset{\sim}{R}=(\underset{\sim}{A}\times\underset{\sim}{B})\cup(\overline{\underset{\sim}{A}}\times Y)=\int_{X\times Y}\frac{(\mu_{\underset{\sim}{A}}(x)\wedge\mu_{\underset{\sim}{B}}(y))\vee(1-\mu_{\underset{\sim}{A}}(x))}{(x,y)}\tag{3-51}$$

（5）模糊蕴涵的布尔运算

$$\underset{\sim}{R}=(\overline{\underset{\sim}{A}}\times Y)\cup(X\times\underset{\sim}{B})=\int_{X\times Y}\frac{(1-\mu_{\underset{\sim}{A}}(x))\vee\mu_{\underset{\sim}{B}}(y)}{(x,y)}\tag{3-52}$$

（6）模糊蕴涵的标准法运算一

$$\underset{\sim}{R}=\underset{\sim}{A}\times Y\rightarrow X\times\underset{\sim}{B}=\int_{X\times Y}\frac{(\mu_{\underset{\sim}{A}}(x)>\mu_{\underset{\sim}{B}}(y))}{(x,y)}\tag{3-53a}$$

其中

$$(\mu_{\underset{\sim}{A}}(x)>\mu_{\underset{\sim}{B}}(y))=\begin{cases}1 & \mu_{\underset{\sim}{A}}(x)\leqslant\mu_{\underset{\sim}{B}}(y)\\0 & \mu_{\underset{\sim}{A}}(x)>\mu_{\underset{\sim}{B}}(y)\end{cases}\tag{3-53b}$$

（7）模糊蕴涵的标准法运算二

$$\underset{\sim}{R}=\underset{\sim}{A}\times Y\rightarrow X\times\underset{\sim}{B}=\int_{X\times Y}\frac{(\mu_{\underset{\sim}{A}}(x)>\mu_{\underset{\sim}{B}}(y))}{(x,y)}\tag{3-54a}$$

其中，

$$(\mu_{\underset{\sim}{A}}(x)>\mu_{\underset{\sim}{B}}(y))=\begin{cases}1 & \mu_{\underset{\sim}{A}}(x)\leqslant\mu_{\underset{\sim}{B}}(y)\\\dfrac{\mu_{\underset{\sim}{B}}(y)}{\mu_{\underset{\sim}{A}}(x)} & \mu_{\underset{\sim}{A}}(x)>\mu_{\underset{\sim}{B}}(y)\end{cases}\tag{3-54b}$$

本书中，为方便起见，若未作特殊说明，默认采用 Mamdani 法进行模糊蕴涵运算。

设 $\underset{\sim}{A}\subseteq U=\{u_1, u_2, \cdots, u_m\}$，$\underset{\sim}{B}\subseteq V=\{v_1, v_2, \cdots, v_n\}$，则规则“if $\underset{\sim}{A}$, then $\underset{\sim}{B}$”蕴涵的模糊关系 $\underset{\sim}{R}$ 可用下列 $m\times n$ 矩阵来表示：

$$\underset{\sim}{\boldsymbol{R}}=\begin{pmatrix}r_{11} & r_{12} & \cdots & r_{1n}\\r_{21} & r_{22} & \cdots & r_{2n}\\\vdots & \vdots & & \vdots\\r_{m1} & r_{m2} & \cdots & r_{mn}\end{pmatrix}\tag{3-55}$$

式中，$r_{ij}=\mu_{\underset{\sim}{R}}(u_i,v_j)=\mu_{\underset{\sim}{R}}(u_i)\wedge\mu_{\underset{\sim}{R}}(v_j)\mid i=1,2,\cdots,m;j=1,2,\cdots,n$。

【例 3.16】 设有规则“if e is NB, then u is PB”，且有

$$\mathrm{NB}=\frac{1}{e_1}+\frac{0.7}{e_2}+\frac{0.2}{e_3},\mathrm{PB}=\frac{0.2}{u_1}+\frac{0.4}{u_2}+\frac{0.6}{u_3}+\frac{0.8}{u_4}$$

试求该规则蕴涵的模糊关系 $\underset{\sim}{R}$。

解：

$$\underset{\sim}{\boldsymbol{R}}=\mathbf{NB}\times\mathbf{PB}=\begin{pmatrix}1\\0.7\\0.2\end{pmatrix}\times(0.2,0.4,0.6,0.8)$$

$$=\begin{array}{c}\\e_1\\e_2\\e_3\end{array}\begin{pmatrix}u_1 & u_2 & u_3 & u_4\\1\wedge0.2 & 1\wedge0.4 & 1\wedge0.6 & 1\wedge0.8\\0.7\wedge0.2 & 0.7\wedge0.4 & 0.7\wedge0.6 & 0.7\wedge0.8\\0.2\wedge0.2 & 0.2\wedge0.4 & 0.2\wedge0.6 & 0.2\wedge0.8\end{pmatrix}=\begin{pmatrix}0.2 & 0.4 & 0.6 & 0.8\\0.2 & 0.4 & 0.6 & 0.7\\0.2 & 0.2 & 0.2 & 0.2\end{pmatrix}$$

【例 3.17】 设有如下规则“如果 $\underset{\sim}{A}$（温度低），则 $\underset{\sim}{B}$（施加高电压）”，其中 $\underset{\sim}{A}$、$\underset{\sim}{B}$ 的

论域均为 {1，2，3，4，5，6}，且分别表示如下：

$$\underset{\sim}{A}=\frac{1}{1}+\frac{0.8}{2}+\frac{0.6}{3}+\frac{0.4}{4}+\frac{0.2}{5}+\frac{0}{6},\ \underset{\sim}{B}=\frac{0}{1}+\frac{0.2}{2}+\frac{0.4}{3}+\frac{0.6}{4}+\frac{0.8}{5}+\frac{1}{6}$$

求该条规则蕴涵的模糊关系 $\underset{\sim}{R}$。

解：采用 Mamdani 法计算模糊蕴涵关系，则有

$$\underset{\sim}{R}=\underset{\sim}{A}\times\underset{\sim}{B}=\begin{pmatrix}1\\0.8\\0.6\\0.4\\0.2\\0\end{pmatrix}\times(0,0.2,0.4,0.6,0.8,1)=\begin{pmatrix}0&0.2&0.4&0.6&0.8&1\\0&0.2&0.4&0.6&0.8&0.8\\0&0.2&0.4&0.6&0.8&0.6\\0&0.2&0.4&0.4&0.4&0.4\\0&0.2&0.2&0.2&0.2&0.2\\0&0&0&0&0&0\end{pmatrix}$$

2. 多输入单规则蕴涵的模糊关系

二维条件规则“if x is $\underset{\sim}{A}$，and y is $\underset{\sim}{B}$，then z is $\underset{\sim}{C}$”的模糊蕴涵关系定义为

$$\underset{\sim}{R}=(\underset{\sim}{A}\times\underset{\sim}{B})\rightarrow\underset{\sim}{C} \tag{3-56}$$

如果“→”采用 Mamdani 运算，则有

$$\mu_{\underset{\sim}{R}}=[\mu_{\underset{\sim}{A}}(x)\wedge\mu_{\underset{\sim}{B}}(y)]\wedge\mu_{\underset{\sim}{C}}(z) \tag{3-57}$$

可见二维条件规则蕴涵的模糊关系为定义在三维变量空间 x，y，z 上的三维模糊关系。

【例 3.18】　已知一个双输入单输出的模糊系统，其输入量为 x、y，输出量为 z。设该输入输出关系可用如下模糊规则描述：

if x is $\underset{\sim}{A}_1$，and y is $\underset{\sim}{B}_1$，then z is $\underset{\sim}{C}_1$

且已知

$$\underset{\sim}{A}_1=\frac{1}{a_1}+\frac{0.5}{a_2}+\frac{0}{a_3},\ \underset{\sim}{B}_1=\frac{1}{b_1}+\frac{0.6}{b_2}+\frac{0.2}{b_3},\ \underset{\sim}{C}_1=\frac{1}{c_1}+\frac{0.4}{c_2}+\frac{0}{c_3}$$

试求该规则蕴涵的模糊关系 $\underset{\sim}{R}_1$。

解：$\underset{\sim}{R}_1=(\underset{\sim}{A}_1\times\underset{\sim}{B}_1)\times\underset{\sim}{C}_1$

第一步：先求 $\underset{\sim}{A}_1\times\underset{\sim}{B}_1$，则

$$\boldsymbol{\underset{\sim}{A}}_1\times\boldsymbol{\underset{\sim}{B}}_1=\begin{pmatrix}1\\0.5\\0\end{pmatrix}\times(1,0.6,0.2)=\begin{pmatrix}1\wedge1&1\wedge0.6&1\wedge0.2\\0.5\wedge1&0.5\wedge0.6&0.5\wedge0.2\\0\wedge1&0\wedge0.6&0\wedge0.2\end{pmatrix}=\begin{pmatrix}1&0.6&0.2\\0.5&0.5&0.2\\0&0&0\end{pmatrix}$$

第二步：将矩阵转变成行向量，因本题中所求的模糊关系 $\underset{\sim}{R}_1$ 为三维关系矩阵，为后续表示方便，需将上述 $\underset{\sim}{A}_1\times\underset{\sim}{B}_1$ 的模糊矩阵从第一行起将元素顺次排列，转换成如下的列向量：

$$(\boldsymbol{\underset{\sim}{A}}_1\times\boldsymbol{\underset{\sim}{B}}_1)^{T}=\begin{pmatrix}1\\0.6\\0.2\\0.5\\0.5\\0.2\\0\\0\\0\end{pmatrix}$$

其中 $(\underset{\sim}{A}_1\times\underset{\sim}{B}_1)'$ 中元素的对应关系为

$$(\underset{\sim}{\boldsymbol{A}}_1\times\underset{\sim}{\boldsymbol{B}}_1)'=\begin{array}{c}(a_1,b_1)\\(a_1,b_2)\\(a_1,b_3)\\(a_2,b_1)\\(a_2,b_2)\\(a_2,b_3)\\(a_3,b_1)\\(a_3,b_2)\\(a_3,b_3)\end{array}\begin{pmatrix}1\\0.6\\0.2\\0.5\\0.5\\0.2\\0\\0\\0\end{pmatrix}$$

第三步：求出 $\underset{\sim}{R}_1$，即

$$\underset{\sim}{\boldsymbol{R}}_1=(\underset{\sim}{\boldsymbol{A}}_1\times\underset{\sim}{\boldsymbol{B}}_1)'\times\underset{\sim}{\boldsymbol{C}}_1=\begin{pmatrix}1\\0.6\\0.2\\0.5\\0.5\\0.2\\0\\0\\0\end{pmatrix}\times(1,0.4,0)=\begin{pmatrix}1&0.4&0\\0.6&0.4&0\\0.2&0.2&0\\0.5&0.4&0\\0.5&0.4&0\\0.2&0.2&0\\0&0&0\\0&0&0\\0&0&0\end{pmatrix}$$

$\underset{\sim}{R}_1$ 中各元素的对应关系为

$$\underset{\sim}{\boldsymbol{R}}_1=\begin{array}{c}\\(a_1,b_1)\\(a_1,b_2)\\(a_1,b_3)\\(a_2,b_1)\\(a_2,b_2)\\(a_2,b_3)\\(a_3,b_1)\\(a_3,b_2)\\(a_3,b_3)\end{array}\begin{array}{c}\begin{array}{ccc}c_1&c_2&c_3\end{array}\\\begin{pmatrix}1&0.4&0\\0.6&0.4&0\\0.2&0.2&0\\0.5&0.4&0\\0.5&0.4&0\\0.2&0.2&0\\0&0&0\\0&0&0\\0&0&0\end{pmatrix}\end{array}$$

3. 多输入多规则蕴涵的模糊关系

不失一般性，考虑如下的多维条件构成的多重规则库：

$\underset{\sim}{R}_1$：if x_1 is $\underset{\sim}{X}_1^{(1)}$，$x_2$ is $\underset{\sim}{X}_2^{(1)}$，…，and x_m is $\underset{\sim}{X}_m^{(1)}$，then y is $\underset{\sim}{Y}^{(1)}$

$\underset{\sim}{R}_2$：if x_1 is $\underset{\sim}{X}_1^{(2)}$，$x_2$ is $\underset{\sim}{X}_2^{(2)}$，…，and x_m is $\underset{\sim}{X}_m^{(2)}$，then y is $\underset{\sim}{Y}^{(2)}$

$\vdots$

$\underset{\sim}{R}_i$：if x_1 is $\underset{\sim}{X}_1^{(i)}$，$x_2$ is $\underset{\sim}{X}_2^{(i)}$，…，and x_m is $\underset{\sim}{X}_m^{(i)}$，then y is $\underset{\sim}{Y}^{(i)}$

$\vdots$

“视频教学
ch3-004”

$\underset{\sim}{R}_n$：if x_1 is $\underset{\sim}{X}_1^{(n)}$，$x_2$ is $\underset{\sim}{X}_2^{(n)}$，…，and x_m is $\underset{\sim}{X}_m^{(n)}$，then y is $\underset{\sim}{Y}^{(n)}$

其中第 i 条规则蕴涵的模糊关系为

$$\underset{\sim}{R}_i=(\underset{\sim}{X}_1^{(i)}\times\underset{\sim}{X}_2^{(i)}\times\cdots\times\underset{\sim}{X}_m^{(i)})\times\underset{\sim}{Y}^{(i)} \tag{3-58}$$

所有 n 条规则蕴涵的总的模糊关系为

$$\underset{\sim}{R}=\bigcup_{i=1}^{n}\underset{\sim}{R}_i \tag{3-59}$$

【例 3.19】　已知一个双输入单输出的模糊系统，其输入量为 x、y，输出量为 z。设该输入输出关系可用如下两条模糊规则描述：

if x is $\underset{\sim}{A}_1$, and y is $\underset{\sim}{B}_1$, then z is $\underset{\sim}{C}_1$

if x is $\underset{\sim}{A}_2$, and y is $\underset{\sim}{B}_2$, then z is $\underset{\sim}{C}_2$

且已知

$$\underset{\sim}{A}_1=\frac{1}{a_1}+\frac{0.5}{a_2}+\frac{0}{a_3},\ \underset{\sim}{B}_1=\frac{1}{b_1}+\frac{0.6}{b_2}+\frac{0.2}{b_3},\ \underset{\sim}{C}_1=\frac{1}{c_1}+\frac{0.4}{c_2}+\frac{0}{c_3}$$

$$\underset{\sim}{A}_2=\frac{0}{a_1}+\frac{0.5}{a_2}+\frac{1}{a_3},\ \underset{\sim}{B}_2=\frac{0.2}{b_1}+\frac{0.6}{b_2}+\frac{1}{b_3},\ \underset{\sim}{C}_2=\frac{0}{c_1}+\frac{0.4}{c_2}+\frac{1}{c_3}$$

分别求该规则蕴涵的模糊关系 $\underset{\sim}{R}_1$、$\underset{\sim}{R}_2$，以及两条规则蕴涵的总的模糊关系 $\underset{\sim}{R}$。

解：

第一步：求取模糊关系 $\underset{\sim}{R}_1$，$\underset{\sim}{R}_1$ 的求取参见例 3.18。

第二步：求取模糊关系 $\underset{\sim}{R}_2$，方法同 $\underset{\sim}{R}_1$ 的求取。

$$\underset{\sim}{\boldsymbol{A}}_2\times\underset{\sim}{\boldsymbol{B}}_2=\begin{pmatrix}0\\0.5\\1\end{pmatrix}\times(0.2,0.6,1)=\begin{pmatrix}0&0&0\\0.2&0.5&0.5\\0.2&0.6&1\end{pmatrix}$$

$$\underset{\sim}{\boldsymbol{R}}_2=(\underset{\sim}{\boldsymbol{A}}_2\times\underset{\sim}{\boldsymbol{B}}_2)^{\prime}\times\underset{\sim}{\boldsymbol{C}}_2=\begin{pmatrix}0\\0\\0\\0.2\\0.5\\0.5\\0.2\\0.6\\1\end{pmatrix}\times(0,0.4,1)=\begin{pmatrix}0&0&0\\0&0&0\\0&0&0\\0&0.2&0.2\\0&0.4&0.5\\0&0.4&0.5\\0&0.2&0.2\\0&0.4&0.6\\0&0.4&1\end{pmatrix}$$

第三步：求取总模糊关系 $\underset{\sim}{R}$。

$$\underset{\sim}{\boldsymbol{R}}=\underset{\sim}{\boldsymbol{R}}_1\cup\underset{\sim}{\boldsymbol{R}}_2=\begin{pmatrix}1&0.4&0\\0.6&0.4&0\\0.2&0.2&0\\0.5&0.4&0\\0.5&0.4&0\\0.2&0.2&0\\0&0&0\\0&0&0\\0&0&0\end{pmatrix}\cup\begin{pmatrix}0&0&0\\0&0&0\\0&0&0\\0&0.2&0.2\\0&0.4&0.5\\0&0.4&0.5\\0&0.2&0.2\\0&0.4&0.6\\0&0.4&1\end{pmatrix}=\begin{pmatrix}1&0.4&0\\0.6&0.4&0\\0.2&0.2&0\\0.5&0.4&0.2\\0.5&0.4&0.5\\0.2&0.4&0.5\\0&0.2&0.2\\0&0.4&0.6\\0&0.4&1\end{pmatrix}$$

3.3 模糊推理

3.3.1 模糊逻辑推理

常规的逻辑推理方法如演绎推理、归纳推理都是严格的。用传统二值逻辑进行推理时，只要推理规则是正确的，前提是肯定的，那么就一定会得到确定的结论。

例如，

规则：考试成绩大于 60 分，就可以取得智能控制课程的学分。

前提：甄如意的考试成绩为 63 分。

结论：甄如意可以取得智能控制课程的学分。

下面再看一个例子。

规则：如果花较多时间学习智能控制，则期末成绩较好。

前提：王哈德花非常多时间学习智能控制。

请问：王哈德同学的期末成绩如何？

对于这类问题，是无法套用传统的推理方法得到确定的结果的，这是因为上述规则与前提中均含有如“较多时间”“成绩较好”“非常多时间”等模糊语义，在这种情况下就需要用到模糊逻辑推理。

模糊推理，是指运用模糊规则，依据模糊条件，推出模糊结论的过程。判断一个推理过程是否属于模糊推理的标准是判断推理过程是否具有模糊性，具体表现为推理规则是否具有模糊性，如果是模糊的，就属于模糊推理，否则就不属于模糊推理。

一般地，一个简单的单输入单输出模糊推理可以表示如下：

规则：If x is $\underset{\sim}{A}$，then y is $\underset{\sim}{B}$。

前提：If x is $\underset{\sim}{A}^*$。

结论：y is?

注意：上述表示中，规则的条件项中的 $\underset{\sim}{A}$、结论项中的 $\underset{\sim}{B}$，以及前提项中的 $\underset{\sim}{A}^*$ 都是模糊的。

由 3.2.2 节可知，如果采用 Mamdani 法计算，上述规则蕴涵的模糊关系可表示为式(3-48)，即

$$\underset{\sim}{R} = \underset{\sim}{A} \times \underset{\sim}{B} = \int_{X\times Y} \frac{\mu_{\underset{\sim}{A}}(x) \wedge \mu_{\underset{\sim}{B}}(y)}{(x,y)}$$

对于新的前提 $\underset{\sim}{A}^*$，设其结论为 B^*，则 B^* 可用 $\underset{\sim}{A}^*$ 与已有规则蕴涵的模糊关系 $\underset{\sim}{R}$ 进行合成运算而得到，即

$$\underset{\sim}{B}^* = \underset{\sim}{A}^* \circ \underset{\sim}{R} \tag{3-60}$$

式中，“∘”代表合成运算，下一节进行具体描述。

3.3.2 模糊关系的合成

合成，即由两个或两个以上的关系构成一个新的关系，下面看一个引例。

【例 3.20】 假设某家庭子女与父母的长相“相似关系”为模糊关系 $\underset{\sim}{R}$，父母与祖父母

的相似关系为模糊关系 $\underset{\sim}{S}$，分别表示如下：

$\underset{\sim}{R}$	父	母
子	0.2	0.8
女	0.6	0.1

$\underset{\sim}{S}$	祖父	祖母
父	0.5	0.7
母	0.1	0

模糊关系 $\underset{\sim}{R}$、$\underset{\sim}{S}$ 用矩阵形式表示如下：

$$\underset{\sim}{\boldsymbol{R}}=\begin{pmatrix}0.2 & 0.8\\0.6 & 0.1\end{pmatrix},\ \underset{\sim}{\boldsymbol{S}}=\begin{pmatrix}0.5 & 0.7\\0.1 & 0\end{pmatrix}$$

那么该家庭中，孙子、孙女与祖父、祖母的相似程度如何呢？该问题可用模糊合成运算来解决。可见该模糊关系的合成是指，由第一个集合和第二个集合之间的模糊关系及第二个集合和第三个集合之间的模糊关系得到第一个集合和第三个集合之间的模糊关系的一种运算。合成运算常采用极大-极小（max-min）合成法进行计算，定义如下：

设 $\underset{\sim}{R}$ 和 $\underset{\sim}{S}$ 分别为 $U\times V$ 和 $V\times W$ 上的模糊关系，则 $\underset{\sim}{R}$ 和 $\underset{\sim}{S}$ 的合成是 $U\times W$ 上的模糊关系 $Q=\underset{\sim}{R}\circ\underset{\sim}{S}$，其隶属度函数为

$$\mu_Q(u,w)=\bigvee_{v\in V}\{\mu_{\underset{\sim}{R}}(u,v)\wedge\mu_{\underset{\sim}{S}}(v,w)\},u\in U,w\in W \tag{3-61}$$

可见，模糊矩阵的合成类似于普通矩阵的乘积运算，将**乘积运算换成“取小”，将加法运算换成“取大”**即可。

“视频教学 ch3-005”

因此，例 3.20 中的孙子、孙女与祖父、祖母的相似关系计算如下：

$$\begin{aligned}\underset{\sim}{\boldsymbol{R}}\circ\underset{\sim}{\boldsymbol{S}}&=\begin{pmatrix}0.2 & 0.8\\0.6 & 0.1\end{pmatrix}\circ\begin{pmatrix}0.5 & 0.7\\0.1 & 0\end{pmatrix}\\&=\begin{pmatrix}(0.2\wedge0.5)\vee(0.8\wedge0.1) & (0.2\wedge0.7)\vee(0.8\wedge0)\\(0.6\wedge0.5)\vee(0.1\wedge0.1) & (0.6\wedge0.7)\vee(0.1\wedge0)\end{pmatrix}\\&=\begin{pmatrix}0.2 & 0.2\\0.5 & 0.6\end{pmatrix}\end{aligned}$$

这一计算结果表明孙子与祖父、祖母的相似程度分别为 0.2、0.2；孙女与祖父、祖母的相似程度为 0.5、0.6。

下面再看一个示例。

【例 3.21】　设论域 X、Y、Z 分别为

$$X=\{x_1,x_2,x_3\}$$
$$Y=\{y_1,y_2,y_3\}$$
$$Z=\{z_1,z_2\}$$

且设 $\underset{\sim}{R}$、$\underset{\sim}{S}$ 分别是论域 $X\times Y$ 和 $Y\times Z$ 上的模糊关系，则 $\underset{\sim}{R}$、$\underset{\sim}{S}$ 合成可得到 $X\times Z$ 上的模糊关系 Q。

如果

$$\underset{\sim}{\boldsymbol{R}}=\begin{matrix} & y_1 & y_2 & y_3\\ x_1 & 0.5 & 0.6 & 0.3\\ x_2 & 0.7 & 0.4 & 1\\ x_3 & 0 & 0.8 & 0\\ x_4 & 1 & 0.2 & 0.9\end{matrix},\ \underset{\sim}{\boldsymbol{S}}=\begin{matrix} & z_1 & z_2\\ y_1 & 0.2 & 1\\ y_2 & 0.8 & 0.4\\ y_3 & 0.5 & 0.3\end{matrix}$$

则可以得到

$$\underset{\sim}{Q}=\underset{\sim}{R}\circ\underset{\sim}{S}=\begin{pmatrix}0.5 & 0.6 & 0.3\\ 0.7 & 0.4 & 1\\ 0 & 0.8 & 0\\ 1 & 0.2 & 0.9\end{pmatrix}\circ\begin{pmatrix}0.2 & 1\\ 0.8 & 0.4\\ 0.5 & 0.3\end{pmatrix}$$

$$=\left(q_{ij}=\bigvee_{k=1}^{3}(r_{ik}\wedge s_{kj})\right)_{(i=1:4)\times(j=1:2)}$$

$$=\begin{pmatrix}(0.5\wedge 0.2)\vee(0.6\wedge 0.8)\vee(0.3\wedge 0.5) & (0.5\wedge 1)\vee(0.6\wedge 0.4)\vee(0.3\wedge 0.3)\\ (0.7\wedge 0.2)\vee(0.4\wedge 0.8)\vee(1\wedge 0.5) & (0.7\wedge 1)\vee(0.4\wedge 0.4)\vee(1\wedge 0.3)\\ (0\wedge 0.2)\vee(0.8\wedge 0.8)\vee(0\wedge 0.5) & (0\wedge 1)\vee(0.8\wedge 0.4)\vee(0\wedge 0.3)\\ (1\wedge 0.2)\vee(0.2\wedge 0.8)\vee(0.9\wedge 0.5) & (1\wedge 1)\vee(0.2\wedge 0.4)\vee(0.9\wedge 0.3)\end{pmatrix}$$

$$=\begin{matrix} \\ x_1\\ x_2\\ x_3\\ x_4\end{matrix}\begin{matrix}\begin{matrix}z_1 & z_2\end{matrix}\\ \begin{pmatrix}0.6 & 0.5\\ 0.5 & 0.7\\ 0.8 & 0.4\\ 0.5 & 1\end{pmatrix}\end{matrix}$$

上述模糊关系的合成过程如图 3-18 所示。

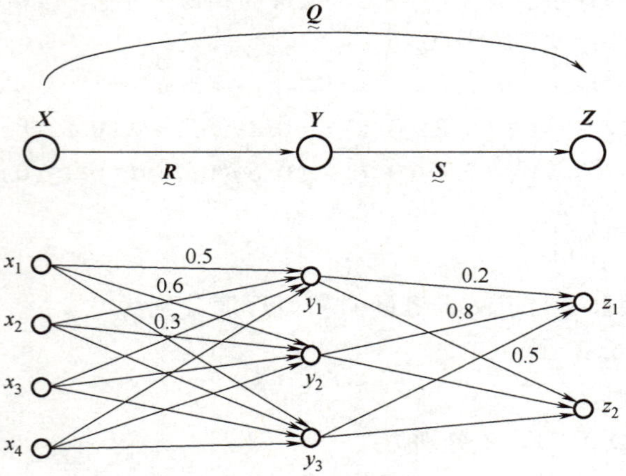

图 3-18　模糊关系的合成图示

如图 3-18 所示，以 q_{11} 为例进行说明：q_{11} 可以形象地看作从 x_1 到 z_1 的可通行度，从 x_1 经过到 z_1 有三条路径，分别为

$$x_1\xrightarrow{0.5}y_1\xrightarrow{0.2}z_1$$

$$x_1\xrightarrow{0.6}y_2\xrightarrow{0.8}z_1$$

$$x_1\xrightarrow{0.3}y_3\xrightarrow{0.5}z_1$$

显然，每条路径的可通行度由两段串联路径中的最小值决定，然后再从三条并行的路径中选择最大值。即

“视频教学 ch3-006”

$$x_1\xrightarrow{0.5}y_1\xrightarrow{0.2}z_1\quad \min\{0.5,0.2\}=0.2$$

$$x_1 \xrightarrow{0.6} y_2 \xrightarrow{0.8} z_1 \quad \min\{0.6,0.8\}=0.6$$
$$x_1 \xrightarrow{0.3} y_3 \xrightarrow{0.5} z_1 \quad \min\{0.3,0.5\}=0.3$$
$$q_{11}=\max\{0.2,0.6,0.3\}=0.6$$

$\underset{\sim}{\boldsymbol{Q}}$ 矩阵中的其他元素可用类似方法进行理解。

3.3.3 应用：基于规则的模糊推理

本节介绍基于规则的模糊推理应用，条件变量和推理规则的个数将决定模糊推理的复杂度。下面将从易到难顺次进行阐述。

1. 单输入单规则模糊推理

在控制系统中经常存在此类现象，“如果液位低，就开大进水阀”，在这样的规则下要问“如果液位非常低，则进水阀该如何控制？”这种推理方式可以一般性地表达为

规则：If x is $\underset{\sim}{A}$，then y is $\underset{\sim}{B}$

前提：If x is $\underset{\sim}{A}^*$

结论：y is $\underset{\sim}{B}^*$

这里，$\underset{\sim}{\boldsymbol{B}}^* = \underset{\sim}{\boldsymbol{A}}^* \circ \underset{\sim}{\boldsymbol{R}}$，$\underset{\sim}{\boldsymbol{R}} = \underset{\sim}{\boldsymbol{A}}^{\mathrm{T}} \times \underset{\sim}{\boldsymbol{B}}$

由上可知，模糊推理的过程可分解为两步：首先求出已知规则所蕴涵的模糊关系 $\underset{\sim}{R}$；然后对给定前提 A^* 及 $\underset{\sim}{R}$ 进行合成运算，从而得到待求结论 B^*。

下面举例进行说明。

【例 3.22】 设论域 $X=Y=\{1, 2, 3, 4, 5\}$，X、Y 上的模糊集合 $\underset{\sim}{A}$、$\underset{\sim}{B}$、$\underset{\sim}{A}^*$ 分别定义为

$$\underset{\sim}{A}=\frac{1}{1}+\frac{0.7}{2}+\frac{0.3}{3}$$
$$\underset{\sim}{B}=\frac{0.4}{3}+\frac{0.7}{4}+\frac{1}{5}$$
$$\underset{\sim}{A}^*=\frac{1}{1}+\frac{0.6}{2}+\frac{0.4}{3}+\frac{0.2}{4}$$

已知：规则若 $x=\underset{\sim}{A}$，则 $y=\underset{\sim}{B}$；求：当 $x=\underset{\sim}{A}^*$ 时，$y=?$

解：（1）首先求出规则若 $x=\underset{\sim}{A}$，则 $y=\underset{\sim}{B}$ 所蕴涵的模糊关系 $\underset{\sim}{R}$，这里采用 Mamdani 法求取，有

$$\underset{\sim}{\boldsymbol{R}} = \underset{\sim}{\boldsymbol{A}} \times \underset{\sim}{\boldsymbol{B}}$$
$$=\begin{pmatrix} \min\{1,0\} & \min\{1,0\} & \min\{1,0.4\} & \min\{1,0.7\} & \min\{1,1\} \\ \min\{0.7,0\} & \min\{0.7,0\} & \min\{0.7,0.4\} & \min\{0.7,0.7\} & \min\{0.7,1\} \\ \min\{0.3,0\} & \min\{0.3,0\} & \min\{0.3,0.4\} & \min\{0.3,0.7\} & \min\{0.3,1\} \\ \min\{0,0\} & \min\{0,0\} & \min\{0,0.4\} & \min\{0,0.7\} & \min\{0,1\} \\ \min\{0,0\} & \min\{0,0\} & \min\{0,0.4\} & \min\{0,0.7\} & \min\{0,1\} \end{pmatrix}$$
$$=\begin{pmatrix} 0 & 0 & 0.4 & 0.7 & 1 \\ 0 & 0 & 0.4 & 0.7 & 0.7 \\ 0 & 0 & 0.3 & 0.3 & 0.3 \\ 0 & 0 & 0 & 0 & 0 \\ 0 & 0 & 0 & 0 & 0 \end{pmatrix}$$

（2）利用合成运算进行模糊推理，求得 $\underset{\sim}{\boldsymbol{B}}^*$，即

$$\underset{\sim}{\boldsymbol{B}}^* = \underset{\sim}{\boldsymbol{A}}^* \circ \underset{\sim}{\boldsymbol{R}}$$

$$= (1, 0.6, 0.4, 0.2, 0) \circ \begin{pmatrix} 0 & 0 & 0.4 & 0.7 & 1 \\ 0 & 0 & 0.4 & 0.7 & 0.7 \\ 0 & 0 & 0.3 & 0.3 & 0.3 \\ 0 & 0 & 0 & 0 & 0 \\ 0 & 0 & 0 & 0 & 0 \end{pmatrix}$$

$$= (0, 0, 0.4, 0.7, 1)$$

2. 多输入单规则模糊推理

多输入模糊推理在多输入单输出系统的设计中经常遇到，如在液位控制中，“如果误差为正大，误差变化为正大，那么输出为正大”，这样一类规则就需要用多输入模糊推理来解决。以两输入为例，这种规则的一般形式为

规则：if x is $\underset{\sim}{A}$，and y is $\underset{\sim}{B}$，then z is $\underset{\sim}{C}$。

前提：现在有 x is $\underset{\sim}{A}_1^*$，and y is B^*，

结论：z is C^*？

类似地，首先求出规则所蕴涵的模糊关系 $\underset{\sim}{R} = (\underset{\sim}{A} \times \underset{\sim}{B}) \rightarrow \underset{\sim}{C} = (\underset{\sim}{A} \times \underset{\sim}{B})' \times \underset{\sim}{C}$（Mamdani 法）；然后利用合成运算求得 $\underset{\sim}{C}^* = (A^* \times B^*)^{r'} \circ R$。

【例 3.23】 已知模糊规则：“If e is $\underset{\sim}{A}$，and ec is $\underset{\sim}{B}$，then u is $\underset{\sim}{C}$”，其中 $\underset{\sim}{A}$、$\underset{\sim}{B}$、$\underset{\sim}{C}$ 分别是论域 $E = \{e_1, e_2\}$，$EC = \{ec_1, ec_2, ec_3\}$，$U = \{u_1, u_2, u_3\}$ 上的语言值，且

$$\underset{\sim}{A} = \frac{1}{e_1} + \frac{0.5}{e_2}$$

$$\underset{\sim}{B} = \frac{0.1}{ec_1} + \frac{0.6}{ec_2} + \frac{1}{ec_3}$$

$$\underset{\sim}{C} = \frac{0.3}{u_1} + \frac{0.7}{u_2} + \frac{1}{u_3}$$

（1）求该规则蕴涵的模糊关系 $\underset{\sim}{\boldsymbol{R}}$；

（2）如果

$$\underset{\sim}{A}^* = \frac{0.8}{e_1} + \frac{0.4}{e_2}$$

$$\underset{\sim}{B}^* = \frac{0.2}{ec_1} + \frac{0.6}{ec_2} + \frac{0.7}{ec_3}$$

求 e is $\underset{\sim}{A}^*$，and ec is $\underset{\sim}{B}^*$ 时，输出 u 对应的语言值 $\underset{\sim}{C}^*$。

解：（1）规则蕴涵的模糊关系 $\underset{\sim}{R} = (\underset{\sim}{A} \times \underset{\sim}{B})' \times \underset{\sim}{C}$，于是有

$$\underset{\sim}{\boldsymbol{A}} \times \underset{\sim}{\boldsymbol{B}} = \begin{pmatrix} 1 \\ 0.5 \end{pmatrix} \times (0.1, 0.6, 1) \overset{\text{Mamdani法取小}}{=} \begin{pmatrix} 0.1 & 0.6 & 1 \\ 0.1 & 0.5 & 0.5 \end{pmatrix}$$

对 $\underset{\sim}{\boldsymbol{A}} \times \underset{\sim}{\boldsymbol{B}}$ 进行矩阵变换，依次将每行元素取出转换为列向量，得

$$(\underset{\sim}{A}\times\underset{\sim}{B})^{r}=\begin{pmatrix}0.1\\0.6\\1\\0.1\\0.5\\0.5\end{pmatrix}$$

最后可求得

$$\begin{aligned}\underset{\sim}{R}&=(\underset{\sim}{A}\times\underset{\sim}{B})^{r}\times\underset{\sim}{C}\\&=\begin{pmatrix}0.1\\0.6\\1\\0.1\\0.5\\0.5\end{pmatrix}\times(0.3,0.7,1)=\begin{pmatrix}0.1&0.1&0.1\\0.3&0.6&0.6\\0.3&0.7&1\\0.1&0.1&0.1\\0.3&0.5&0.5\\0.3&0.5&0.5\end{pmatrix}\end{aligned}$$

（2）根据公式 $\underset{\sim}{C}^{*}=(\underset{\sim}{A}^{*}\times\underset{\sim}{B}^{*})\circ\underset{\sim}{R}$，求取 $\underset{\sim}{C}^{*}$。

首先计算 $\underset{\sim}{A}^{*}\times\underset{\sim}{B}^{*}$，于是有

$$\underset{\sim}{A}^{*}\times\underset{\sim}{B}^{*}=\begin{pmatrix}0.8\\0.4\end{pmatrix}\times(0.2,0.6,0.7)=\begin{pmatrix}0.2&0.6&0.7\\0.2&0.4&0.4\end{pmatrix}$$

由 $\underset{\sim}{R}$ 的计算过程知道，为了用二维矩阵表示三维模糊关系，在求得 $\underset{\sim}{A}\times\underset{\sim}{B}$ 后对其进行了矩阵变换，将原矩阵变为列向量，这里跟前面对应，将 $\underset{\sim}{A}^{*}\times\underset{\sim}{B}^{*}$ 进行相应矩阵变换，即从第一行开始按行依次将矩阵元素转换为行向量，以使进行合成运算时，$(\underset{\sim}{A}^{*}\times\underset{\sim}{B}^{*})^{r'}$中的行元素对应 $\underset{\sim}{R}$ 矩阵中的列元素，如下所示：

$$\begin{matrix}&e_1,ec_1&e_1,ec_2&e_1,ec_3&e_2,ec_1&e_2,ec_2&e_2,ec_3\\(\underset{\sim}{A}^{*}\times\underset{\sim}{B}^{*})^{r'}=(&0.2,&0.6,&0.7,&0.2,&0.4,&0.4)\end{matrix}$$

最后，可求得

$$\underset{\sim}{C}^{*}=(\underset{\sim}{A}^{*}\times\underset{\sim}{B}^{*})\circ\underset{\sim}{R}$$

$$=\begin{matrix}e_1,ec_1&e_1,ec_2&e_1,ec_3&e_2,ec_1&e_2,ec_2&e_2,ec_3\\(0.2,&0.6,&0.7,&0.2,&0.4,&0.4)\end{matrix}\circ\begin{matrix}e_1,ec_1\\e_1,ec_2\\e_1,ec_3\\e_2,ec_1\\e_2,ec_2\\e_2,ec_3\end{matrix}\begin{pmatrix}0.1&0.1&0.1\\0.3&0.6&0.6\\0.3&0.7&1\\0.1&0.1&0.1\\0.3&0.5&0.5\\0.3&0.5&0.5\end{pmatrix}=(0.3,0.7,0.7)$$

注意：为计算方便，教材采用 Mamdani 法求取模糊关系矩阵，其他方法（见 3.3.2 节）请读者自行验证。

接下来我们通过图示进一步了解一下 Mamdani 推理法的几何意义。如前所述，若采用 Mamdani 取小法求取规则所蕴涵的模糊关系，其计算方法为

$$\mu_{\underset{\sim}{R}}=[\mu_{\underset{\sim}{A}}(x)\wedge\mu_{\underset{\sim}{B}}(y)]\wedge\mu_{\underset{\sim}{C}}(z)$$

因此，推理结果也可以表示为

$$\mu_{\underset{\sim}{R}}=[\mu_{\underset{\sim}{A}}(x)\wedge\mu_{\underset{\sim}{C}}(z)]\wedge[\mu_{\underset{\sim}{B}}(y)\wedge\mu_{\underset{\sim}{C}}(z)]$$

即

$$\begin{aligned}\mu_{\underset{\sim}{C}^*}(z)&=\bigvee_x\{\mu_{\underset{\sim}{A}^*}(x)\wedge[\mu_{\underset{\sim}{A}}(x)\wedge\mu_{\underset{\sim}{C}}(z)]\}\cap\bigvee_y\{\mu_{\underset{\sim}{B}^*}(y)\wedge[\mu_{\underset{\sim}{B}}(y)\wedge\mu_{\underset{\sim}{C}}(z)]\}\\&=\bigvee_x\{[\mu_{\underset{\sim}{A}^*}(x)\wedge\mu_{\underset{\sim}{A}}(x)]\wedge\mu_{\underset{\sim}{C}}(z)\}\cap\bigvee_y\{[\mu_{\underset{\sim}{B}^*}(y)\wedge\mu_{\underset{\sim}{B}}(y)]\wedge\mu_{\underset{\sim}{C}}(z)\}\\&=\{\alpha_{\underset{\sim}{A}}\wedge\mu_{\underset{\sim}{C}}(z)\}\cap\{\alpha_{\underset{\sim}{B}}\wedge\mu_{\underset{\sim}{C}}(z)\}\\&=(\alpha_{\underset{\sim}{A}}\wedge\alpha_{\underset{\sim}{B}})\wedge\mu_{\underset{\sim}{C}}(z)\end{aligned}\tag{3-62}$$

其中

$$\alpha_{\underset{\sim}{A}}=\bigvee_x(\mu_{\underset{\sim}{A}^*}(x)\wedge\mu_{\underset{\sim}{A}}(x))$$

$$\alpha_{\underset{\sim}{B}}=\bigvee_y(\mu_{\underset{\sim}{B}^*}(y)\wedge\mu_{\underset{\sim}{B}}(y))$$

$\alpha_{\underset{\sim}{A}}$、$\alpha_{\underset{\sim}{B}}$ 分别为模糊集合 $\underset{\sim}{A}$ 与 $\underset{\sim}{A}^*$、$\underset{\sim}{B}$ 与 $\underset{\sim}{B}^*$ 相交的高度。

可见，上述推理过程可以理解为：先分别求出两个条件项 $\underset{\sim}{A}^*$ 与 $\underset{\sim}{A}$、$\underset{\sim}{B}$ 与 $\underset{\sim}{B}^*$ 的相交隶属度 $\alpha_{\underset{\sim}{A}}$、$\alpha_{\underset{\sim}{B}}$，并且取这两个之中小的值作为总的模糊推理条件项的隶属度，再以此为基准去切割推理结论的隶属度函数，便可得到结论 $\underset{\sim}{C}^*$。该推理过程详见图 3-19，通常又把该推理过程形象地称为 Mamdani 推理消顶法。

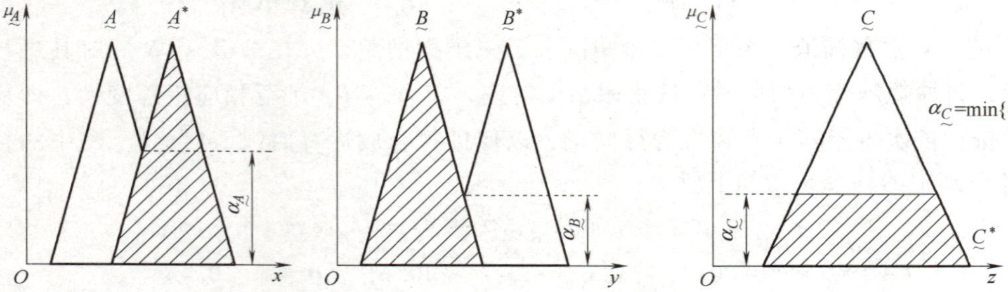

图 3-19 两输入 Mamdani 推理消顶法图示

3. 多输入多规则模糊推理

在设计一个模糊控制系统时，通常需要的控制规则远不止一条，如 2.3 节介绍的液位控制系统，设计的控制规则如下：

If e is NS, then du is PS;

If e is NB, then du is PB;

If e is PS, then du is NS;

If e is PB, then du is NB;

If e is ZO, then du is ZO.

对于这类系统如何进行推理运算呢？这就需要用到多输入多规则推理方法。

为了简单起见，我们以二输入多规则为例进行阐述，它可以很容易推广到多输入多规则的情况。考虑如下一般形式：

规则 1：If x is $\underset{\sim}{A}_1$, and y is $\underset{\sim}{B}_1$, then z is $\underset{\sim}{C}_1$

规则 2：If x is $\underset{\sim}{A}_2$, and y is $\underset{\sim}{B}_2$, then z is $\underset{\sim}{C}_2$

⋮

规则 l：If x is $\underset{\sim}{A}_l$，and y is $\underset{\sim}{B}_l$，then z is $\underset{\sim}{C}_l$

前提：If x is $\underset{\sim}{A}^*$，and y is $\underset{\sim}{B}^*$

结论：$z=\underset{\sim}{C}^*$？

“视频教学 ch3-007”

其中：x、y、z 均为语言变量，且 x、y 为条件变量，z 为结论变量，其论域分别为 X、Y、Z。$\underset{\sim}{A}_1$，$\underset{\sim}{A}_2$，…，$\underset{\sim}{A}_l$ 和 $\underset{\sim}{A}^*$ 是定义在 X 上的模糊集合，$\underset{\sim}{B}_1$，$\underset{\sim}{B}_2$，…，$\underset{\sim}{B}_l$ 和 $\underset{\sim}{B}^*$ 是定义在 Y 上的模糊集合，同理，$\underset{\sim}{C}_1$，$\underset{\sim}{C}_2$，…，$\underset{\sim}{C}_l$ 和 $\underset{\sim}{C}^*$ 是定义在 Z 上的模糊集合。求解过程如下：

1）首先分别求出每条规则蕴涵的模糊关系

$$\underset{\sim}{R}_i=(\underset{\sim}{A}_i\times\underset{\sim}{B}_i)^{r}\times\underset{\sim}{C}_i, i=1,2,\cdots,l \tag{3-63}$$

2）求出 l 条规则所蕴涵的总的模糊关系

$$\underset{\sim}{R}=\bigcup_{i=1}^{l}\underset{\sim}{R}_i \tag{3-64}$$

3）基于合成运算求得结论项 $\underset{\sim}{C}^*$，即

$$\underset{\sim}{C}^*=(\underset{\sim}{A}^*\times\underset{\sim}{B}^*)^{r'}\circ\underset{\sim}{R} \tag{3-65}$$

可以看出，整个推理过程的几何意义为：

1）对于每一条规则，用推理消顶法求得各条规则对应的推理结论；

2）对所有的推理结果求“并”运算，得到最终的推理结果。

两输入两规则的推理过程如图 3-20 所示。

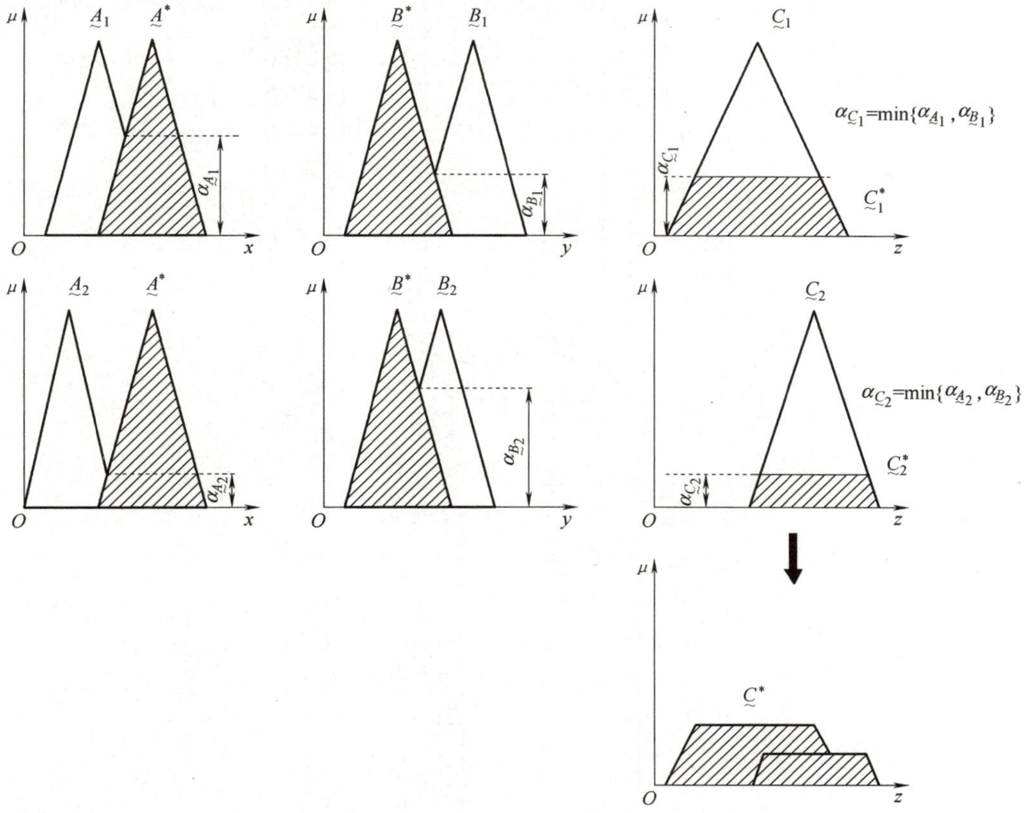

图 3-20　两输入两规则推理过程图示

【例 3.24】 已知一两输入单输出的模糊系统，其输入量为 e、ec，输出量为 u，其输入输出关系可用如下两条模糊规则描述：

$\underset{\sim}{R}_1$：If e is $\underset{\sim}{A}_1$，and ec is $\underset{\sim}{B}_1$，then u is $\underset{\sim}{C}_1$；

$\underset{\sim}{R}_2$：If e is $\underset{\sim}{A}_2$，and ec is $\underset{\sim}{B}_2$，then u is $\underset{\sim}{C}_2$；

现已知输入 $e=\underset{\sim}{A}^*$，and $ec=\underset{\sim}{B}^*$，试求输出量 $u=\underset{\sim}{C}^*$ 的值。这里 e、ec、u 均为语言变量，且已知

$$\underset{\sim}{A}_1=\frac{1}{e_1}+\frac{0.5}{e_2}+\frac{0}{e_3},\ \underset{\sim}{B}_1=\frac{1}{ec_1}+\frac{0.6}{ec_2}+\frac{0.2}{ec_3},\ \underset{\sim}{C}_1=\frac{1}{u_1}+\frac{0.4}{u_2}+\frac{0}{u_3}$$

$$\underset{\sim}{A}_2=\frac{0}{e_1}+\frac{0.5}{e_2}+\frac{1}{e_3},\ \underset{\sim}{B}_2=\frac{0.2}{ec_1}+\frac{0.6}{ec_2}+\frac{1}{ec_3},\ \underset{\sim}{C}_2=\frac{0}{u_1}+\frac{0.4}{u_2}+\frac{1}{u_3}$$

$$\underset{\sim}{A}^*=\frac{0.5}{e_1}+\frac{1}{e_2}+\frac{0.5}{e_3},\ \underset{\sim}{B}^*=\frac{0.6}{ec_1}+\frac{1}{ec_2}+\frac{0.6}{ec_3}$$

解：（1）根据公式 $\underset{\sim}{\boldsymbol{R}}_i=(\underset{\sim}{\boldsymbol{A}}_i^{\mathrm{T}}\times\underset{\sim}{\boldsymbol{B}}_i)^r\times\underset{\sim}{\boldsymbol{C}}_i$，分别求每条规则蕴涵的模糊关系

$$\underset{\sim}{\boldsymbol{A}}_1\times\underset{\sim}{\boldsymbol{B}}_1=\begin{pmatrix}1\\0.5\\0\end{pmatrix}\times(1,0.6,0.2)=\begin{pmatrix}1&0.6&0.2\\0.5&0.5&0.2\\0&0&0\end{pmatrix}$$

则有

$$\underset{\sim}{\boldsymbol{R}}_1=(\underset{\sim}{\boldsymbol{A}}_1\times\underset{\sim}{\boldsymbol{B}}_1)^r\times\underset{\sim}{\boldsymbol{C}}_1=\begin{pmatrix}1\\0.6\\0.2\\0.5\\0.5\\0.2\\0\\0\\0\end{pmatrix}\times(1,0.4,0)=\begin{pmatrix}1&0.4&0\\0.6&0.4&0\\0.2&0.2&0\\0.5&0.4&0\\0.5&0.4&0\\0.2&0.2&0\\0&0&0\\0&0&0\\0&0&0\end{pmatrix}$$

同理有

$$\underset{\sim}{\boldsymbol{A}}_2\times\underset{\sim}{\boldsymbol{B}}_2=\begin{pmatrix}0\\0.5\\1\end{pmatrix}\times(0.2,0.6,1)=\begin{pmatrix}0&0&0\\0.2&0.5&0.5\\0.2&0.6&1\end{pmatrix}$$

$$\underset{\sim}{\boldsymbol{R}}_2=(\underset{\sim}{\boldsymbol{A}}_2\times\underset{\sim}{\boldsymbol{B}}_2)^r\times\underset{\sim}{\boldsymbol{C}}_2=\begin{pmatrix}0\\0\\0\\0.2\\0.5\\0.5\\0.2\\0.6\\1\end{pmatrix}\times(0,0.4,1)=\begin{pmatrix}0&0&0\\0&0&0\\0&0&0\\0&0.2&0.2\\0&0.4&0.5\\0&0.4&0.5\\0&0.2&0.2\\0&0.4&0.6\\0&0.4&1\end{pmatrix}$$

（2）求两条规则总的蕴涵模糊关系

$$\underset{\sim}{\boldsymbol{R}}=\underset{\sim}{\boldsymbol{R}}_1\cup\underset{\sim}{\boldsymbol{R}}_2$$

$$=\begin{pmatrix}1&0.4&0\\0.6&0.4&0\\0.2&0.2&0\\0.5&0.4&0\\0.5&0.4&0\\0.2&0.2&0\\0&0&0\\0&0&0\\0&0&0\end{pmatrix}\cup\begin{pmatrix}0&0&0\\0&0&0\\0&0&0\\0&0.2&0.2\\0&0.4&0.5\\0&0.4&0.5\\0&0.2&0.2\\0&0.4&0.6\\0&0.4&1\end{pmatrix}=\begin{pmatrix}1&0.4&0\\0.6&0.4&0\\0.2&0.2&0\\0.5&0.4&0.2\\0.5&0.4&0.5\\0.2&0.4&0.5\\0&0.2&0.2\\0&0.4&0.6\\0&0.4&1\end{pmatrix}$$

（3）计算待求输入量的直积

$$\underset{\sim}{\boldsymbol{A}}^*\times\underset{\sim}{\boldsymbol{B}}^*=\begin{pmatrix}0.5\\1\\0.5\end{pmatrix}\times(0.6,1,0.6)=\begin{pmatrix}0.5&0.5&0.5\\0.6&1&0.6\\0.5&0.5&0.5\end{pmatrix}$$

进行矩阵变换，得

$$(\underset{\sim}{\boldsymbol{A}}^*\times\underset{\sim}{\boldsymbol{B}}^*)^{r'}=(0.5,0.5,0.5,0.6,1,0.6,0.5,0.5,0.5)$$

（4）最后求得输出量为

$$\underset{\sim}{\boldsymbol{C}}^*=(\underset{\sim}{\boldsymbol{A}}^*\times\underset{\sim}{\boldsymbol{B}}^*)\circ\underset{\sim}{\boldsymbol{R}}$$

$$=(0.5,0.5,0.5,0.6,1,0.6,0.5,0.5,0.5)\circ\begin{pmatrix}1&0.4&0\\0.6&0.4&0\\0.2&0.2&0\\0.5&0.4&0.2\\0.5&0.4&0.5\\0.2&0.4&0.5\\0&0.2&0.2\\0&0.4&0.6\\0&0.4&1\end{pmatrix}=(0.5,0.4,0.5)$$

即

$$\underset{\sim}{C}^*=\frac{0.5}{u_1}+\frac{0.4}{u_2}+\frac{0.5}{u_3}$$

思考题与习题

3-1　举例说明模糊集合与经典集合的主要区别。

3-2　设语言变量速度 v 的论域为［0，100］。假设其离散论域由连续论域十等分后构成，请依据常规经验法确定在连续域、离散域下，语言变量 v 的“大”“中”“小”三个模糊集合的隶属度函数。（离散论域用扎德法，连续论域用图示+隶属度函数分段法表示）。

3-3　已知误差的离散论域为［−30，−20，−10，0，10，20，30］，语言值“零”（ZO）和“正小”（PS）分别表示如下：

$$ZO=\frac{0}{-30}+\frac{0}{-20}+\frac{0.4}{-10}+\frac{1}{0}+\frac{0.4}{10}+\frac{0}{20}+\frac{0}{30}$$

$$PS=\frac{0}{-30}+\frac{0}{-20}+\frac{0}{-10}+\frac{0.3}{0}+\frac{1}{10}+\frac{0.3}{20}+\frac{0}{30}$$

求 $ZO\cap PS$，$ZO\cup PS$，$\overline{ZO}$。

3-4　已知规则“如果炉温低，则外加电压高”，炉温和外加电压的论域分别为［1，2，3，4，5］和［1，2，3］。模糊集合“低”和“高”分别记为 $\underset{\sim}{A}$、$\underset{\sim}{B}$，且定义如下：

$$\underset{\sim}{A}=\frac{1}{1}+\frac{0.8}{2}+\frac{0.6}{3}+\frac{0.4}{4}+\frac{0.2}{5}$$

$$\underset{\sim}{B}=\frac{0.1}{1}+\frac{0.5}{2}+\frac{1}{3}$$

分别用 Mamdani 法和扎德法［式（3-51）］求取题目中给出的规则所蕴涵的模糊关系。

3-5　设有论域 $X=\{x_1, x_2, x_3\}$，$Y=\{y_1, y_2, y_3\}$，$Z=\{z_1, z_2\}$，且有

$$\underset{\sim}{A}=\frac{0.5}{x_1}+\frac{1}{x_2}+\frac{0.1}{x_3}$$

$$\underset{\sim}{B}=\frac{0.1}{y_1}+\frac{1}{y_2}+\frac{0.6}{y_3}$$

$$\underset{\sim}{C}=\frac{0.4}{z_1}+\frac{1}{z_2}$$

求：

（1）由模糊规则“If x is $\underset{\sim}{A}$, y is $\underset{\sim}{B}$, then z is $\underset{\sim}{C}$”确定的模糊关系 $\underset{\sim}{R}$；

（2）当 $\underset{\sim}{A}^*=\frac{1}{x_1}+\frac{0.5}{x_2}+\frac{0.1}{x_3}$，$\underset{\sim}{B}^*=\frac{0.1}{y_1}+\frac{0.5}{y_2}+\frac{1}{y_3}$ 时的模糊推理结果 $\underset{\sim}{C}^*$。

3-6　设两输入单输出模糊控制系统有如下规则：

$\underset{\sim}{R}_1$: If x is $\underset{\sim}{A}_1$, and y is $\underset{\sim}{B}_1$, then z is $\underset{\sim}{C}_1$

$\underset{\sim}{R}_2$: If x is $\underset{\sim}{A}_2$, and y is $\underset{\sim}{B}_2$, then z is $\underset{\sim}{C}_2$

$\underset{\sim}{R}_3$: If x is $\underset{\sim}{A}_3$, and y is $\underset{\sim}{B}_3$, then z is $\underset{\sim}{C}_3$

$\underset{\sim}{R}_4$: If x is $\underset{\sim}{A}_4$, and y is $\underset{\sim}{B}_4$, then z is $\underset{\sim}{C}_4$

$\underset{\sim}{R}_5$: If x is $\underset{\sim}{A}_5$, and y is $\underset{\sim}{B}_5$, then z is $\underset{\sim}{C}_5$

请给出当 $x=\underset{\sim}{A}^*$，$y=\underset{\sim}{B}^*$ 时，输出 $z=\underset{\sim}{C}^*$ 的计算步骤和每步的计算公式（无须具体计算）。

第 4 章 Mamdani模糊控制系统

导读

前一章我们已经学习了模糊控制的数学基础——模糊集合理论。有了模糊集合的帮助，我们就可以非常方便地构建起清晰值与模糊集合之间的桥梁，完成基于自然语义规则的模糊推理，进而完成整个模糊控制系统的设计。本章学习的是经典 Mamdani 模糊控制系统的设计及实现。

本章知识点

- 模糊控制系统的组成。
- 模糊控制系统的设计方法及步骤。
- 基于 MATLAB 的模糊控制系统仿真实现。
- 模糊控制查询表的定义及获取。
- 模糊 PID 控制系统的实现形式及仿真应用。

4.1 模糊控制系统概述

1. 模糊控制的提出与发展

传统的控制理论（包括经典控制理论和现代控制理论）是利用受控对象的数学模型（即传递函数模型或状态空间模型）对系统进行定量分析，而后设计控制策略。但是当系统变得复杂时，往往难以对其工作特性进行精确描述。在此种情况下，人们期望探索出一种简便灵活的控制方法。在生产实践和日常生活中，人们逐渐发现：一个采用传统控制方法难以解决的复杂控制问题，却可由具有丰富经验的工程师通过人工操作，达到满意的控制效果。人类的这些控制经验，如果能够转换为计算机可以实现的控制算法，将为解决该类控制问题开辟一条新的途径。

模糊控制就是利用模糊集合理论，将人类专家用自然语言描述的控制经验（策略）转换为计算机能够接受的算法语言，达到模拟人类智能实现有效控制的一种智能方法。

模糊控制的历史可追溯至自 1965 年美国加利福尼亚大学控制论专家 L. A. Zadeh 教授发表的 *Fuzzy Sets*[1]，它开创了模糊数学的历史，吸引了众多学者对其进行研究。1974 年，英国学者 E. H. Mamdani 在实验室成功地将模糊控制应用于蒸汽机的控制[3]，宣告了模糊控制的诞生。1982 年，丹麦的 L. P. Holmblad 和 Ostergard 在水泥窑炉采用模糊控制并取得了成功，这是第一个商业化的用于实际工业过程的模糊控制器。大约在 1979 年，日立的 Seiji Yasunobu 开始尝试开发用于仙台地铁列车运行的模糊控制系统。1987 年，该系统在仙台地铁中正式运行。此后 20 年来，模糊控制不断发展并在许多领域中得到成功应用。

2. 模糊控制系统的组成

模糊控制系统是一种采用计算机构成的具有反馈通道的闭环反馈系统，具有类似一般数字控制系统的结构形式，由模糊控制器、输入输出接口、执行机构、被控对象和测量变送装置等五个部分组成，如图 4-1 所示。

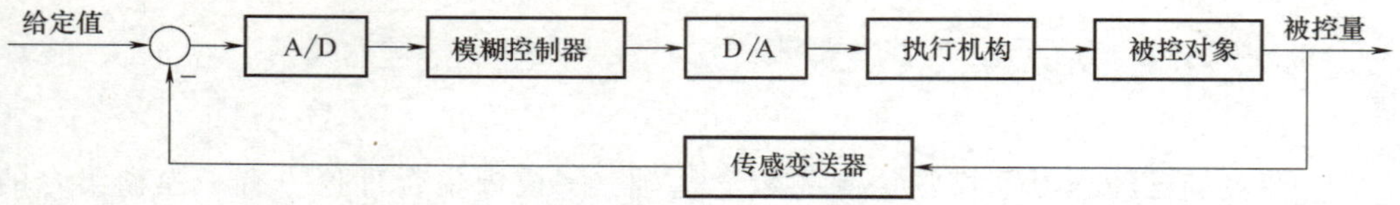

图 4-1　模糊控制系统结构框图

模糊控制系统的组成核心是具有智能性的模糊控制器，这也是它与其他自动控制系统的不同之处。模糊控制器的结构如图 4-2 所示，主要由模糊化接口、规则库、推理机、去模糊化（清晰化）接口组成。

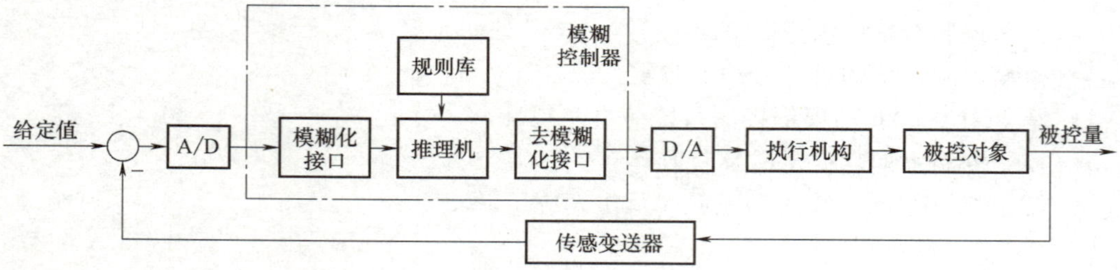

图 4-2　模糊控制器的结构图

模糊控制器的工作模式如下：规则库中存放着凝结了人类经验和智慧、由自然语义描述的模糊规则；模糊化接口首先将输入的精确值转化为模糊量，然后由推理机基于模糊规则库进行模糊推理，得到相应的模糊输出，最后经由去模糊化接口转换为具体的精确值后输出。

“视频教学 ch4-001”

由上可见，模糊控制系统是一种智能型的自动控制系统：①从控制结构上讲，与很多传统的控制系统一样，它属于闭环控制系统；②从实现手段上讲，它是基于计算机控制技术的数字控制系统；③从控制器的设计方法来讲，其本质是让计算机执行人的控制经验；④从知识结构上讲，模糊控制的理论基础是模糊集合及模糊数学理论；⑤从实现平台来讲，它可以借助嵌入式系统、PLC、DCS 等多种控制产品进行实现。

3. 模糊控制的特点

模糊控制是建立在人工经验基础上的，对于一个熟练的工程师或操作人员，他并不需要知道被控对象的精确数学模型，而是凭借其丰富的实践经验，采取适当的对策来巧妙地控制一个复杂过程。借助模糊集合理论，我们可以通过计算机来代替人完成基于人的经验的控制。可见，与传统控制相比，模糊控制具有其独特的特点：

1）无须知道被控对象的数学模型：模糊控制是以人的控制经验为依据而设计的控制器，故无须知道被控对象的数学模型。因此，模糊控制特别适用于被控对象数学模型难以获取，同时又有充足的控制经验积累的对象或场合。

2）控制行为反映人类智慧：模糊控制的智能性体现在其使用了人类的控制经验，即规则库，因此模糊控制行为实质上就是计算机替代人进行控制的智能行为，反映了人类的控制智慧。

3）实现简单：模糊控制系统的实现与一般的数字控制系统无异，控制算法编程简单，易于实现。

4.2 模糊控制器的设计方法

上一章介绍了模糊控制的理论基础——模糊集合及其相关理论知识，前一节我们又了解到了模糊控制系统的结构组成，本节将进入模糊控制器的具体设计环节。

4.2.1 模糊控制器的设计步骤

一个典型的单输入单输出模糊控制系统的原理框图如图 4-3 所示，其中 K_{in}、K_u 分别叫作量化因子和比例因子，其作用是进行论域的转换，例如：K_{in} 是将输入信号的实际论域转换到模糊论域内，同理，K_u 是将输出的模糊论域转换到实际论域内，关于它们本节后面会有更详细的介绍。

概括地讲，模糊控制器的设计主要包含以下步骤：

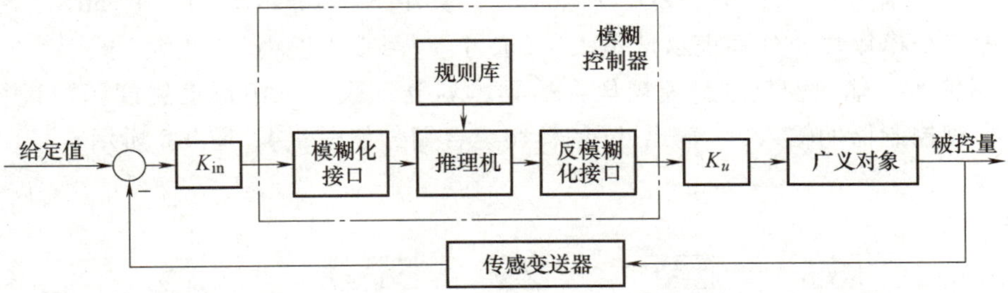

图 4-3　模糊控制系统实现的原理框图

1）确定模糊控制器输入、输出变量的模糊集合划分。

① 确定模糊控制器的输入、输出变量。

② 确定模糊控制器输入、输出变量的模糊论域。

③ 确定输入、输出变量划分的模糊集合的个数。

④ 对输入、输出变量进行模糊集合的具体划分。

2）设计模糊控制器的控制规则。

3）确定模糊化方法。

4）进行模糊关系提取及模糊推理。

5）确定去模糊化方法。

6）确定量化因子和比例因子。

4.2.2 水箱液位模糊控制系统设计

下面将以 2.3 节引例中介绍的水箱液位控制为例，详细阐述模糊控制系统设计的基本方法和基本原则。

前述水箱液位模糊控制系统的原理框图如图 2-16 所示，该系统中被控量为水箱的液位 h；控制目标是使得 $h=H$，即水箱的实际液位 h 跟踪设定值 H；操纵量（控制量）为水箱的进水阀开度 u。针对该系统，我们设计一个单输入单输出模糊控制器，其设计步骤及过程如下：

1. 确定模糊控制器输入、输出变量的模糊集合划分

（1）确定模糊控制器的输入、输出变量　本例中，我们选择模糊控制器的结构为单输入单输出控制器，其输入为误差 $e=h-H$，输出为 du，即进水阀门的开度变化量。

注意： 这里之所以选择 du 而不是 u 作为模糊控制器的输出，是因为如果由人来进行液位控制，我们更多地习惯根据当前的液位进行开大或开小阀门（du）操作，而不是直接确定阀门的开度（u）。

（2）确定模糊控制器输入、输出变量的模糊论域　本例中，设模糊控制器输入 e、输出 du 的模糊论域均为 $\{-4,-3,-2,-1,0,1,2,3,4\}$。

注意： 为方便设计，这里的模糊论域通常采用比较普遍的对称型的离散论域，经常选用的范围包括 [−3，3]、[−5，5]、[−7，7] 内的整数。可以不用考虑实际输入输出变量的范围，因为后面在实际应用时，可以结合变量的实际论域，使用量化因子和比例因子进行输入、输出论域的转换。

（3）确定输入、输出变量划分的模糊集合的个数　这里，将输入、输出变量均划分为 5 个模糊集合，分别为 [NB，NS，ZO，PS，PB]，其中 N：Negative，P：Positive，S：Small，B：Big，即 5 个模糊集合分别表示“负大”“负小”“零”“正小”“正大”。

（4）对输入、输出变量进行模糊集合的具体划分　采用三角形隶属度函数进行模糊集合表示，模糊控制器的输入 e、输出 du 的模糊集合划分如图 4-4、图 4-5 所示。

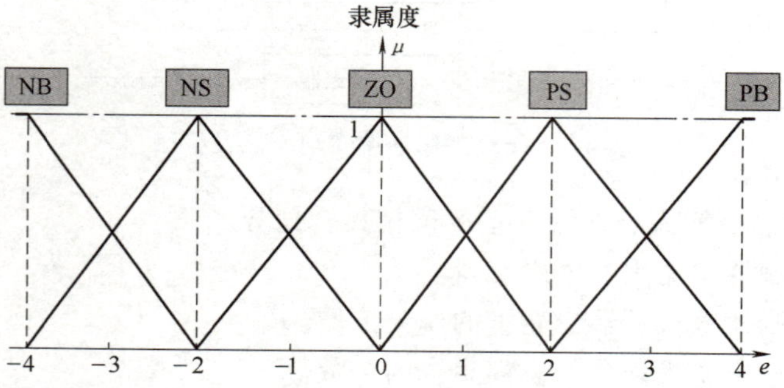

图 4-4　输入变量 e 的模糊集合表示

同样，我们也可以用 3.2 节介绍的扎德表示法或向量表示法对上述模糊集合进行表示。以输入变量 e 中的 NS “负小” 为例，其扎德表示法如下：

$$\mathrm{NS}=\frac{0}{-4}+\frac{0.5}{-3}+\frac{1}{-2}+\frac{0.5}{-1}+\frac{0}{0}+\frac{0}{1}+\frac{0}{2}+\frac{0}{3}+\frac{0}{4} \tag{4-1}$$

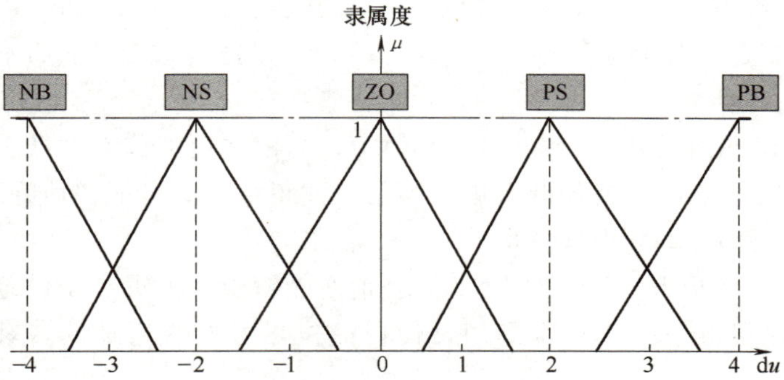

图 4-5　输出变量 du 的模糊集合表示

其向量表示法为

$$NS=(0,0.5,1,0.5,0,0,0,0,0) \tag{4-2}$$

【课堂练习 4.1】　请根据图 4-4、图 4-5 用扎德表示法和向量表示法写出除 NS 外其他任意一个模糊集合在离散论域上的表示。

有时，我们也用表格形式对输入输出变量的模糊集合进行呈现，见表 4-1、表 4-2。

表 4-1　输入变量 *e* 的模糊集合表格表示

模糊集合	元素								
	-4	-3	-2	-1	0	1	2	3	4
	隶属度								
NB	1	0.5	0	0	0	0	0	0	0
NS	0	0.5	1	0.5	0	0	0	0	0
ZO	0	0	0	0.5	1	0.5	0	0	0
PS	0	0	0	0	0	0.5	1	0.5	0
PB	0	0	0	0	0	0	0	0.5	1

表 4-2　输出变量 du 的模糊集合表格表示

模糊集合	元素								
	-4	-3	-2	-1	0	1	2	3	4
	隶属度								
NB	1	0.33	0	0	0	0	0	0	0
NS	0	0.33	1	0.33	0	0	0	0	0
ZO	0	0	0	0.33	1	0.33	0	0	0
PS	0	0	0	0	0	0.33	1	0.33	0
PB	0	0	0	0	0	0	0	0.33	1

注意：描述语言变量的模糊集合，既可以用图形法，又可以用扎德表示法、向量法，还可以用表格法表示。不管哪种方式，只需要给出各元素对应的隶属度即可，它们的区别只是呈现方式不同，可根据需要选择合适的形式。

2. 设计模糊控制器的控制规则

模糊控制器的控制规则即根据人的操作经验凝练出的规则。通常，可以通过总结现场工程师或操作人员的经验获得。这里，规则的获取方法为沉浸法“human-in-the-loop”，即假想自己是控制系统中的“控制器”，要根据输入变量 e 的不同状态，做出相应的决策。

“视频教学 ch4-002”

当 $e=\text{NB}$ 时，由前面可知，$e=h-H$，即 $h \ll H$，当前水箱液位 h 远低于设定值 H，显然，此时应该尽可能地开大进水阀门，使得液位尽可能快地升高。对应规则为：If e is NB，then du is PB。

当 $e=\text{PB}$ 时，由 $e=h-H$，知此时 $h \gg H$，当前水箱液位 h 大大高于设定值 H，显然，此时应该尽可能关小进水阀门，使得液位尽可能快地降低。对应规则为：If e is PB，then du is NB。

当 $e=\text{ZO}$ 时，由 $e=h-H$，知此时 $h-H$，当前水箱液位 h 正好等于设定值 H，此时无须调节，阀门开度保持不变。对应规则为：If e is ZO，then du is ZO。

当 $e=\text{NS}$ 时，与 $e=\text{NB}$ 情况类似，只是液位低于设定值的程度不同，因此对应输出同样为开大阀门，只是开的程度不同，相应的规则为：If e is NS，then du is PS。

同理，当 $e=\text{PS}$ 时，与 $e=\text{PB}$ 情况类似，只是液位高于设定值的程度不同，因此对应输出同样为关小阀门，只是关的程度不同，相应的规则为：If e is PS，then du is NS。

综上，我们总结出的控制规则为

$$
\begin{aligned}
&\underset{\sim}{R}_1\text{: If } e \text{ is NB, then } du \text{ is PB;}\\
&\underset{\sim}{R}_2\text{: If } e \text{ is NS, then } du \text{ is PS;}\\
&\underset{\sim}{R}_3\text{: If } e \text{ is ZO, then } du \text{ is ZO;}\\
&\underset{\sim}{R}_4\text{: If } e \text{ is PS, then } du \text{ is NS;}\\
&\underset{\sim}{R}_5\text{: If } e \text{ is PB, then } du \text{ is NB.}
\end{aligned}
\tag{4-3}
$$

也可以将上述规则用表格形式表示，见表 4-3，称为控制规则表。

表 4-3 水箱液位控制系统的控制规则表

e	NB	NS	ZO	PS	PB
du	PB	PS	ZO	NS	NB

3. 确定模糊化方法

将模糊论域上的精确量转换成模糊量的过程，称为模糊化。这里，精确量是一个数值、一个标量，而模糊量是一个模糊集合。

常用的模糊化方法有 2 种：

（1）精确值对应的隶属度最大的模糊集合只有一个　对于模糊论域上的任一精确量，如果只存在一个模糊集合，使得该精确量对应的隶属度最大，那么就将该模糊集合作为该精确量的模糊化结果。

【例 4.1】 水箱液位控制系统中输入 e 的模糊论域为 $\{-4, -3, -2, -1, 0, 1, 2, 3, 4\}$，其模糊集合划分如图 4-4 所示，试将精确量 -2 模糊化。

解：观察图 4-4 可知，-2 对应的隶属度最大的模糊集合只有 NS，那么 -2 的模糊集合就是 NS，或写成

$$
\text{NS}=\frac{0}{-4}+\frac{0.5}{-3}+\frac{1}{-2}+\frac{0.5}{-1}+\frac{0}{0}+\frac{0}{1}+\frac{0}{2}+\frac{0}{3}+\frac{0}{4}
\tag{4-4}
$$

当然，也可以写成向量的形式

$$NS=(0,0.5,1,0.5,0,0,0,0,0) \tag{4-5}$$

(2) 精确值对应的隶属度最大的模糊集合不止一个　有时，论域中包含的元素多于在该论域上定义的模糊集合，当元素在几个模糊集合上的最大隶属度相同时，即其对应的隶属度最大的模糊集合不止一个时，可以重新定义一个模糊集合，该模糊集合在该元素上的隶属度为 1，在论域中其他元素上的隶属度为 0。

【例 4.2】　水箱液位控制系统中输入 e 的模糊论域为 {-4, -3, -2, -1, 0, 1, 2, 3, 4}，其模糊集合划分如图 4-4 所示，试将精确量 1 模糊化。

解：由题意知，精确量 1 在模糊集合 PS、ZO 中的最大隶属度相同，均为 0.5，此时我们使用第二种模糊化方法，即重新定义一个模糊集合，该模糊集合在给定精确量 1 的隶属度为 1，在论域内其他元素的隶属度为 0。即

$$\underset{\sim}{1}=\frac{0}{-4}+\frac{0}{-3}+\frac{0}{-2}+\frac{0}{-1}+\frac{0}{0}+\frac{1}{1}+\frac{0}{2}+\frac{0}{3}+\frac{0}{4} \tag{4-6}$$

【课堂练习 4.2】　仍以水箱液位控制系统中输入 e 为对象，试求精确量-4、-3 模糊化后对应的模糊集合。

掌握了模糊化方法，我们就可以非常容易地将论域内的任一精确量转换为模糊集合，从而为下一步的模糊推理做好准备。

4. 进行模糊关系提取及模糊推理

在第 2 步中我们已经总结出水箱液位模糊控制系统的 5 条规则 [见式 (4-3) 或表 (4-3)]，接下来利用 3.2 节介绍的模糊关系的提取方法，可以非常方便地将 5 条规则中蕴涵的模糊关系提取出来。

$$\underset{\sim}{R}_1=\mathbf{NB}\big|_e\times\mathbf{PB}\big|_u=\begin{pmatrix}1\\0.5\\0\\0\\0\\0\\0\\0\\0\end{pmatrix}\times(0,0,0,0,0,0,0,0.33,1)=\begin{pmatrix}0&0&0&0&0&0&0&0.33&1\\0&0&0&0&0&0&0&0.33&0.5\\0&0&0&0&0&0&0&0&0\\0&0&0&0&0&0&0&0&0\\0&0&0&0&0&0&0&0&0\\0&0&0&0&0&0&0&0&0\\0&0&0&0&0&0&0&0&0\\0&0&0&0&0&0&0&0&0\\0&0&0&0&0&0&0&0&0\end{pmatrix} \tag{4-7}$$

$$\underset{\sim}{R}_2=\mathbf{NS}\big|_e\times\mathbf{PS}\big|_u=\begin{pmatrix}0\\0.5\\1\\0.5\\0\\0\\0\\0\\0\end{pmatrix}\times(0,0,0,0,0,0.33,1,0.33,0)=\begin{pmatrix}0&0&0&0&0&0&0&0&0\\0&0&0&0&0&0.33&0.5&0.33&0\\0&0&0&0&0&0.33&1&0.33&0\\0&0&0&0&0&0.33&0.5&0.33&0\\0&0&0&0&0&0&0&0&0\\0&0&0&0&0&0&0&0&0\\0&0&0&0&0&0&0&0&0\\0&0&0&0&0&0&0&0&0\\0&0&0&0&0&0&0&0&0\end{pmatrix} \tag{4-8}$$

$$\underset{\sim}{\boldsymbol{R}}_3=\mathbf{ZO}\mid_e\times\mathbf{ZO}\mid_u=\begin{pmatrix}0\\0\\0\\0.5\\1\\0.5\\0\\0\\0\end{pmatrix}\times(0,0,0,0.33,1,0.33,0,0,0)=\begin{pmatrix}0&0&0&0&0&0&0&0&0\\0&0&0&0&0&0&0&0&0\\0&0&0&0&0&0&0&0&0\\0&0&0&0.33&0.5&0.33&0&0&0\\0&0&0&0.33&1&0.33&0&0&0\\0&0&0&0.33&0.5&0.33&0&0&0\\0&0&0&0&0&0&0&0&0\\0&0&0&0&0&0&0&0&0\\0&0&0&0&0&0&0&0&0\end{pmatrix}\tag{4-9}$$

$$\underset{\sim}{\boldsymbol{R}}_4=\mathbf{PS}\mid_e\times\mathbf{NS}\mid_u=\begin{pmatrix}0\\0\\0\\0\\0\\0.5\\1\\0.5\\0\end{pmatrix}\times(0,0.33,1,0.33,0,0,0,0,0)=\begin{pmatrix}0&0&0&0&0&0&0&0&0\\0&0&0&0&0&0&0&0&0\\0&0&0&0&0&0&0&0&0\\0&0&0&0&0&0&0&0&0\\0&0&0&0&0&0&0&0&0\\0&0.33&0.5&0.33&0&0&0&0&0\\0&0.33&1&0.33&0&0&0&0&0\\0&0.33&0.5&0.33&0&0&0&0&0\\0&0&0&0&0&0&0&0&0\end{pmatrix}\tag{4-10}$$

$$\underset{\sim}{\boldsymbol{R}}_5=\mathbf{PB}\mid_e\times\mathbf{NB}\mid_u=\begin{pmatrix}0\\0\\0\\0\\0\\0\\0\\0.5\\1\end{pmatrix}\times(1,0.33,0,0,0,0,0,0,0)=\begin{pmatrix}0&0&0&0&0&0&0&0&0\\0&0&0&0&0&0&0&0&0\\0&0&0&0&0&0&0&0&0\\0&0&0&0&0&0&0&0&0\\0&0&0&0&0&0&0&0&0\\0&0&0&0&0&0&0&0&0\\0&0&0&0&0&0&0&0&0\\0.5&0.33&0&0&0&0&0&0&0\\1&0.33&0&0&0&0&0&0&0\end{pmatrix}\tag{4-11}$$

由上可得，5 条规则蕴涵的总的模糊关系为

$$\underset{\sim}{\boldsymbol{R}}=\bigcup_{i=1}^{5}\underset{\sim}{\boldsymbol{R}}_i=\begin{pmatrix}0&0&0&0&0&0&0&0.33&1\\0&0&0&0&0&0.33&0.5&0.33&0.5\\0&0&0&0&0&0.33&1&0.33&0\\0&0&0&0.33&0.5&0.33&0.5&0.33&0\\0&0&0&0.33&1&0.33&0&0&0\\0&0.33&0.5&0.33&0.5&0.33&0&0&0\\0&0.33&1&0.33&0&0&0&0&0\\0.5&0.33&0.5&0.33&0&0&0&0&0\\1&0.33&0&0&0&0&0&0&0\end{pmatrix}\tag{4-12}$$

得到了模糊关系，给定任一模糊输入，我们就可以通过模糊推理，得到相应的模糊输出。

【例 4.3】 例 4.1 中，−2 对应的模糊输入为 NS，利用式（4-12）表示的总的模糊关系进行模糊推理，求其对应的模糊输出。

解：模糊输入 NS 对应的模糊输出为

$$\mathbf{NS} \circ \boldsymbol{R} = (0,0.5,1,0.5,0,0,0,0,0) \circ \begin{pmatrix} 0 & 0 & 0 & 0 & 0 & 0 & 0 & 0.33 & 1 \\ 0 & 0 & 0 & 0 & 0 & 0.33 & 0.5 & 0.33 & 0.5 \\ 0 & 0 & 0 & 0 & 0 & 0.33 & 1 & 0.33 & 0 \\ 0 & 0 & 0 & 0.33 & 0.5 & 0.33 & 0.5 & 0.33 & 0 \\ 0 & 0 & 0 & 0.33 & 1 & 0.33 & 0 & 0 & 0 \\ 0 & 0.33 & 0.5 & 0.33 & 0.5 & 0.33 & 0 & 0 & 0 \\ 0 & 0.33 & 1 & 0.33 & 0 & 0 & 0 & 0 & 0 \\ 0.5 & 0.33 & 0.5 & 0.33 & 0 & 0 & 0 & 0 & 0 \\ 1 & 0.33 & 0 & 0 & 0 & 0 & 0 & 0 & 0 \end{pmatrix}$$

$$= (0,0,0,0.33,0.5,0.33,1,0.33,0.5) \tag{4-13}$$

5. 确定去模糊化方法

上一步通过模糊推理得到的结果是一个模糊量，即模糊集合。但是，在模糊控制系统中，需要一个确定的值作为控制信号去驱动执行机构，因此需要模糊集合通过去模糊化方法，转变成精确量。

去模糊化方法很多，不同的方法所得到的结果也有所不同。常用的去模糊化方法有以下两种：

（1）最大隶属度法　在推理结果的模糊集合中，取隶属度最大的元素作为去模糊化结果。如果最大隶属度对应的元素多于一个，那么，通常可以取所有具有最大隶属度的元素的平均值作为去模糊化结果。在最大隶属法中，有时还采用一些特殊的法则，如在 MATLAB 中，有三种求取最大隶属度的方法，分别是 MOM（Middle of Maximum）、SOM（Smallest of Maximum）和 LOM（Largest of Maximum），即求取最大隶属度的中间值、最小值和最大值作为去模糊化结果，显然，如果只有一个最大隶属度，那么三种方法的结果是一致的，如果有多个最大隶属度值，大家可以根据不同需要选择不同的方法。

【例 4.4】 式（4-13）为经模糊推理后得到的一个模糊量，请用最大隶属度法对其进行去模糊化。

解：由题意，为阅读方便，我们将式（4-13）用扎德表示法重新表示如下：

$$\frac{0}{-4}+\frac{0}{-3}+\frac{0}{-2}+\frac{0.33}{-1}+\frac{0.5}{0}+\frac{0.33}{1}+\frac{1}{2}+\frac{0.33}{3}+\frac{0.5}{4} \tag{4-14}$$

显然，根据最大隶属度法，去模糊化后得到的精确量应为 2。

由上例知：最大隶属度法计算简单，但它不考虑隶属度函数的具体形状，只关心具有最大隶属度的输出值，因此有时会丢失部分信息，常用在控制精度要求不太高的场合。

（2）重心法　重心法是取隶属度函数的曲线与横坐标围成面积的重心作为去模糊化结果，对于含有 m 个元素的离散论域，其计算公式为

$$v=\frac{\sum_{k=1}^{m} v_k\mu(v_k)}{\sum_{k=1}^{m}\mu(v_k)} \tag{4-15}$$

式中，v_k 代表论域中的元素；$\mu(v_k)$ 代表论域中元素 v_k 对应的隶属度值。由式（4-15）知，重心法可以看作一种加权平均法，加权系数即为其隶属度值。在 MATLAB 中，重心法用“centroid”表示。

【例 4.5】 式（4-13）为经模糊推理后得到的一个模糊量，现请用重心法对其进行去模糊化。

解：设去模糊化后的结果用变量 u_0 来表示，则有

$$u_0=\frac{0.33\times(-1)+0.5\times0+0.33\times1+1\times2+0.33\times3+0.5\times4}{0.33+0.5+0.33+1+0.33+0.5}\approx1.7 \tag{4-16}$$

由上例知：实际计算时，仅考虑那些隶属度值不为 0 的元素即可；同时，重心法利用了模糊集合中每一个元素的隶属度信息，因此采用重心法得到的去模糊化结果更为精确。

6. 确定量化因子和比例因子

通过前面 5 步，我们已经把模糊控制器内部设计好了。接下来，需要确定模糊控制器前后的两个增益系数（见图 4-3）。模糊控制器前面的增益系数，叫作量化因子，模糊控制器后面的增益系数，叫作比例因子。在介绍它们的作用之前，我们先来明确几个概念。

输入、输出变量的**实际论域**：通常是指输入、输出变量的实际变化范围。在本节水箱液位控制系统示例中，控制器的输入变量为误差 e，输出变量为 du，显然它们的实际论域是连续的，该例中设为［-20，20］，［-10，10］。基本论域的选择与被控对象有关，涵盖变量的主要变换范围，但没有统一的方法。

输入、输出变量的**模糊论域**：是指在模糊控制器的设计过程中，定义的输入、输出变量的模糊论域，通常是离散的。如前所述，本例中模糊控制器输入 e、输出 du 的模糊论域分别定义为｛-4，-3，-2，-1，0，1，2，3，4｝。

结合图 4-3 可知，量化因子和比例因子是用来进行输入、输出的论域转换的。量化因子的作用是将输入变量的实际论域转换为模糊论域，与之对应，比例因子是将输出变量的模糊论域转换为实际论域。

不失一般性，对于一个单输入单输出的模糊控制系统，设其输入、输出的实际论域分别为 $[-x_{\text{in}}, x_{\text{in}}]$、$[-y_u, y_u]$，模糊论域分别为 $\{-m, -m+1, \cdots, 0, \cdots, m-1, m\}$ 和 $\{-n, -n+1, \cdots, 0, \cdots, n-1, n\}$，则量化因子 K_{in} 和比例因子 K_u 分别定义为

$$K_{\text{in}}=\frac{m}{x_{\text{in}}} \tag{4-17}$$

$$K_u=\frac{y_u}{n} \tag{4-18}$$

【例 4.6】 考虑本节给出水箱液位模糊控制系统示例，输入误差 e 的实际论域为［-20，20］，模糊论域为｛-4，-3，-2，-1，0，1，2，3，4｝，求其量化因子 K_e。

解：

$$K_e=\frac{m}{x_e}=\frac{4}{20}=0.2 \tag{4-19}$$

【例 4.7】 接上例，假设某时刻的误差值为 $e^*=10.5$，求经过量化因 K_e 转换后落入模糊论域中的值 E^*。

解：

$$E^*=\langle K_e \times e^* \rangle=\langle 0.2\times 10.5\rangle=\langle 2.1\rangle=2 \tag{4-20}$$

其中〈〉代表取整符号。

注意：由于输入变量的实际论域为连续量，模糊论域通常为整数型的离散量，所以实际值经过量化因子变换后，通常还需要进行取整操作以便将其转换到离散论域内。

【例 4.8】 考虑本节给出水箱液位模糊控制系统示例，输出 du 的实际论域为 [-10, 10]，模糊论域为 {-4, -3, -2, -1, 0, 1, 2, 3, 4}，求其比例因子 K_u。

解：

$$K_u=\frac{y_u}{n}=\frac{10}{4}=2.5 \tag{4-21}$$

注意：

1）前面给出的公式和案例中变量的实际论域和模糊论域均为对称形式，如果论域不对称，则需要进行相应的平移操作。

2）量化因子、比例因子的作用仅仅为论域变换，它们处理前、后的值均为精确量。

【课堂练习 4.3】 求例 4.5 中去模糊化后得到的精确量 u_0 输出到执行器的实际值。

4.3 基于 MATLAB 的模糊控制系统仿真

“程序代码 ch4-001”

一个模糊控制器设计完成后，我们可以基于 MATLAB 软件对其进行仿真实现，察看并分析其性能。本节以某水箱液位模糊控制系统为例，介绍基于 MATLAB 的模糊控制系统实现过程。

1. 在 Simulink 中搭建模糊控制系统

设水箱液位对象的传递函数模型为

$$G(s)=\frac{1}{5s+1} \tag{4-22}$$

在 Simulink 中搭建如图 4-6 所示的模糊控制系统模型。

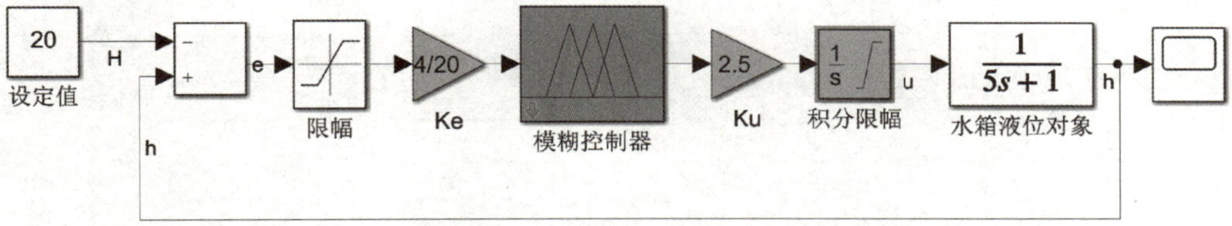

图 4-6 水箱液位模糊控制系统 Simulink 仿真框图

说明：

1）图 4-6 中，模糊控制器模块可从 Simulink Library 中的 Fuzzy Logic Toolbox 目录中找到，如图 4-7 所示。模糊控制器的参数设置界面如图 4-8 所示，在 FIS structure 的参数框内应填入的是设计好的模糊控制器的名称，模糊控制器的设计将在第二步中进行介绍。

2）K_e、K_u 分别为量化因子和比例因子，其介绍详见 4.2 节。

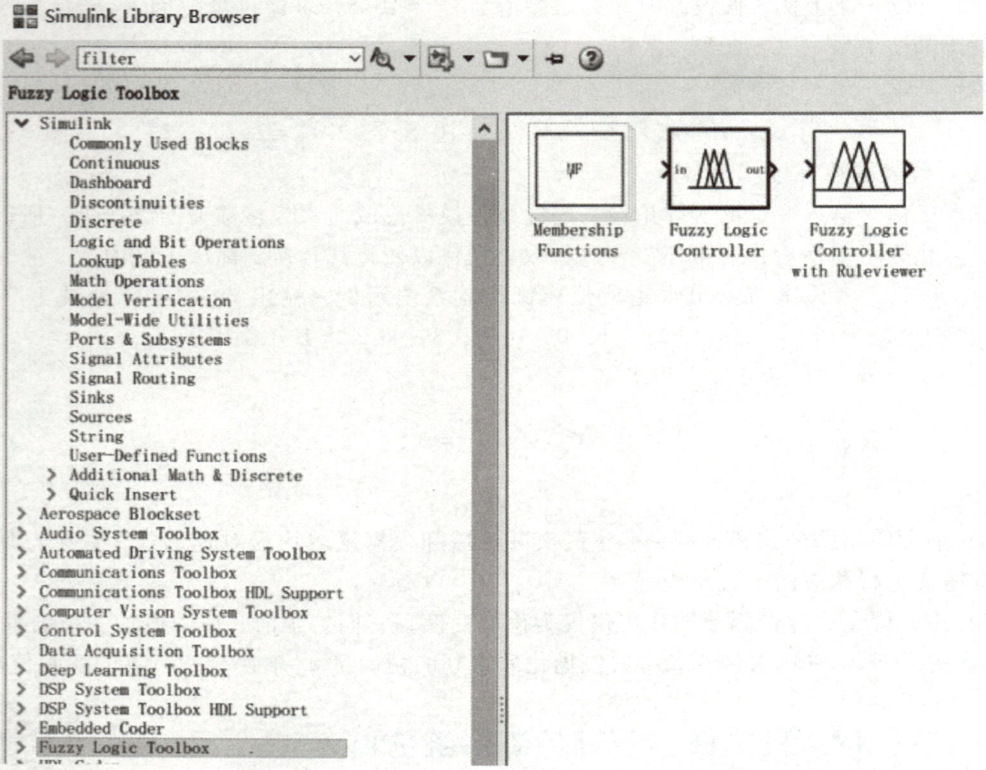

图 4-7　Simulink Library 中的 Fuzzy Logic Toolbox 模块

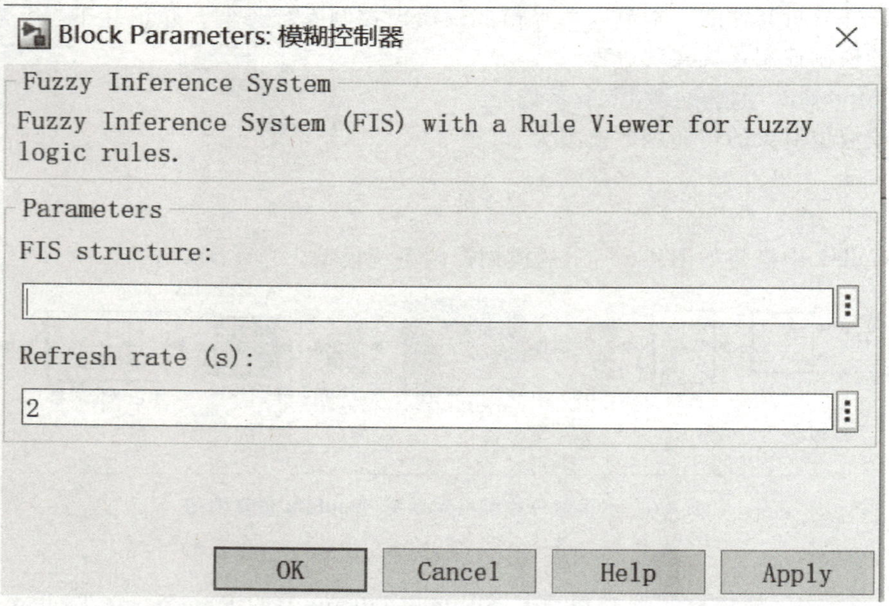

图 4-8　模糊控制器的参数设置界面

3）模糊控制器输入前的限幅环节其作用是将输入变量的值限制在其论域 [-20，20] 之内，其参数设置界面如图 4-9 所示。

4）模糊控制器后面的积分限幅环节的作用是首先通过积分环节将控制增量 du 转换为位置量 u，然后对积分结果进行限幅，本例中幅值设置为［0，100］，如图 4-10 所示。

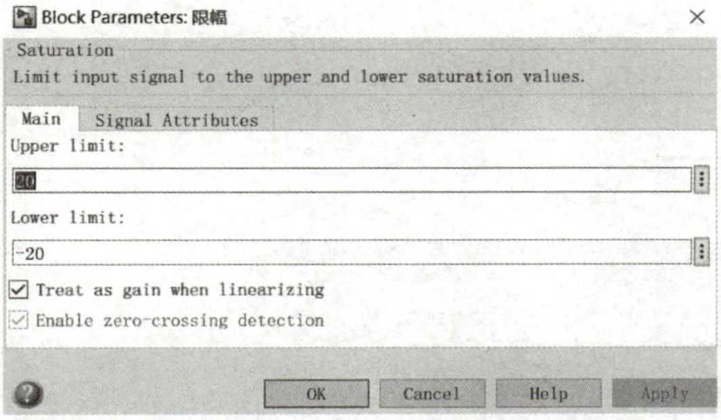

图 4-9　限幅环节参数设置界面

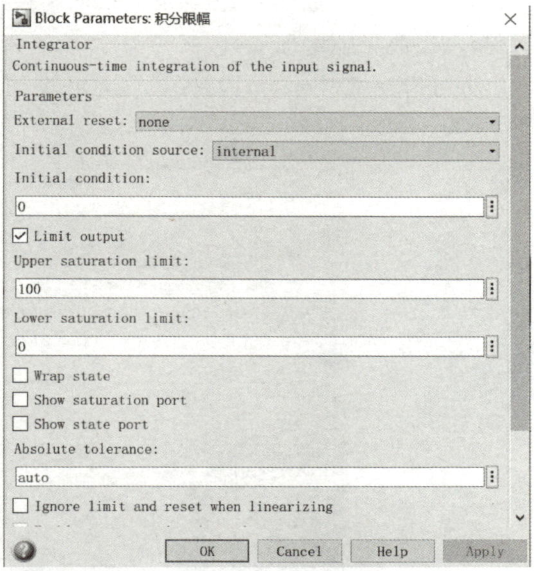

图 4-10　积分限幅环节参数设置界面

2. 模糊控制器的设计

模糊控制器基于图形化界面进行设计，在 Command Window 中输入 fuzzy，键入回车后可进入如图 4-11 所示的模糊控制器设计界面。接下来分四步进行设计。

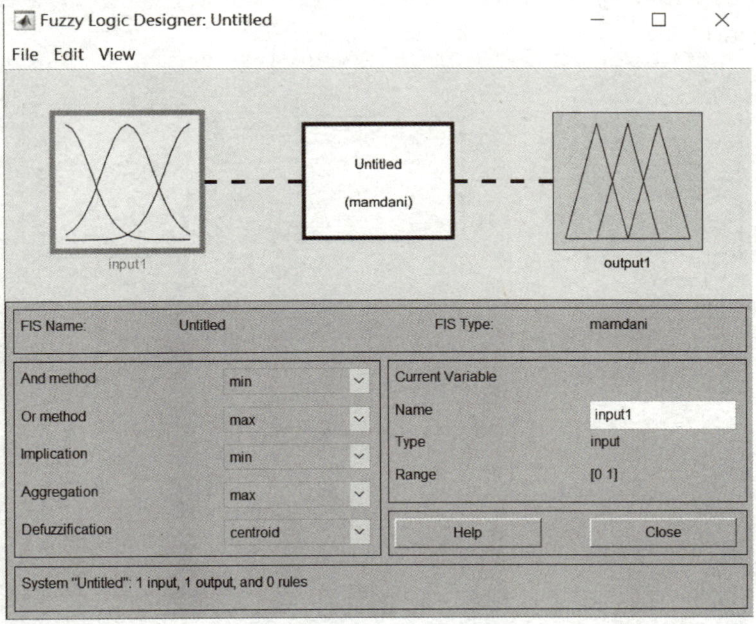

图 4-11　模糊控制器设计界面

图 4-11 左下角可进行相关参数的设置，一般采用默认设置即可，系统默认的去模糊化方法为重心法。

（1）确定输入输出变量　进入系统后默认为单输入单输出系统（input1，output1），对于多输入多输出系统，可以通过 Edit 菜单下的 Add Variable 来增加输入（Input）或输出（Output）变量，如图 4-12 所示。本例中模糊控制器为单输入单输出系统，输入为 e，输出为 du，因此无须增加变量。

接下来，选中 input1，将其右下角的 Name 修改为 e；同样，选中 ouput1，将其 Name 修改为 du，如图 4-13 所示。

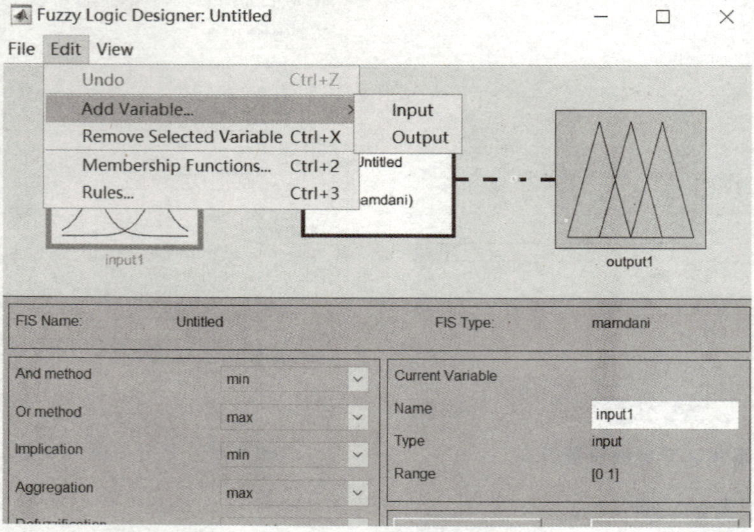

图 4-12　增加变量操作

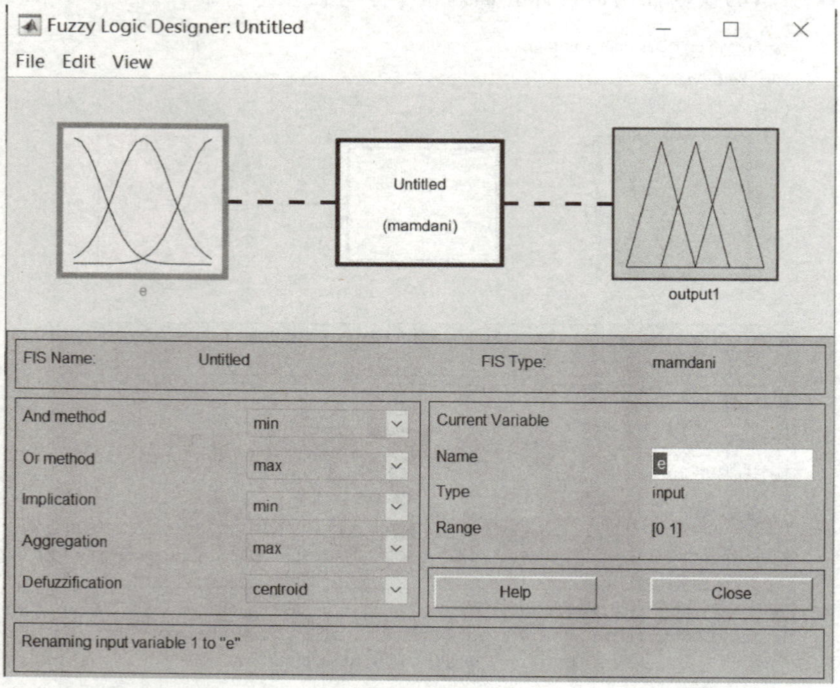

a) 输入e

图 4-13　修改输入输出变量名

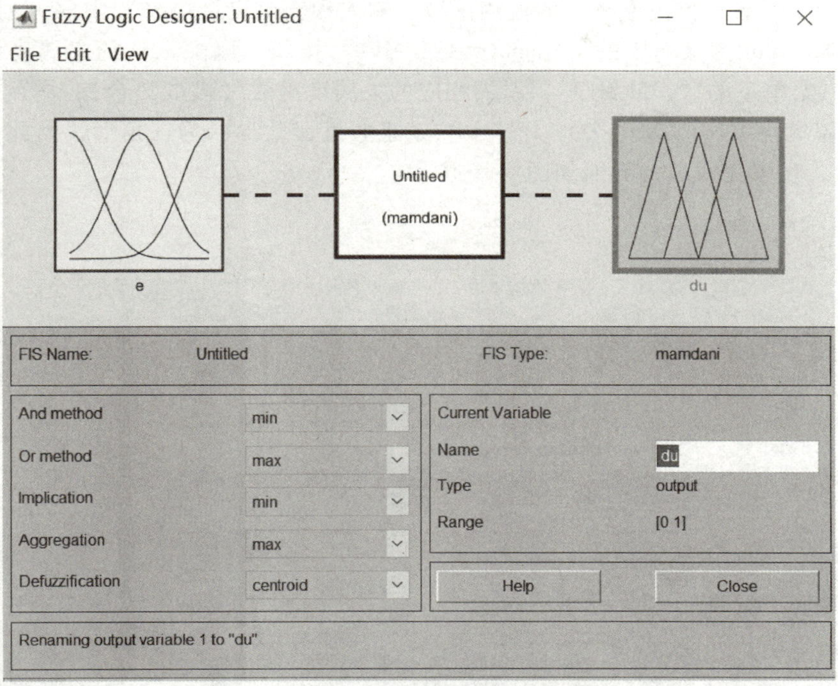

b) 输出du

图 4-13　修改输入输出变量名（续）

(2) 对输入输出变量进行模糊集合划分　双击图 4-13 中的输入变量 e 或者输出变量 du 区域，进入如图 4-14 所示的隶属度函数编辑窗口。

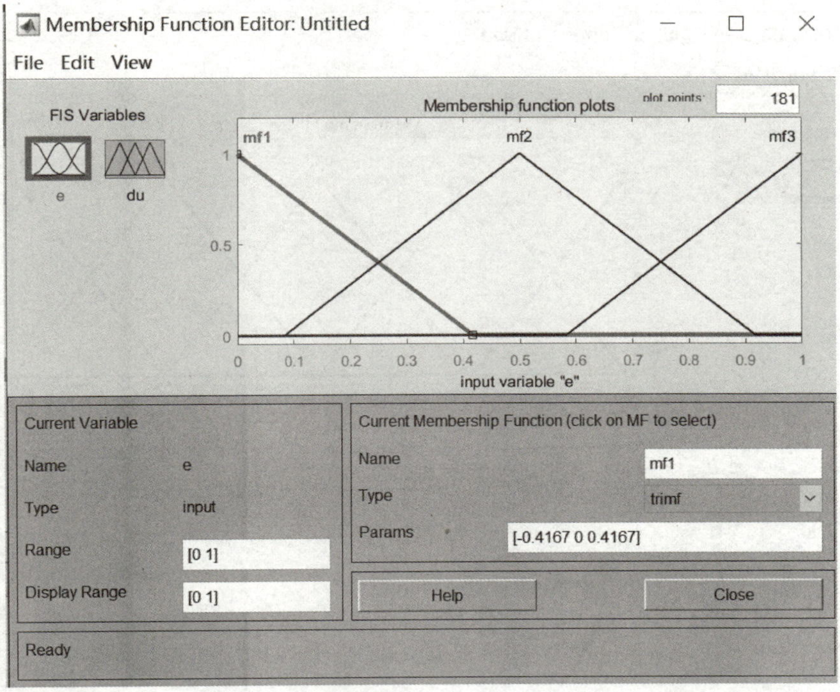

图 4-14　隶属度函数编辑窗口

在该界面中，首先修改左下角的模糊论域，输入和输出变量均改为 [-4，4]。

然后选择“Edit”菜单下的“Remove ALL MFs”按钮，删除默认的隶属度函数；接着单击“Edit”菜单下的“Add MFs”，添加相应的隶属度函数（模糊集合），本例中输入 e 划分为 5 个模糊集合 {NB，NS，ZO，PS，PB}，隶属度函数形状为三角形，因此参数设置如图 4-15 所示，设置完成后的界面如图 4-16 所示。

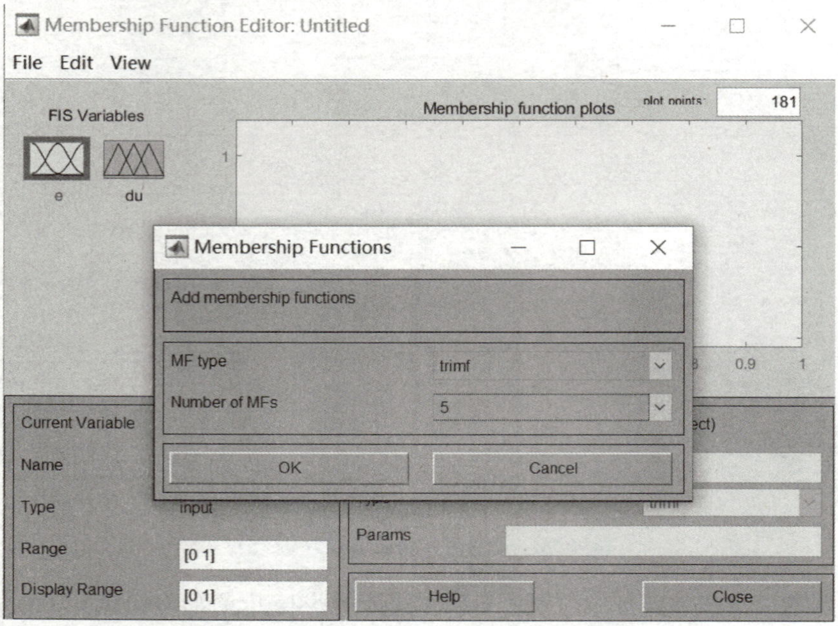

图 4-15 输入变量的模糊化参数设置界面

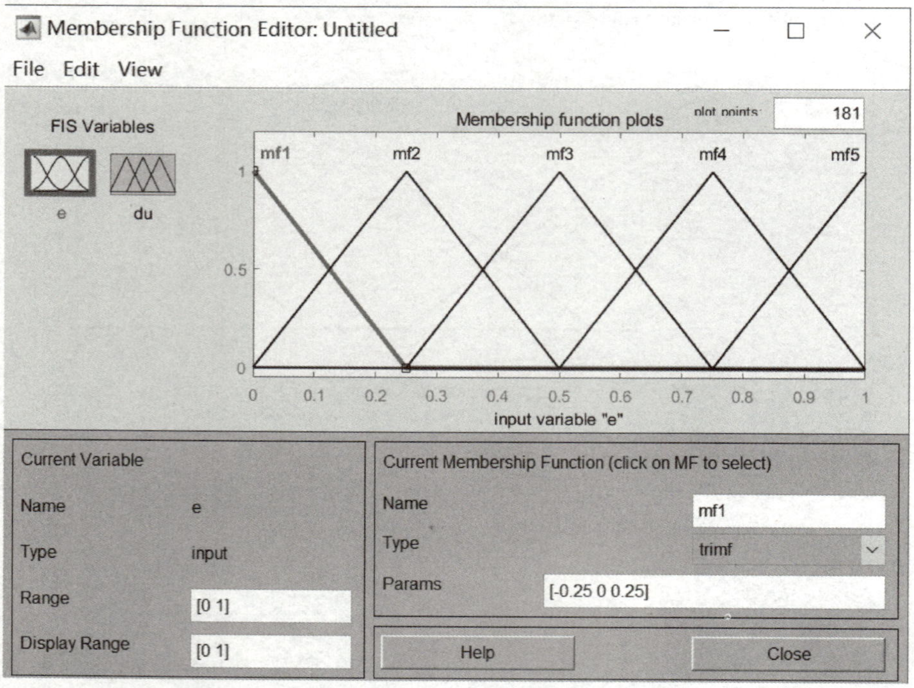

图 4-16 参数设置后输入变量 e 的隶属度函数界面

接下来，将 5 个模糊集合对应的名称和每个隶属度函数的端点进行相应配置，配置完成后如图 4-17 所示。对于输出变量 *du*，执行类似的操作，配置完成后可得到图 4-18 所示界面。

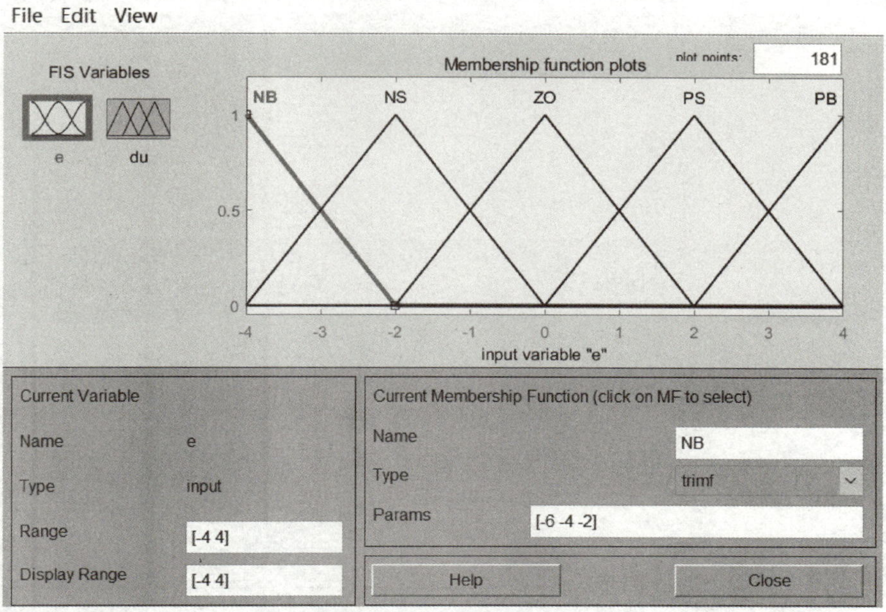

图 4-17　参数设置后输入变量 *e* 的隶属度函数界面

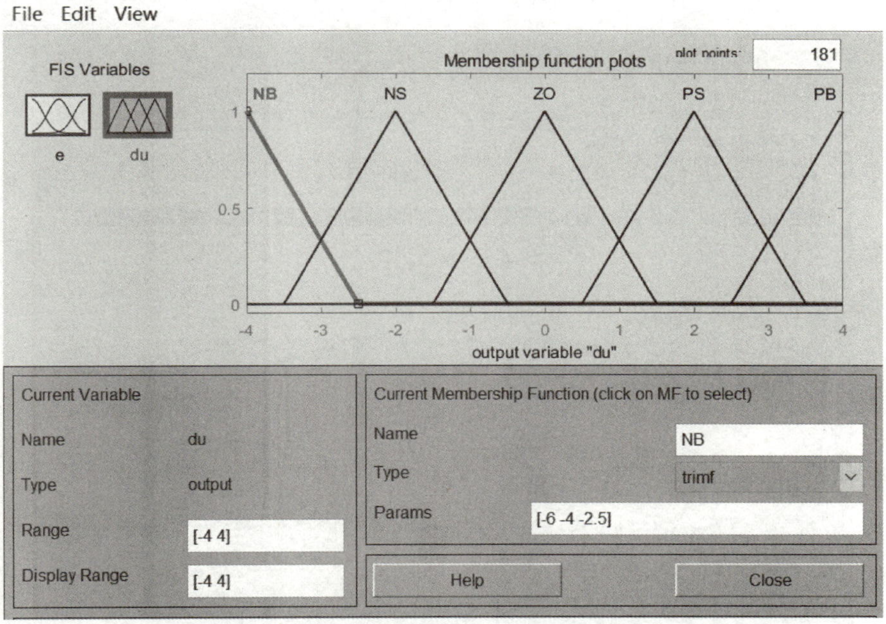

图 4-18　参数设置后输出变量 *du* 的隶属度函数界面

（3）输入模糊规则　回到图 4-13 所示的模糊控制器设计主界面，双击中部（mamdani）区域，可进入图 4-19 所示的模糊规则编辑界面。

选择相应规则的前件和后件，并单击 “Add Rule”，依次将 5 条规则全部添加进来，添加好模糊规则后的界面如图 4-20 所示。

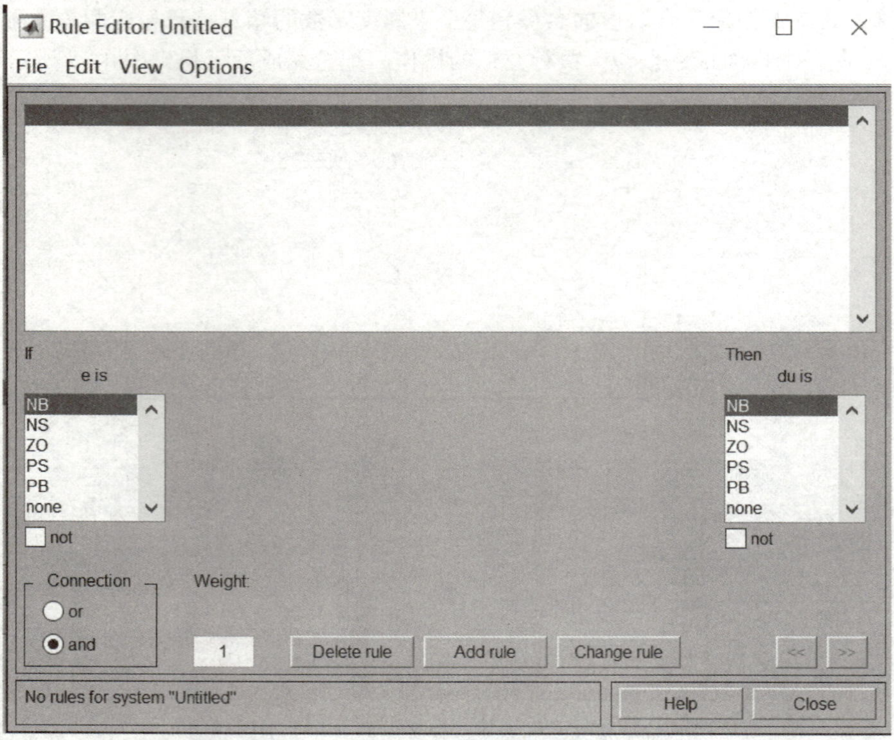

图 4-19　模糊规则编辑界面

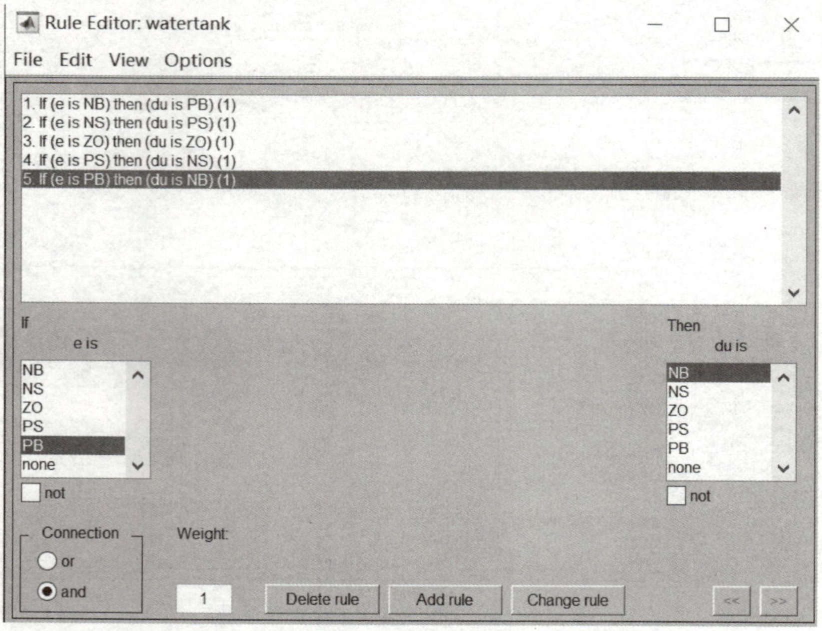

图 4-20　添加好模糊规则后的界面

（4）导出模糊控制器　这样，模糊控制器就设计完成了。接下来只需要将其导出即可。回到图 4-13 所示的模糊控制主界面，单击“File”菜单下的“Export”按钮，选择“To Workspace”或“To File”，“To Workspace”将模糊控制器保存在 MATLAB 的工作区，“To

File” 则是将其保存在硬盘空间内。本例中将其同时保存在 Workspace 和 File 中，并且命名为 watertank，如图 4-21 所示。

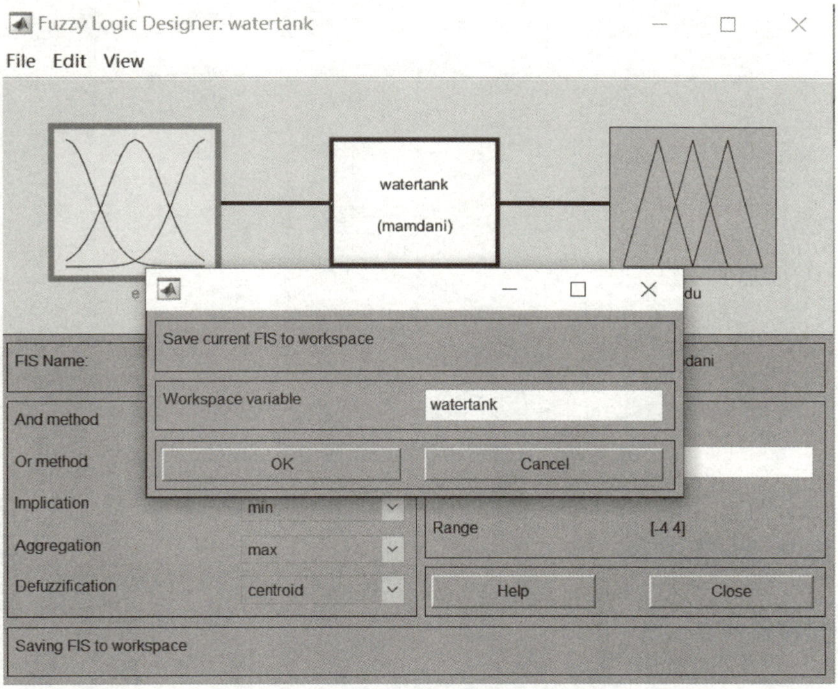

图 4-21　将模糊控制保存到 Workspace

至此，模糊控制器部分的设计就大功告成了。

3. 将设计好的模糊控制器链接到模糊控制系统中

接下来，回到第一步用 Simulink 建立的模糊控制系统模型中，双击模糊控制器模块，将第二步设计好的“watertank”填入“FIS structure”下面的参数框内，如图 4-22 所示，单击“OK”。

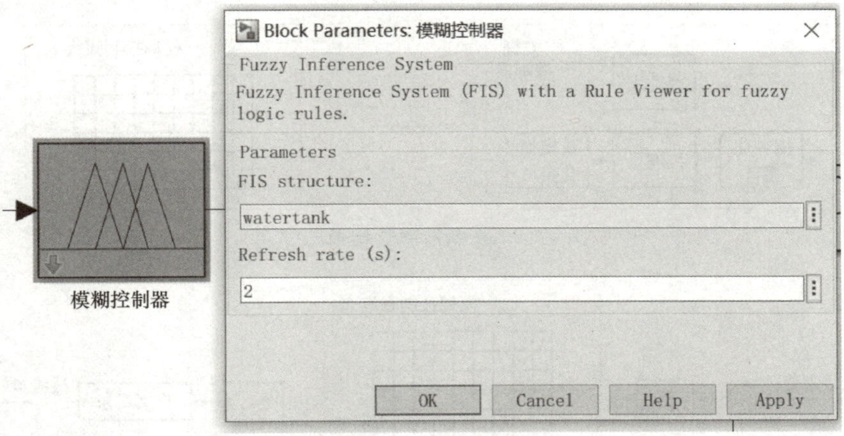

图 4-22　模糊控制器的参数设置

最后，根据需要进行仿真参数的设置，本例中仿真终止时间设为 100。

运行程序，得到仿真结果如图 4-23 所示。

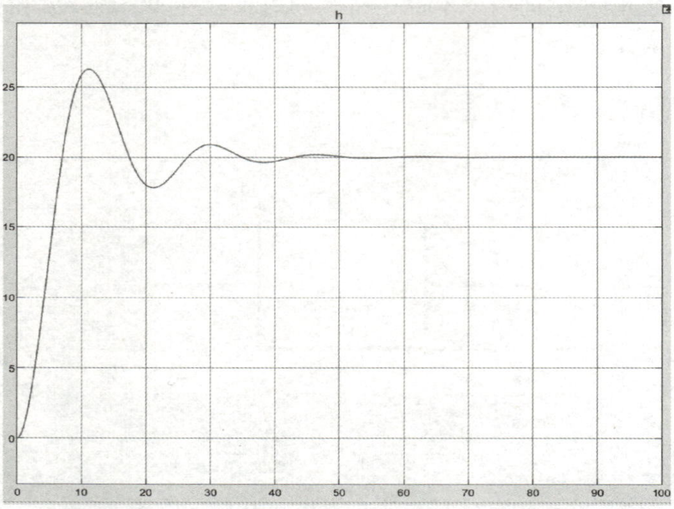

图 4-23　水箱液位模糊控制输出响应曲线

4.4　模糊控制查询表

“程序代码 ch4-002”

1. 何为模糊控制查询表

由前节可知，如果一个模糊控制系统的输入和输出的模糊论域固定、模糊规则固定、模糊化及去模糊化方法固定，则对于任意一个输入到模糊控制器的精确值，其输出值也将是唯一的。如果我们将该过程提前离线计算好，就可以得到一个模糊控制查询表，该表描述了模糊控制器的输入和输出之间的一一对应关系。可见，模糊控制查询表与原来的模糊控制器是等价关系，如图 4-24 所示，在实际过程中，我们可以用离线计算好的模糊控制查询表代替模糊控制器，从而可以大大减少计算量，满足实时控制的需要。基于模糊控制查询表的模糊控制系统如图 4-25 所示。

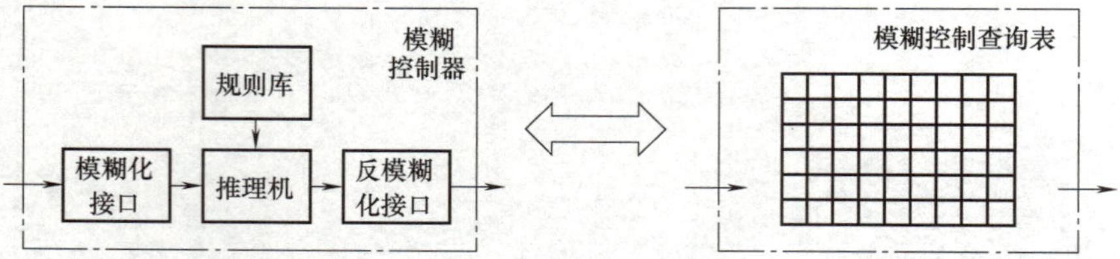

图 4-24　模糊控制查询表的作用

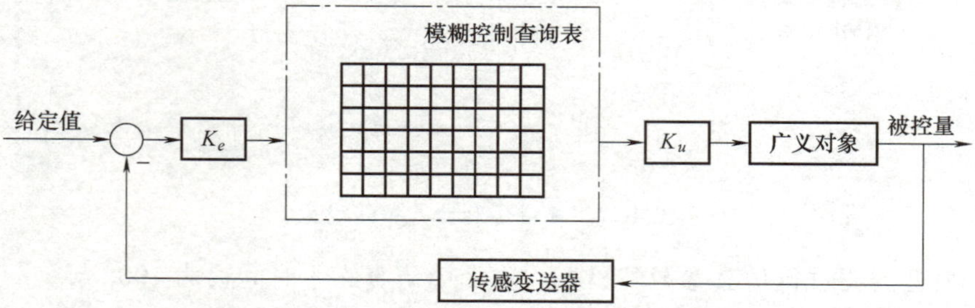

图 4-25　基于模糊控制查询表的控制系统结构框图

2. 模糊控制查询表的获取

模糊控制器查询表的获取过程，也就是模糊控制器单独运行一次的过程，其过程可用伪代码概括如下：

```
For 输入变量的模糊论域中的每个元素
    模糊化；
    基于所有规则提取的模糊关系 R，进行模糊推理；
    去模糊化；
End For
```

下面仍以上一节给出的水箱液位模糊控制系统为例，进行模糊控制查询表的设计。

对于输入变量 e 的模糊论域 $\{-4, -3, -2, -1, 0, 1, 2, 3, 4\}$ 中的元素 -4，有：

（1）模糊化　由图 4-4 可知，-4 在模糊集合 NB 上取得最大隶属度值，利用最大隶属度法进行模糊化，因此选择 NB 作为其模糊化结果，即

$$\mathrm{NB}=\{1,0.5,0,0,0,0,0,0,0\} \tag{4-23}$$

（2）基于已知的模糊关系进行模糊推理　5 条规则蕴涵的模糊关系 $\underset{\sim}{R}$ 见式（4-12），基于它进行模糊推理，可得

$$\mathbf{NB}\circ\underset{\sim}{\boldsymbol{R}}=(1,0.5,0,0,0,0,0,0,0)\circ\begin{pmatrix}0&0&0&0&0&0&0&0.33&1\\0&0&0&0&0&0.33&0.5&0.33&0.5\\0&0&0&0&0&0.33&1&0.33&0\\0&0&0&0.33&0.5&0.33&0.5&0.33&0\\0&0&0&0.33&1&0.33&0&0&0\\0&0.33&0.5&0.33&0.5&0.33&0&0&0\\0&0.33&1&0.33&0&0&0&0&0\\0.5&0.33&0.5&0.33&0&0&0&0&0\\1&0.33&0&0&0&0&0&0&0\end{pmatrix}$$

$$=(0,0,0,0,0,0.33,0.5,0.33,1) \tag{4-24}$$

（3）去模糊化　采用重心法对上述结果进行去模糊化，可得

$$\frac{0.33\times1+0.5\times2+0.33\times3+1\times4}{0.33+0.5+0.33+1}\approx2.93 \tag{4-25}$$

类似地，将输入变量 e 的模糊论域 $\{-4, -3, -2, -1, 0, 1, 2, 3, 4\}$ 中的其他元素，按照上述 3 个步骤进行计算，可得到表 4-4 所示的模糊控制查询表。

表 4-4　水箱液位控制系统的控制查询表

e	−4	−3	−2	−1	0	1	2	3	4
du	2.93	2.60	1.67	1	0	−1	−1.67	−2.60	−2.93

有了模糊控制查询表，在实际应用中就变得非常方便。将图 4-6 中的模糊控制器用 1-D Lookup Table 替换，得到图 4-26 所示的模糊控制系统，其中模糊控制查询表中填入的就是表 4-4 中的数值，如图 4-27 所示。运行该系统，得到水箱液位闭环响应曲线如图 4-28 所示。可见，模糊控制查询表的功能等价于模糊控制器。

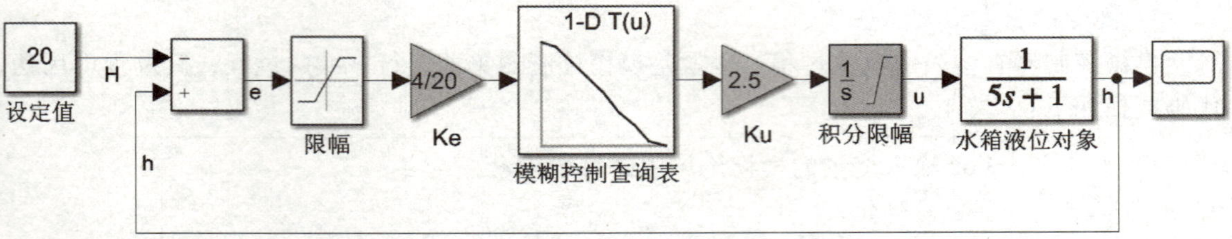

图 4-26　基于控制查询表的模糊控制系统仿真图

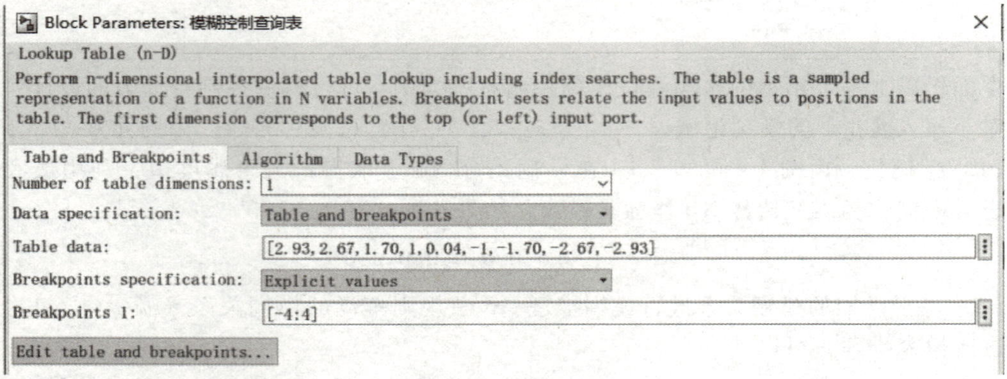

图 4-27　模糊控制查询表参数设置

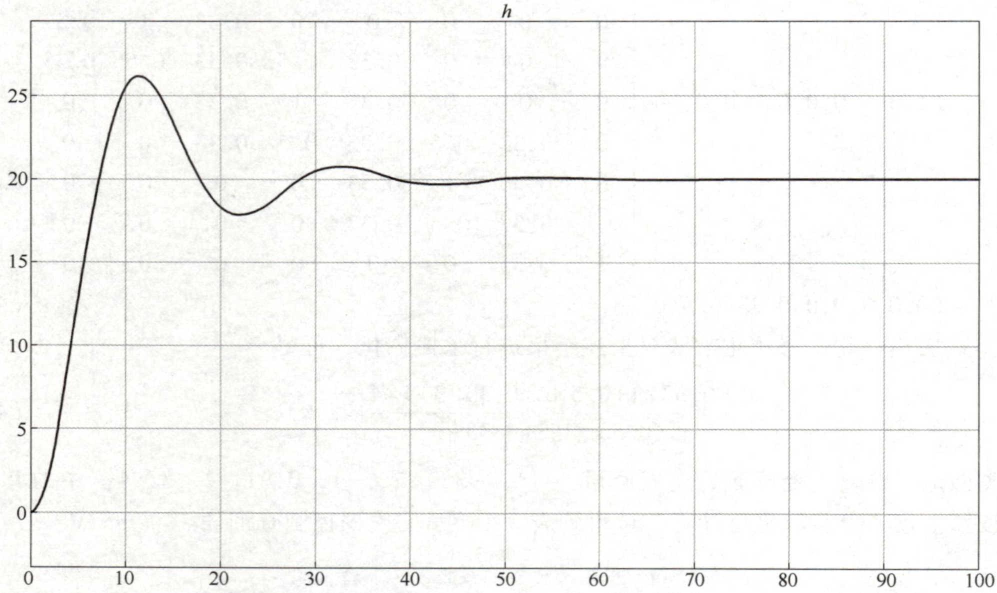

图 4-28　模糊控制查询表实现下的水箱液位响应曲线

3. 基于模糊控制查询表的控制流程

模糊控制查询表可以离线获取，极大地方便了模糊控制在实际中的应用。如果设计好模糊控制器，得到模糊控制查询表，则整个模糊控制系统实现流程如下：

```
h(0)=0;
fo r t=0:step:Tfinal-1
```

```
  e(t)=h(t)-H;
  e(t) 限幅[-20,20]
  <e(t) * Ke>
  查表得到 du
  du * Ku
  积分限幅输出 u(t)
  代入对象得到 h(t+1)
end
```


4.5　模糊控制系统设计及仿真案例

前面已经学习了模糊控制器的完整设计方法，在此基础上，本节介绍两个模糊控制系统的设计实例及其仿真结果，进一步帮助大家加深对模糊控制器的理解，掌握其设计方法。

4.5.1　两输入单输出水箱液位模糊控制系统设计

本章 4.2 节已经介绍了单输入单输出水箱液位模糊控制系统的设计，在实际应用中，有经验的工程人员在制定控制策略时，不仅考虑当前的误差状态，而且会结合未来的变化趋势做出综合判断。此时的控制策略中将包含两个条件项（误差和误差变化），本节我们一起来学习两输入单输出模糊控制系统的设计。

1. 两输入单输出模糊控制系统设计

由前可知，该系统中被控量为水箱的液位 h；控制目标是使 $h=H$，即水箱的实际液位 h 跟踪设定值 H；操纵量（控制量）为水箱的进水阀开度 u。针对该系统，现在我们要设计一个两输入单输出的模糊控制器，其设计步骤及过程如下：

（1）确定模糊控制器输入、输出变量的模糊集合划分

1）确定模糊控制器的输入、输出变量。模糊控制器的结构为两输入单输出控制器，其输入分别为误差 $e(t)=h(t)-H$，误差变化 $ec=e(t)-e(t-1)$，输出为 du，即进水阀门的开度变化量。

2）确定模糊控制器输入、输出变量的模糊论域。本例中，设模糊控制器输入 e、ec 以及输出 du 的模糊论域均为 $\{-4, -3, -2, -1, 0, 1, 2, 3, 4\}$。

3）确定输入、输出变量划分的模糊集合的个数。这里，将两个输入及一个输出变量均划分为 5 个模糊集合，分别为｛NB，NS，ZO，PS，PB｝，其中 N：Negative，P：Positive，S：Small，B：Big，即 5 个模糊集合分别表示“负大”“负小”“零”“正小”“正大”。

4）对输入、输出变量进行模糊集合的具体划分。采用三角形隶属度函数进行模糊集合表示，输入 e、输出 du 的模糊集合划分同前，如图 4-4、图 4-5 所示，输入 ec 的模糊集合划分如图 4-29 所示。

（2）设计模糊控制器的控制规则　两输入单输出模糊控制器中控制规则的凝练需要根据两个输入的状态做出输出判断。因此，输入个数越多，规则提炼的要求就越高。

由前知，$e(t)=h(t)-H$，可见误差 e 反映的是当前的液位状态与设定值的关系，是高于设定值还是低于设定值；$ec(t)=e(t)-e(t-1)=(h(t)-H)-(h(t-1)-H)=h(t)-h(t-1)$，误

差变化 *ec* 反映的是液位的变化趋势。

当误差 *e* 比较大时，如为 NB，由 $e=h-H$ 知，当前液位远远低于设定值，此时不管 *ec* 处于什么状态，控制目的是尽快提高液位以消除误差，因此输出 du 为 PB，对应表 4-5 中的第 2 列。同理，当 $e=$PB 时，不管 *ec* 处于什么状态，均令输出 du=NB，对应表 4-5 的最后 1 列。

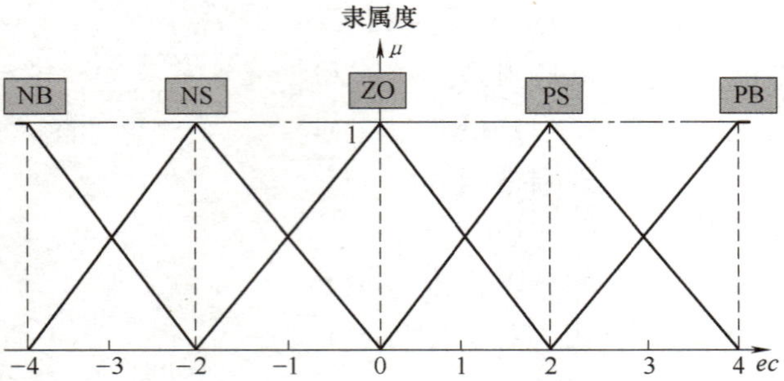

图 4-29 输入变量 *ec* 的模糊集合表示

当 $e=$NS 时，因 $e=h-H$，即当前水箱液位 *h* 低于设定值 *H*，此时需根据 *ec* 的不同状态做出不同的判断：当 *ec*=NB 时，即 $h(t)\ll h(t-1)$，说明当前液位远低于上一时刻的液位，也就是说，液位的变化趋势是在下降。显然，综合 *ec* 的情况来判断，当前液位不仅低于设定值，而且在不断下降，不断恶化，那么我们的操作措施应为 du=PB；当 *es*=NS 时，虽然液位下降的程度有所好转，但考虑到液位在下降，我们依然采用 du=PB；当 *ec*=ZO 时，表明液位与前一时刻相比保持不变，但也没有改善，考虑到当前液位依然低于设定值，因此 du=PS；当 *ec*=PS 时，表明当前时刻液位高于前一时刻液位，也即液位在回升，在不断向设定值靠近，此时虽然当前液位仍低于设定值，但有改善的趋势，因此 du=PS 或 ZO；当 *ec*=PB 时，说明液位改善的趋势非常明显，此时可以令 du=ZO，或者如果考虑对象惯性比较大的话，甚至可以令 du=NS，即提前关小阀门，减少系统超调。至此，可以得到表 4-5 中第 3 列对应的 du 操作。

当 $e=$PS 时，分析方法类似，这里不再赘述，对应可得到图 4-5 中第 5 列的值。

当 $e=$ZO 时，当前水箱液位 *h* 等于设定值 *H*，此时的操作就应该更多地结合 *ec* 的状态进行考虑：当 *ec*=NB，即 $h(t)\ll h(t-1)$，说明液位在不断下降，而且下降程度较大，此时令 du=PB；当 *ec*=NS 时，液位在不断下降，下降程度较小，因此令 du=PS；当 *ec*=ZO 时，表明液位与前一时刻相比保持不变，因此 du=ZO；当 *ec*=PS 时，表明液位在升高，而且升高速度较小，因此 du=NS；当 *ec*=PB 时，说明液位上升的速度较大，此时令 du=NB 阻止其上升以消除误差。由此，可以得到表 4-5 中第 4 列对应的 du 操作。

综上，最后我们可以得到完整的 25 条规则，见表 4-5。

表 4-5 两输入单输出水箱液位控制系统的控制规则表

ec	*e*				
	NB	NS	ZO	PS	PB
	du				
NB	PB	PB	PB	ZO/PS	NB
NS	PB	PB	PS	NS/ZO	NB
ZO	PB	PS	ZO	NS	NB
PS	PB	PS/ZO	NS	NB	NB
PB	PB	ZO/NS	NB	NB	NB

注意：一个模糊控制系统的规则库并不是唯一的。不同的人总结出的规则表可能会有差异，评价规则的优劣最终要通过控制效果进行检验。

(3) 模糊化　模糊化，即将输入的精确量转换成模糊集合，两输入单输出系统模糊化过程同 4.2 节，唯一的不同是这里的输入变量有 2 个，需要分别进行模糊化。

【课堂练习 4.4】 请给出 $e=2$，$ec=3$ 模糊化后的模糊集合（隶属度）表示。

(4) 模糊关系提取及模糊推理　首先写出 25 条规则分别蕴涵的模糊关系，如第 1 条规则：If $e=\mathrm{NB}$，and $ec=\mathrm{NB}$，then $\mathrm{d}u=\mathrm{PB}$ 蕴涵的模糊关系可由下式求得：

$$\underset{\sim}{R}_1=(\mathrm{NB}\times\mathrm{NB})^{T}\times\mathrm{PB}$$

则 25 条规则形成的总的模糊关系为

$$\underset{\sim}{R}=\bigcup_{i=1}^{25}\underset{\sim}{R}_i$$

假设当前输入模糊化后结果为 $e=\underset{\sim}{A}^*$，$ec=\underset{\sim}{B}^*$，则可以通过模糊推理求得对应的模糊输出 C^* 为

$$\underset{\sim}{C}^*=(\underset{\sim}{A}^*\times B^*)^{T'}\circ\underset{\sim}{R}$$

(5) 去模糊化　去模糊化即把上一步骤得到的模糊输出转变成精确量的过程。本步骤与 4.2 节完全相同。

注意：如果基于 MATLAB 进行模糊控制系统的设计，则第 3~5 步只需配置好相应方法，计算机会自动进行运算。

(6) 确定量化因子和比例因子　该系统中的两个输入变量，误差 e 和误差变化 ec 的实际论域分别为［-20，20］、［-60，60］，输出 $\mathrm{d}u$ 的实际论域为［-10，10］，三者的模糊论域均为［-4，4］的离散有限域。因此有

$$K_e=\frac{4}{20},\ K_{ec}=\frac{4}{60},\ K_u=\frac{10}{4}$$

2. 基于 MATLAB 的仿真实现

“程序代码 ch4-003”

系统 Simulink 仿真框图如图 4-30 所示。可以看出，与单输入单输出系统相比（见图 4-6），模糊控制器的输入增加为 2 个，两路输入经 Mux 模块汇总后送入模糊控制器，图中 h1 为 To Workspace 模块。

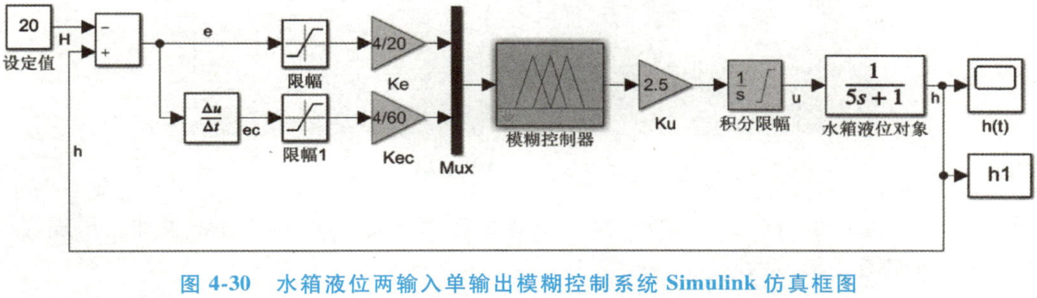

图 4-30　水箱液位两输入单输出模糊控制系统 Simulink 仿真框图

下面介绍模糊控制器的设计，与 4.3 节相同，首先在 Command Window 中输入 fuzzy，单击回车键后，进入模糊控制器的设计界面。

1）进入后，单击“Edit”菜单下的“Add Variable”>“Input”，添加一个输入变量，如图 4-31 所示。

2）对输入、输出变量进行命名，完成后的界面如图 4-32 所示。

3）输入、输出变量的论域定义及模糊化操作，详细操作可参考 4.3 节。

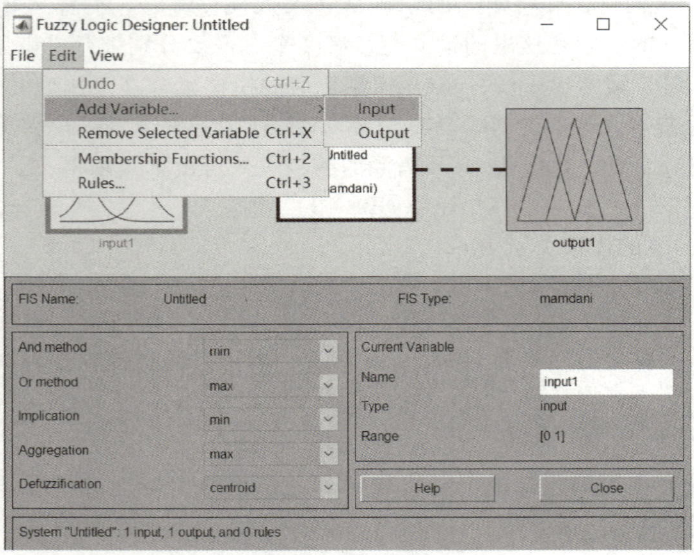

图 4-31　添加输入变量的操作界面

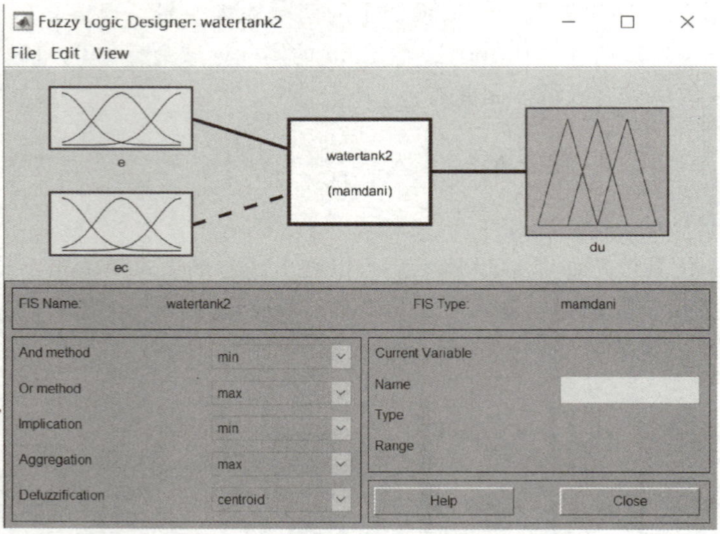

图 4-32　添加操作变量并命名后的界面

4）写入模糊规则，注意：这里的模糊规则共有 25 条，请按顺序仔细添加。添加好模糊规则后的界面如图 4-33 所示。

5）导出设计好的模糊控制器，单击“File”菜单下的“Export”，可以在 Workspace 和 File 中各导出一份，并命名为 watertank2。

6）返回到 Simulink 模型窗口，将 watertank2 填入 Fuzzy Controller 模块中，设置仿真参数（stop time：100s，Solver 采用 Fixed-step，size 为 0.1）后，单击运行即可。

运行结果如图 4-34 所示，图中深色线条、浅色线条分别为使用表 4-5 中的“/”前的规则和“/”后的规则的结果，可以看出：不同规则，对控制效果有着不同的影响。希望读者能够自己做更多的尝试和探索。

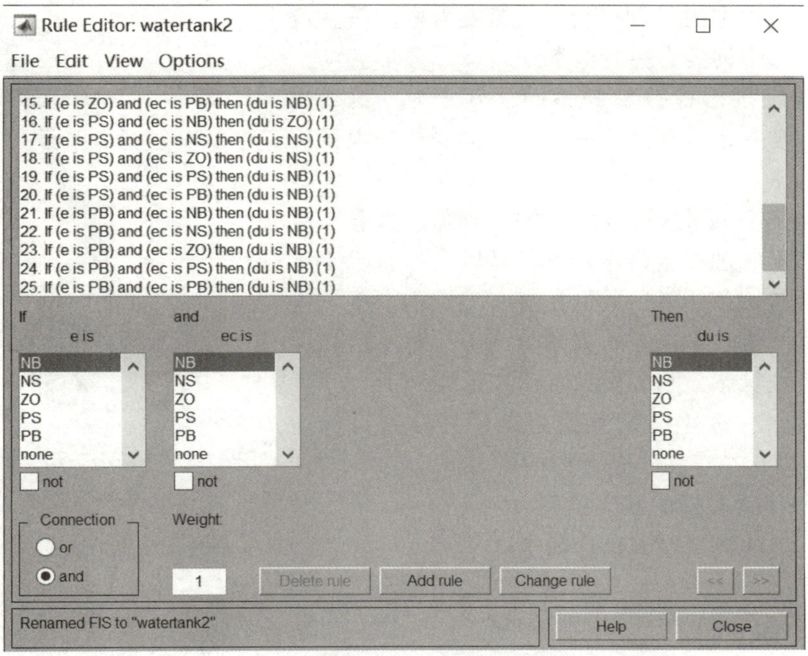

图 4-33　模糊规则添加完成后的部分界面

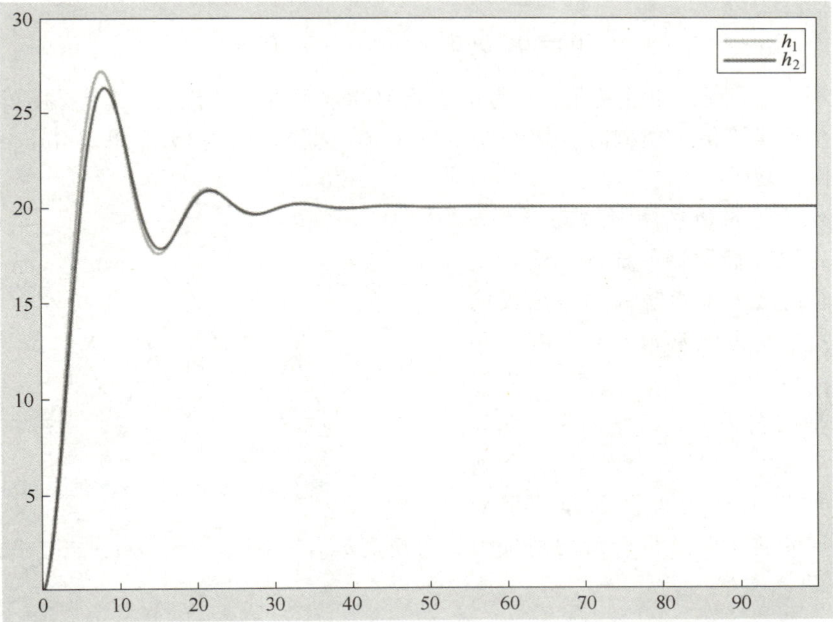

图 4-34　两输入单输出模糊控制下水箱液位闭环曲线

4.5.2　倒立摆模糊控制系统设计

倒立摆（Inverted Pendulum），是典型的多变量、非线性、非自衡对象。倒立摆系统的稳定控制是控制理论中的典型问题，常被用来检验新的控制理论和算法的正确性及其在实际应用中的有效性。其控制方法在军工、航天、机器人及众多工程领域中都有着广泛的用途，如机器人行走过程中的平衡控制、火箭发射中的垂直度控制和卫星飞行中的姿态控制等。

倒立摆系统按摆杆数量的不同，可分为一级、二级、三级倒立摆等，本节讨论一级小车倒立摆的模糊控制系统设计[4]。

小车倒立摆系统由摆杆和一辆在导轨上的滑车组成，摆杆与滑车通过铰链相连，滑车可以沿导轨水平运动。在一定的初始条件下，通过在滑车上施加水平方向的力 u，使摆杆与垂直方向的夹角 θ 为 0，即使摆杆保持垂直向上竖立状态，其结构示意图如图 4-35 所示。

可见，对于一级小车倒立摆系统，其控制目标为 $\theta=0$；控制量为：小车在水平方向的受力 u。

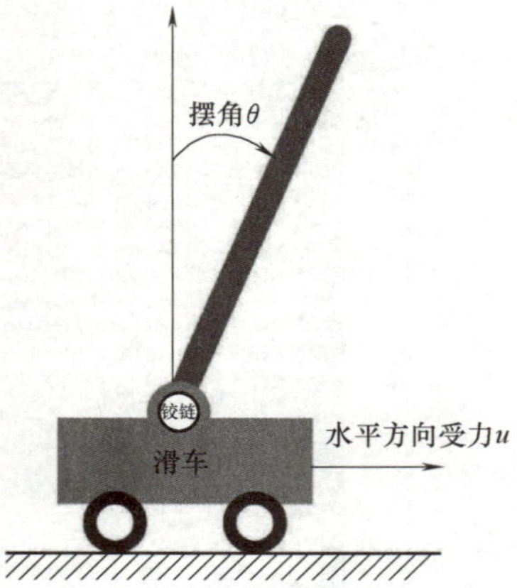

图 4-35　一级小车倒立摆系统示意图

1. 一级小车倒立摆的数学模型

小车倒立摆的数学模型描述如下[4]：

$$\ddot{\theta}=\frac{9.8\sin\theta+\cos\theta\dfrac{-\bar{u}-0.25\dot{\theta}^2\sin\theta}{1.5}}{0.5\left(\dfrac{4}{3}-\dfrac{1}{3}\cos^2\theta\right)},\quad \dot{\bar{u}}=-100\bar{u}+100u \tag{4-26}$$

$$\dot{\theta}(0)=0,\ \theta(0)=0.1\text{rad};\ \bar{u}(0)=0 \tag{4-27}$$

式中，θ 为摆杆与垂直方向的夹角；u 为小车受到的水平方向的推力；$\bar{u}$ 代表一个执行器。

注意：在搭建该仿真模型时，解法器（Solver）选择四阶龙格-库塔（Runge-Kutta）法，积分步长选择 0.001。

2. 一级倒立摆模糊控制系统设计

（1）确定模糊控制器的输入和输出变量　这里我们仍然采用两输入单输出模糊控制器，输入变量为误差 $e(t)=r-\theta(t)$ 和误差变化 $de(t)=e(t)-e(t-1)$；输出变量为 $u(t)$，水平向右为正，水平向左为负。

（2）输入输出变量进行模糊集合划分　输入、输出的模糊集合划分分别如图 4-36~图 4-38 所示。三个变量均划分为 5 个模糊集合｛NB，NS，ZO，PS，PB｝。

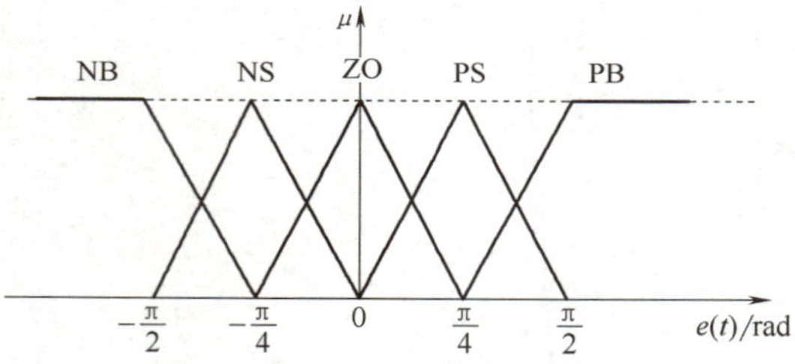

图 4-36　误差 e 的模糊集合划分

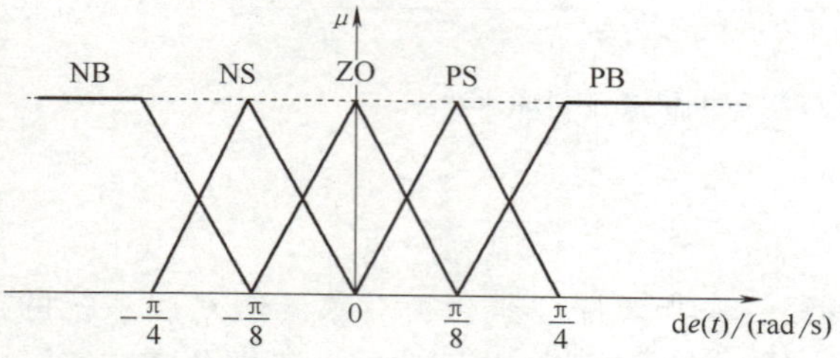

图 4-37　误差变化 de 的模糊集合划分

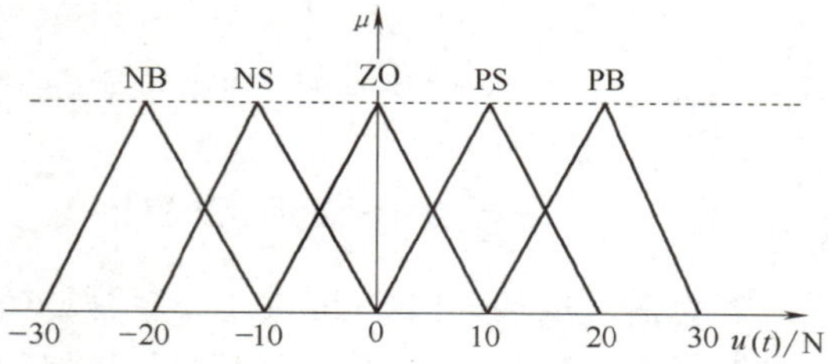

图 4-38　输出 u 的模糊集合划分

（3）模糊规则凝练　这里的规则仍需要我们以“当事人”身份进行总结。相信大多数读者都曾经玩过“扫把倒立”的游戏，在这个游戏中可以把“扫把”看作摆杆，“手”看成小车。当摆杆向某侧倾斜时，我们的手也朝同样的方向移动，则可以克服其倾斜，接下来就按照这个思路完成模糊规则的凝练。

上一步中两个输入变量均划分为 5 个模糊集合，因此一共需要 25 条规则。

当 e=NB 时，因 $e=r-\theta(t)=-\theta(t)$，且 $\theta>0$ 代表摆杆朝右倾斜，反之朝左倾斜；可知当前摆杆朝右倾斜，且倾斜角度较大；同时 de=NB，因 $de=e(t)-e(t-1)=\theta(t-1)-\theta(t)$，可知前一时刻的角度比当前时刻小，即摆杆倾斜程度在“恶化”；综合以上分析，可知当前状态下，应该对小车施加较大的向右的力（即 u=PB），以克服摆杆不断右倾。

当 e=NB，de=PB 时，对应状态为：摆杆朝右以较大角度倾斜，但与前一时刻相比，摆杆倾斜程度在快速“改善”，那么此时可以令 u=ZO，静观其变。

当 e=ZO，de=PB 时，对应状态为：当前摆杆在垂直位置，无倾斜，但是摆杆的运动趋势是以较大幅度向左倾斜，那么此时可令 u=NB。

当 e=PB，de=NB 时，对应状态为：当前摆杆以较大角度朝左倾斜，但是根据趋势判断倾斜正在以较大程度得到改善，因此可令 u=ZO。

以上列举了几种有代表性的情形进行分析，其他情形请读者自行讨论。完整的模糊控制规则见表 4-6。

表 4-6　倒立摆的模糊控制规则表

e	de				
	NB	NS	ZO	PS	PB
	u				
NB	PB	PB	PB	PS	ZO
NS	PB	PB	PS	ZO	NS
ZO	PB	PS	ZO	NS	NB
PS	PS	ZO	NS	NB	NB
PB	ZO	NS	NB	NB	NB

3. 基于 MATLAB 的仿真实现

倒立摆模糊控制系统的 Simulink 仿真框图如图 4-39 所示。图中倒立摆对象为根据式（4-26）、式（4-27）搭建的 Subsystem，模糊控制器根据前述内容搭建，这里不再赘述。系统运行后的结果响应曲线如图 4-40 所示。

“程序代码 ch4-004”

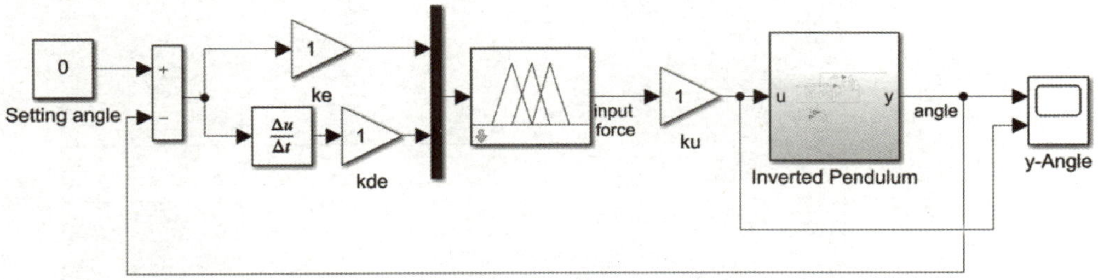

图 4-39　倒立摆模糊控制系统的 Simulink 仿真框图

4. 参数对系统性能的影响

由图 4-40 可知：在现有参数下，控制效果并不理想，摆杆平衡的速度偏慢，控制作用过强。下面讨论不同参数作用下系统性能的变化。

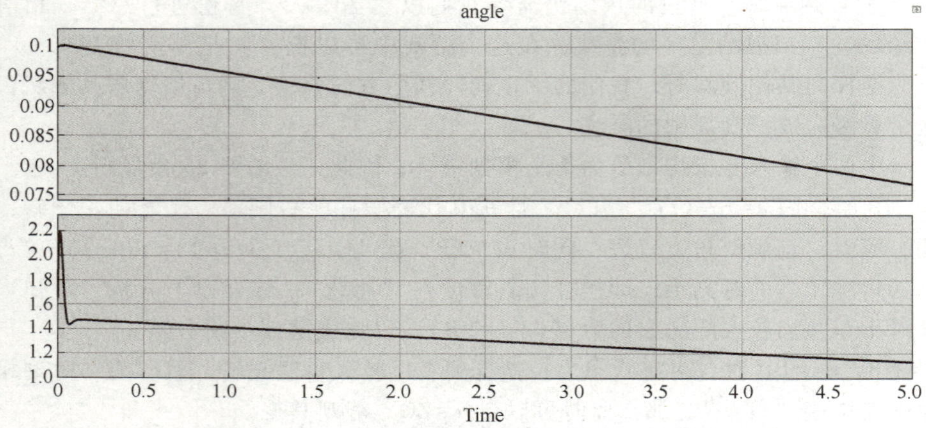

图 4-40　倒立摆模糊控制结果响应曲线

（1）量化因子、比例因子的影响

1）当 $K_e=1$，$K_{de}=0.1$，$K_u=1$ 时，响应曲线如图 4-41 所示。

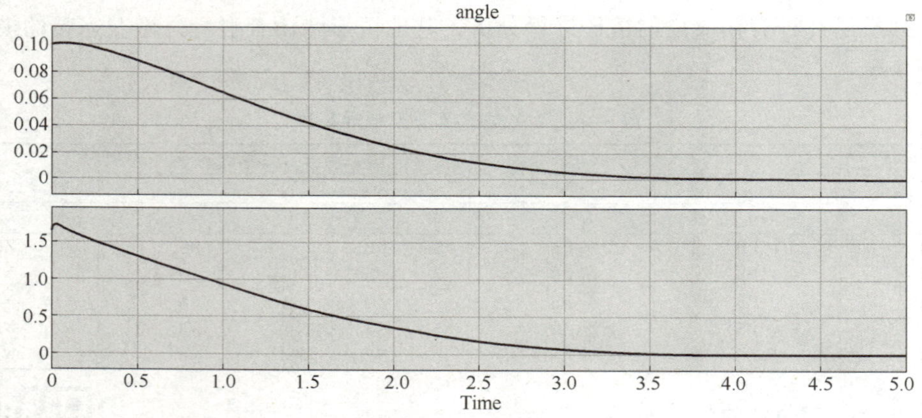

图 4-41　$K_e=1$，$K_{de}=0.1$，$K_u=1$ 时的结果响应曲线

2）当 $K_e=2$，$K_{de}=0.1$，$K_u=1$ 时，响应曲线如图 4-42 所示。

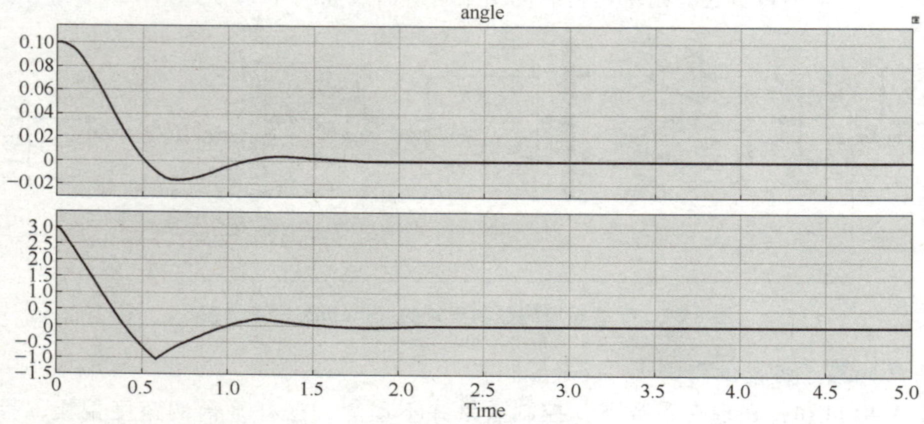

图 4-42　$K_e=2$，$K_{de}=0.1$，$K_u=1$ 时的结果响应曲线

3）当 $K_e=2$，$K_{de}=0.1$，$K_u=5$ 时，响应曲线如图 4-43 所示。

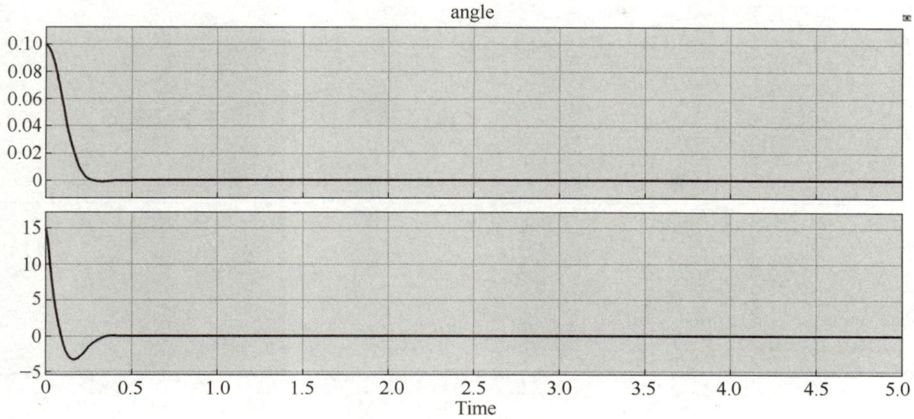

图 4-43 $K_e=2$，$K_{de}=0.1$，$K_u=5$ 时的结果响应曲线

- 比较图 4-40、图 4-41 可知，K_{de} 减小后，去除了针对误差变化的过强作用，总的控制响应反而加快了，4s 达到了稳定。当 K_{de} 从 1 变到 0.1 时，对于同样的误差变化量，原 PB 或 NB 值将变成 PS/ZO 或者 NS/ZO，对照表 4-6 中的规则可知，同样的条件下，控制作用会由强转弱。以 e=ZO，de=NB 为例，当 K_{de} 从 1 变到 0.1 时，de 将从 NB 变成 NS，即同样的情况下，控制作用从 PB 变成 PS，显然针对误差变化的控制力度减小了。
- 比较图 4-40、图 4-42 可知，当 K_e 从 1 变到 2 后，同样的误差下控制作用得到增强，控制响应加快了，1.5s 已经达到了稳定。对于同样的误差值，原 NS 值将变成 NB，对照表 4-6 中的规则可知，在同样的状态下，当 e 从 NS 变成 NB 时，控制作用会变强。
- 比较图 4-42、图 4-43 可知，当 K_u 从 1 变到 5 后，同样的误差和误差变化下，控制作用得到显著增强，不到 0.5s 就已经稳定。模糊控制器的输出乘以 K_u 后送给执行机构，显然，$K_u>1$，相当于放大控制作用。

更一般地，可以总结如下：

当 $K_{de}<1$ 时，对应同样的误差变化，控制作用“减弱”，即变得更加“迟钝”。

当 $K_{de}>1$ 时，对于同样的误差变化，控制作用“加强”，即变得更加“敏锐”。

当 $K_e<1$ 时，对应同样的误差，控制作用“减弱”，即变得更加“迟钝”。

当 $K_e>1$ 时，对于同样的误差，控制作用“加强”，即变得更加“敏锐”。

当 $K_u<1$ 时，成倍数地缩小控制作用，减弱系统响应。

当 $K_u>1$ 时，成倍数地放大控制作用，增强系统响应。

（2）隶属度函数对系统性能的影响　从前面的论述可知，当 $K_e=2$，$K_{de}=0.1$，$K_u=5$ 时，系统获得了非常理想的控制效果，响应快速。但是，当小车受到外界干扰时，比如在 $t=1$s 时受到 500N 的外力干扰，此时通过仿真可得图 4-44 所示的曲线，由曲线可知：摆杆在受到外力干扰时很快失去了平衡。

进一步分析可知：摆杆在比较小幅的倾斜下，系统可以实现较好的控制，以快速的响应将其拉回到平衡状态，一旦受到干扰，摆杆倾斜幅度较大，由于控制作用不够强，导致摆杆失去平衡而倾倒。要解决这个问题，我们可以通过调整输出变量 u 的隶属度函数来实现，当摆杆摆幅较小时，使用较小的力；但摆杆摆幅非常大时，使用较大的力将其拉回。可见，为了实现该要求，将输出变量的隶属度函数设计成图 4-45 所示的形状。

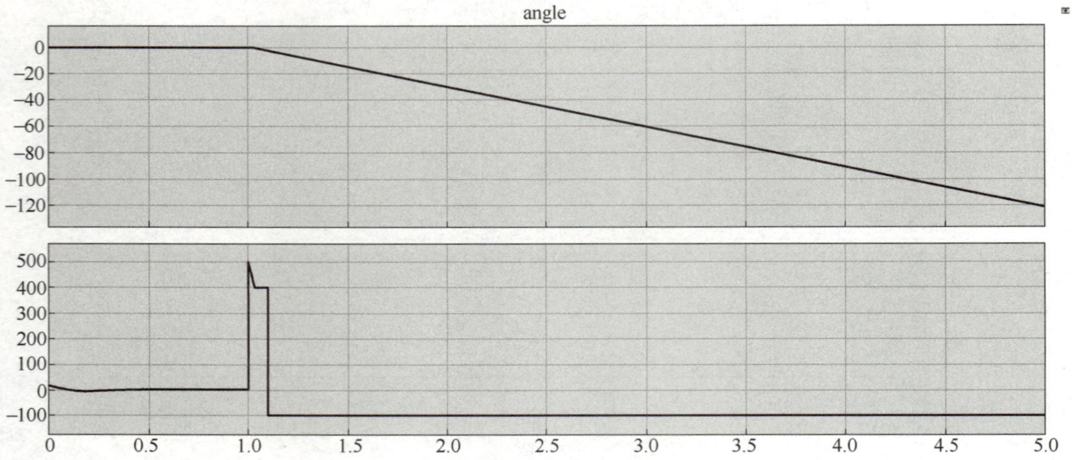

图 4-44 受到外力干扰时倒立摆的响应曲线

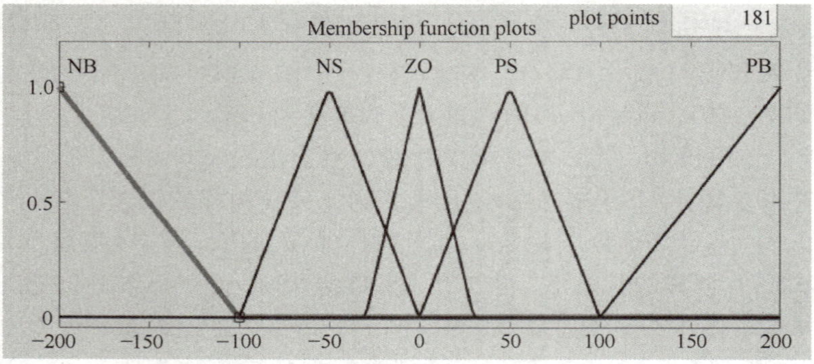

图 4-45 输出变量 u 的隶属度函数

使用修改过输出变量隶属度函数的模糊控制器进行仿真，得到图 4-46 所示的响应曲线。可见，修改过的模糊控制器能够克服较大的扰动，维持倒立摆的平衡。

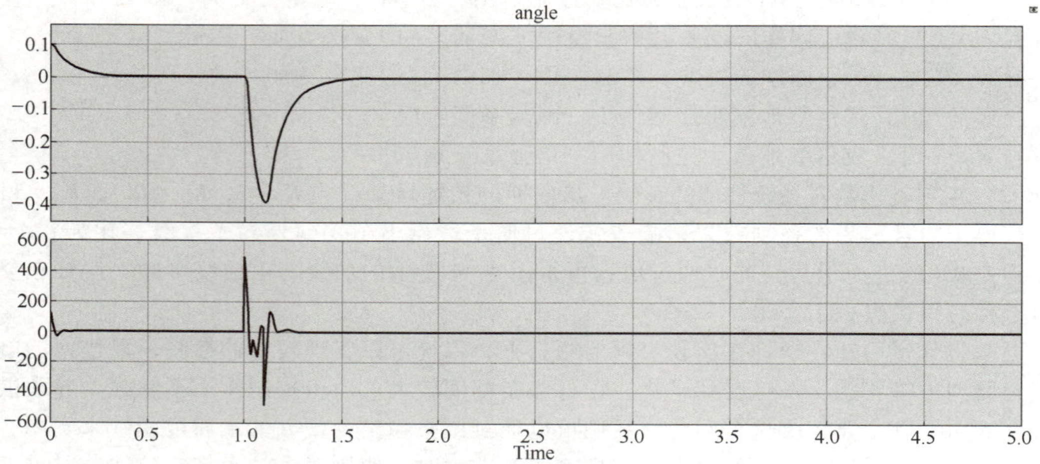

图 4-46 修改输出隶属度函数后的响应曲线

请大家思考：修改输出变量的隶属度函数，与修改比例因子 K_u 的作用是否相同？

仔细分析之后，可以发现：二者虽然都可以调节控制作用，但还是有区别的。K_u 是等比例地放大或缩小控制作用，而修改输出隶属度函数形状可以根据信号大小进行不同程度的缩放，比如：在接近 0 的区域，用弱的操作，在远离原点的区域，用强的操作，即隶属度函数作用的中心点和范围可以根据需要进行灵活配置，易于实现非线性的调控。

4.6 模糊控制与 PID 控制的结合算法

PID（P：Proportion 比例，I：Integral 积分，D：Derivative 微分）控制是实际应用中最广泛最基本的一种控制方法，它具有结构简单、使用方便、鲁棒性强等优点。同时 PID 控制器的控制品质取决于各参数的整定值，PID 的参数整定就变得异常关键。

理想 PID 控制作用可用下式描述：

$$u(t)=K_{\mathrm{p}}\left[e(t)+\frac{1}{T_{\mathrm{i}}}\int_{0}^{t}e(\tau)\mathrm{d}\tau+T_{\mathrm{d}}\frac{\mathrm{d}e(t)}{\mathrm{d}t}\right] \tag{4-28}$$

式中，K_{p} 为比例系数；T_{i} 为积分时间；T_{d} 为微分时间；$e(t)$ 为设定值与测量值的偏差。

模糊控制通常以偏差和偏差变化为输入变量，因此它具有类似常规 PD 控制器的特性。由于其本质上类似于分段控制，所以有时无法取得最佳的稳态性能。为了结合 PID 和模糊控制的优点，研究人员相继提出了多种模糊 PID 控制方法。它们大致可以归纳为两大类：

1）模糊控制与常规 PID 控制以各种形式混合连接，构成控制器。

2）利用模糊控制自动整定 PID 参数，通常被称为 PID 参数模糊自整定算法。

4.6.1 模糊控制与 PID 的混合结构

1. 多模控制

模糊控制本质上分段控制，要提高控制的精度，就必须对输入的语言变量划分成更多的模糊集合，分档越细，性能越好。但是，过多的分档带来的问题是模糊规则数和计算量的大大增加。

解决上述矛盾的思路是：在输入变量的不同论域内，采用不同的控制方法。当偏差较大时，采用纯比例控制，尽快消除偏差；当偏差小于某一阈值时，采用模糊控制，改善动态性能；当偏差接近于“零”时，采用 PI 控制，以消除稳态误差。在多模控制下，控制输出 u 可以表示为

$$u=\begin{cases}\mathrm{P} & |e|>e_0\\ \text{模糊控制} & |e|\leqslant e_0 \text{ 且 } e\notin \mathrm{ZO}\\ \mathrm{PI} & e\in \mathrm{ZO}\end{cases} \tag{4-29}$$

有时，也采用下式所示的双模控制形式：

$$u=\begin{cases}\text{模糊控制} & |e|\geqslant e_0\\ \mathrm{PI} & |e|<e_0\end{cases} \tag{4-30}$$

注意：

1）在多模控制中，各控制器分别独立设计，根据切换条件，由系统决定哪一个控制器的输出作为控制量进行输出。

2）切换条件要根据控制对象进行合理选择。可以通过试验进行多次尝试，确定最佳切换点。

2. 并联混合结构

该方法将 PID 控制器分解为模糊控制器和其他类型控制器的并联结构，以达到两种控制器性能的互补。一般来说，可以归结为如下 5 种类型。

（1）模糊控制与前馈控制的并联　如果被控对象的稳态增益 K 可测，可采用图 4-47 所示的控制结构。其中，前馈补偿用于消除稳态增益带来的偏差，模糊控制实现 PD 的功能。控制器输出可以表示为

$$u=u_{\mathrm{pd}}+\frac{r}{K} \tag{4-31}$$

式中，r 为闭环系统的期望值。

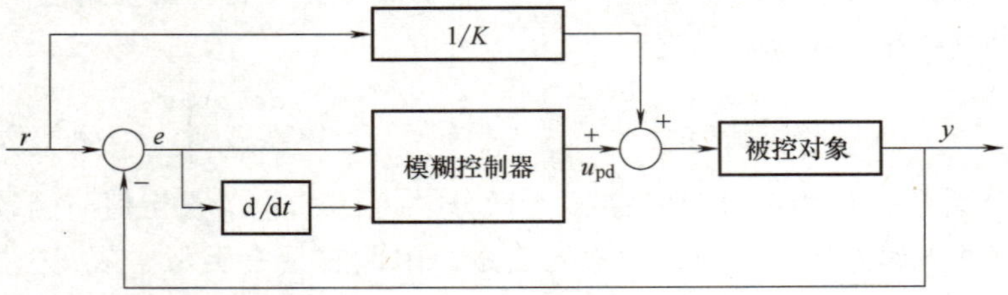

图 4-47　混合结构 Ⅰ 型

（2）模糊控制与积分控制的并联　图 4-48 给出了模糊控制与积分作用的并联结构，在此种结构下，控制器输出为

$$u = u_{\mathrm{pd}} + K_{\mathrm{i}}\int e(t) \tag{4-32}$$

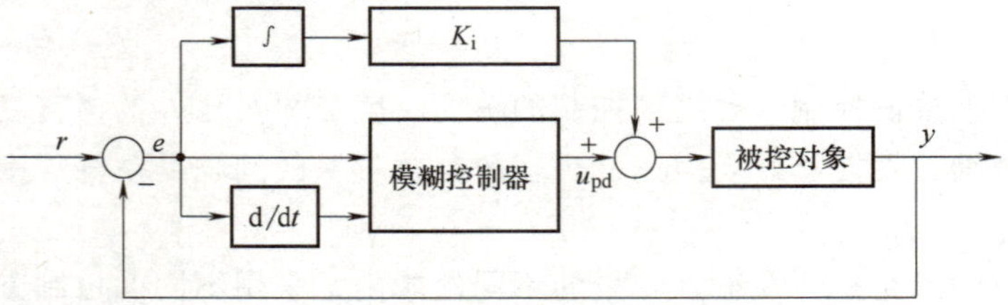

图 4-48　混合结构 Ⅱ 型

（3）模糊控制与含有模糊积分增益的积分控制并联　将 Ⅱ 型混合结构中的固定的积分增益替换成基于模糊控制的自适应积分增益，就变成图 4-49 所示的 Ⅲ 型混合结构。在该结

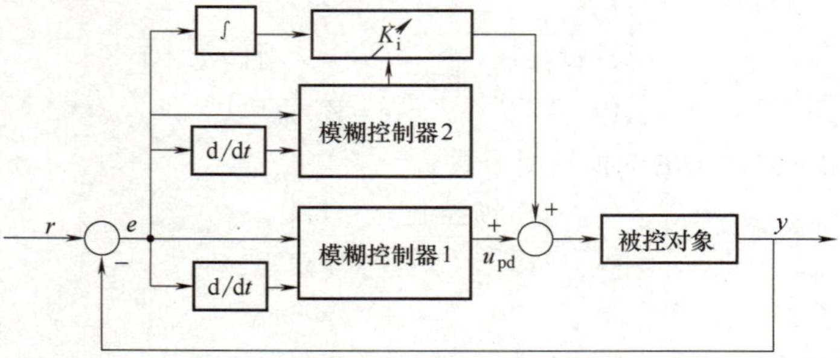

图 4-49　混合结构 Ⅲ 型

构中，模糊控制器 2 的输入为偏差和偏差变化，输出为积分增益 K_i。

（4）模糊 PD 与模糊 PI 控制并联　图 4-50 所示的混合结构是将模糊 PD 与模糊 PI 并联构成模糊 PID 调节器。模糊 PI、模糊 PD 控制器的输入均为偏差和偏差变化，模糊 PD 控制器的输出为当前控制量 u_{pd}，模糊 PI 控制器的输出为控制增量 du。该结构中总的控制作用为

$$u=u_{pd}+u_i \tag{4-33}$$

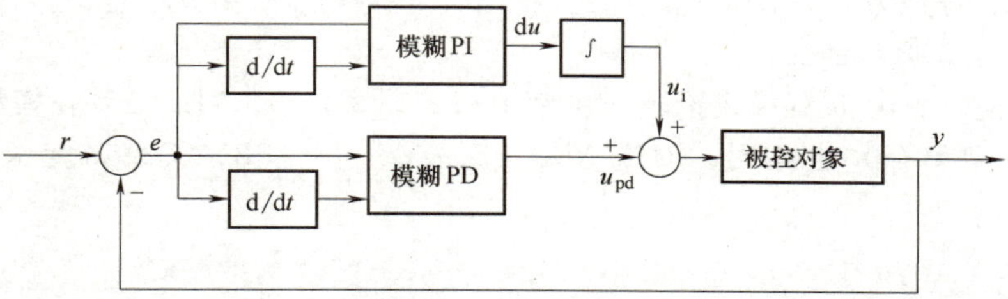

图 4-50　混合结构Ⅳ型

（5）模糊 PI　如果模糊 PI 控制器的输入只考虑偏差，就形成图 4-51 所示的混合结构。

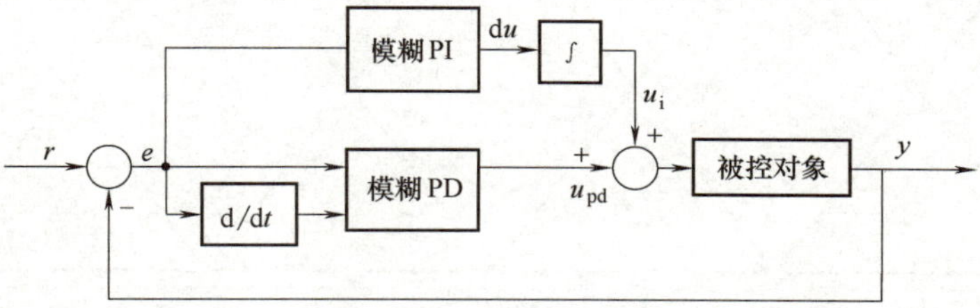

图 4-51　混合结构 V 型

4.6.2　PID 参数模糊自整定算法

PID 控制器参数整定的方法很多，本节采用模糊系统对其进行整定，基于模糊自整定的 PID 控制系统结构图如图 4-52 所示。运行过程中，通过不断检测 e 和 de，利用模糊系统在线调整 PID 的 3 个参数，从而使被控系统具有良好的动态、静态性能。

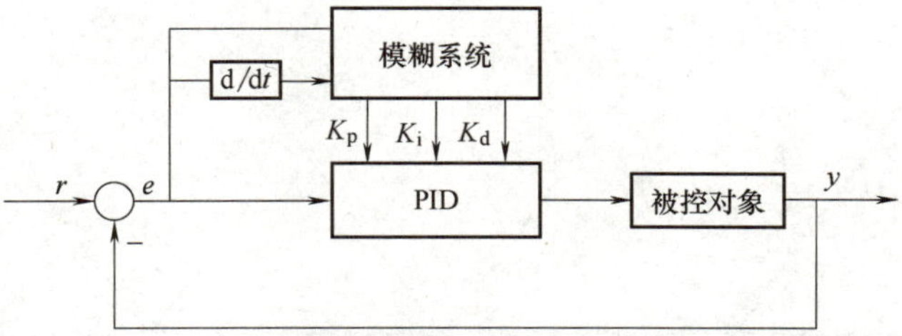

图 4-52　参数基于模糊自整定的 PID 控制系统

1. K_p、K_i、K_d 对系统性能的影响

K_p 的作用是加快系统的响应速度，以消除偏差。K_p 越大，系统的响应速度越快，但 K_p 过大，容易产生超调，甚至导致系统不稳定；K_p 越小，系统的响应速度越慢，调节时间越长。

K_i 的作用是消除系统的稳态误差。K_i 越大，系统的稳态误差消除越快，但 K_i 过大，在响应过程中的初期会产生积分饱和现象，从而产生较大超调；K_i 越小，系统的稳态误差消

除越慢，越难以消除，从而影响系统的调节精度。

K_d 的作用是改善系统的动态特性，对偏差变化提前预报，抑制偏差变化。但 K_d 过大，会使响应过程提前制动，延长调节时间，降低系统的抗干扰性能。

2. 模糊系统结构

该模糊系统的作用进行 PID 中三个参数的整定，其输入变量为偏差 e 和偏差变化 de，输出变量有三个，分别为 K_p、K_i、K_d，即比例增益、积分增益、微分增益。

3. 输入输出隶属度函数

偏差 e 和偏差变化 de 的模糊论域分别为［−2，2］、［−3，3］。二者在模糊论域上定义的语言值（模糊集合）也相同，均为 NB，NS，ZO，PS，PB，其隶属度函数如图 4-53、图 4-54 所示。

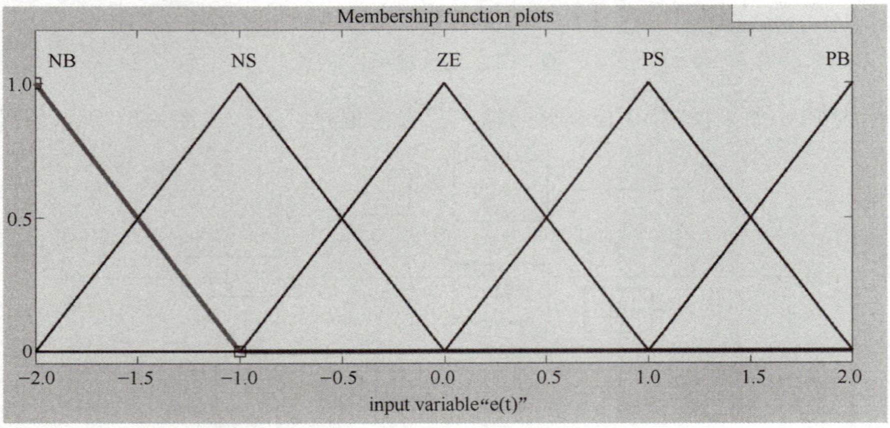

图 4-53　偏差 e 的模糊集合划分

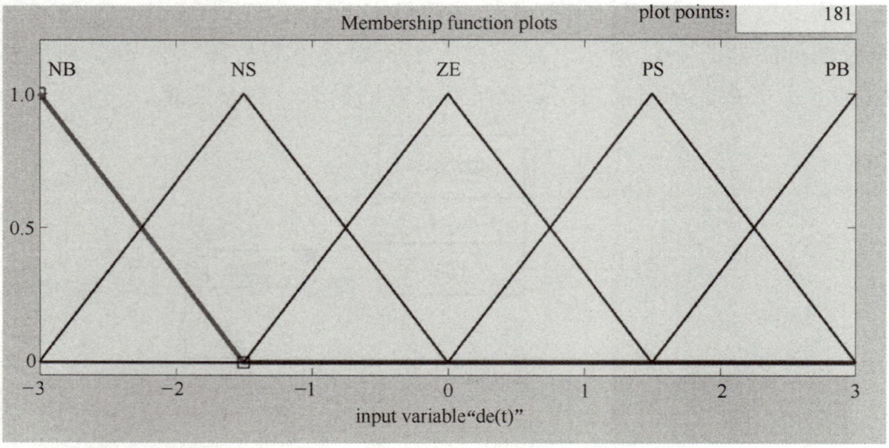

图 4-54　偏差变化 de 的模糊集合划分

输出 K_p、K_i、K_d 的模糊论域分别为［0.1，10］、［0.1，5］和［0.01，0.2］，在这些模糊论域上定义的语言值（模糊集合）相同，均为 S，MS，MB，B，即“小”“中小”“中大”“大”，其隶属度函数如图 4-55～图 4-57 所示。

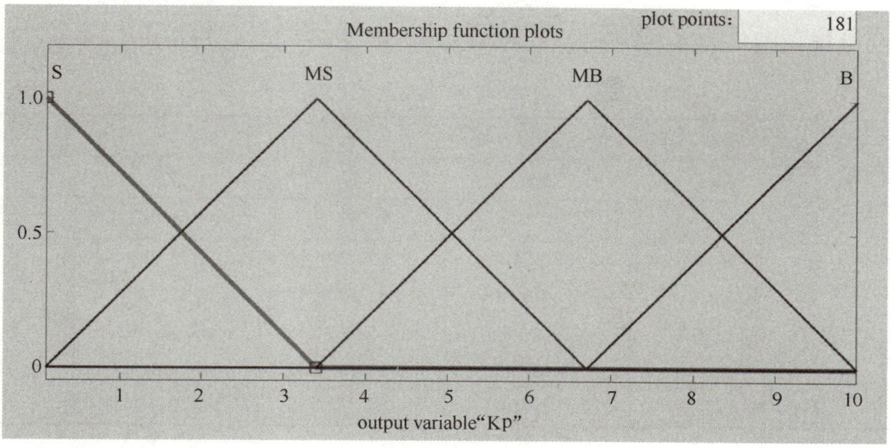

图 4-55　输出变量 K_p 的模糊集合划分

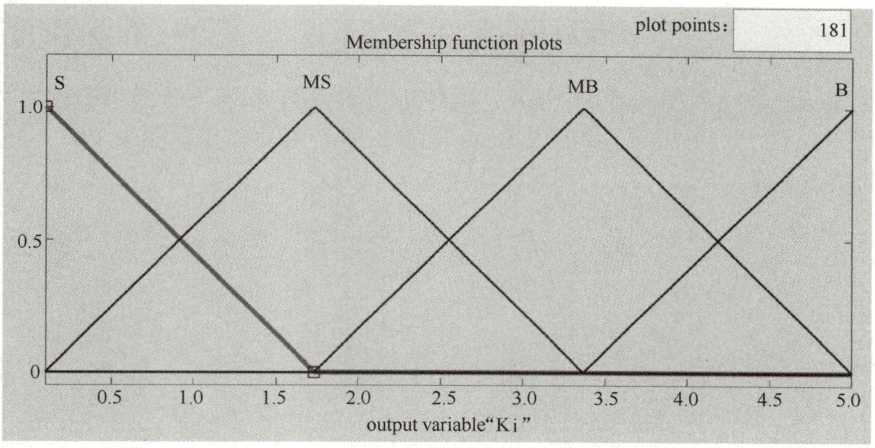

图 4-56　输出变量 K_i 的模糊集合划分

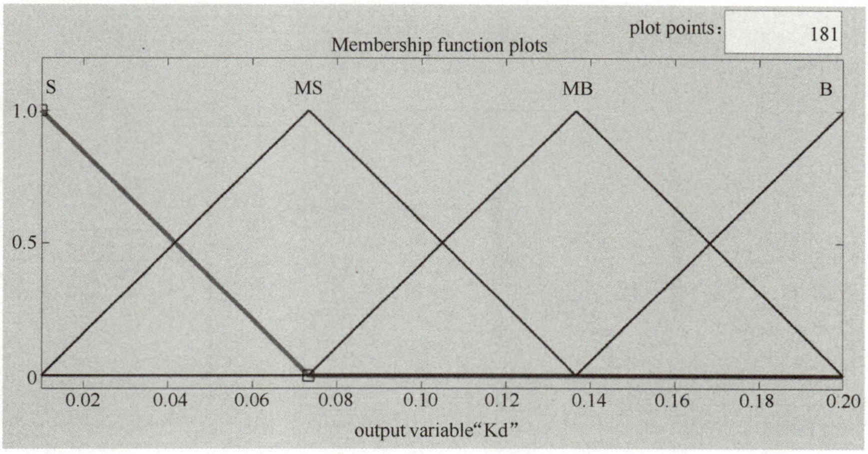

图 4-57　输出变量 K_d 的模糊集合划分

4. 模糊规则

系统的模糊规则见表 4-7。

表 4-7　PID 参数自整定模糊规则表

de	e				
	NB	NS	ZO	PS	PB
	$K_p/K_i/K_d$				
NB	B/MB/S	B/B/MB	MB/B/B	S/B/MB	MS/MB/S
NS	B/MS/S	MB/MB/MS	MS/MB/MS	S/MB/MS	S/MS/S
ZO	MB/S/MS	MS/MS/MS	S/S/S	MS/MS/MS	MB/S/MS
PS	S/MS/S	S/MB/MS	MS/MB/MS	MB/MB/MS	B/MS/S
PB	MS/MB/S	S/B/MB	MB/B/B	B/B/MB	B/MB/S

5. 仿真及结果

选择如下二阶传递函数对象进行仿真验证：

$$G(s)=\frac{1}{s^2+s+1} \tag{4-34}$$

“程序代码 ch4-005”

搭建的 Simulink 模型如图 4-58 所示，图中上方的闭环系统为普通 PID，下方为模糊 PID，二者的结果统一汇入 Scope 模块，进行对比显示。图中 PID 模块实现的功能如下：

$$P+I\frac{1}{s}+D\frac{N}{1+N\frac{1}{s}} \tag{4-35}$$

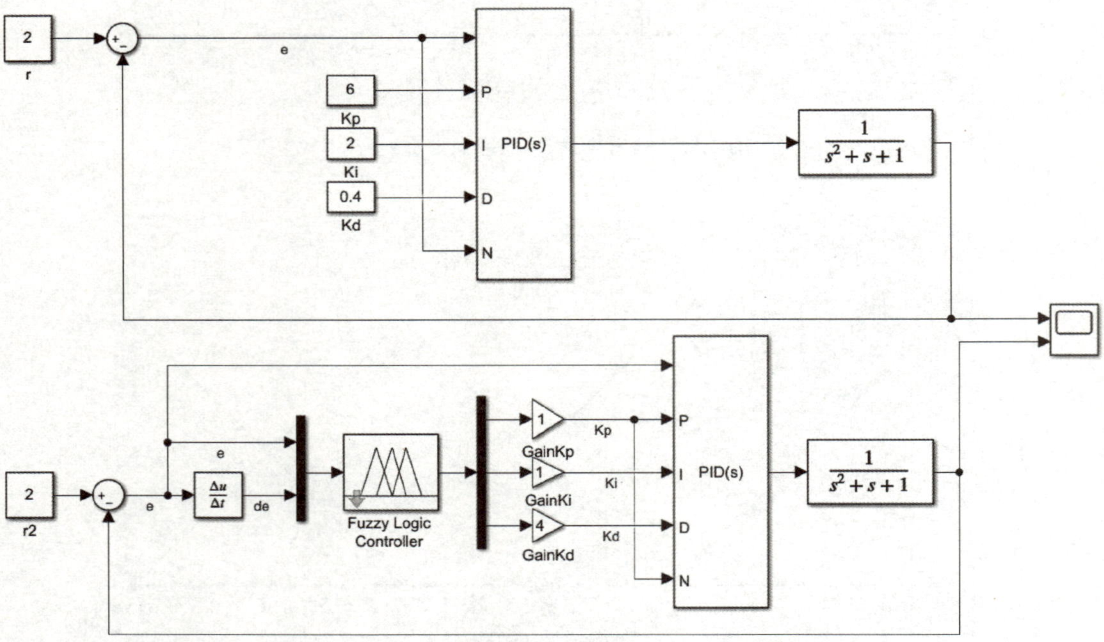

图 4-58　参数模糊自整定 PID 算法仿真模型

设置仿真步长为 0.1s，运行结果如图 4-59 所示。从图中可以看出，模糊 PID 在一定程度上改善了系统的动态和静态性能。

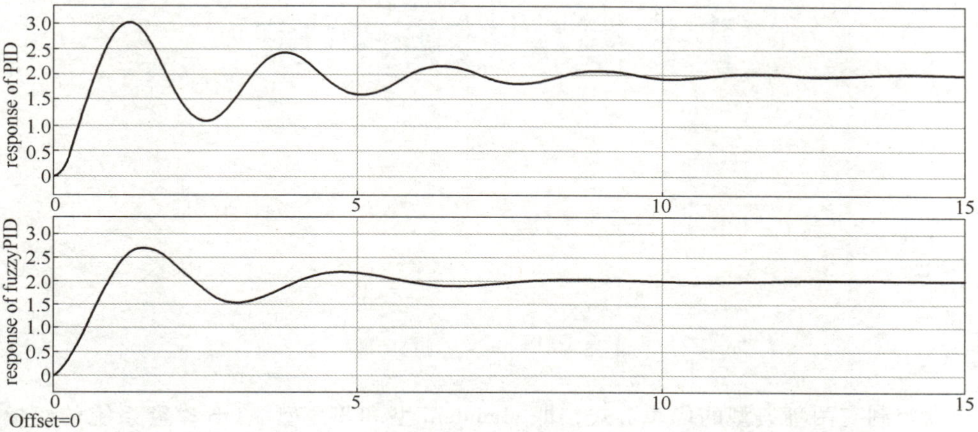

图 4-59 PID 和模糊 PID 的对比仿真结果曲线

思考题与习题

4-1 由模糊控制器得到的响应曲线（见图 4-23）与由模糊控制查询表得到的响应曲线（图 4-28）稍有差异，请思考：可能的原因。

4-2 编程计算表 4-5 中每条规则蕴涵的模糊关系，以及 25 条规则蕴涵的总的模糊关系。

4-3 本章 4.5.2 节给出倒立摆模糊控制系统的设计案例，请尝试按照自己的思路自行凝练一套模糊规则，完成系统仿真，与教材中的结果进行对比，思考并分析结果（哪套规则更优，为什么?）

4-4 本章 4.5.2 节给出了参数对模糊控制系统性能影响的讨论，请思考：还有哪些参数可能会对系统性能有影响，请以 4.5.1 节中的水箱液位对象为例，进行仿真并总结实验结果。

4-5 本章 4.6.1 节给出了模糊控制与 PID 的多种混合结构，请以 4.5.1 节中的水箱液位对象为例，对多种混合结构进行一一实现，比较各种结构的控制效果，并进行总结。

4-6 本章 4.6.2 节给出了 PID 参数模糊自整定算法的实现思路和一个仿真示例，请在此基础上开动脑筋，在对 PID 参数深刻理解的基础上，调整模糊控制规则，观察并分析其控制效果。

第 5 章 T-S模糊控制系统

导读

模糊控制有两种典型的代表形式，即 Mamdani 型和 T-S 型。T-S 模糊系统的建模思路是把整个模型空间拆分成若干子空间，在每个子空间内构造线性模型，然后通过隶属度函数，将这些子模型平滑有序地连接起来，获得整个空间内的模糊模型，其输出为各输入量的线性组合，每个局部模型都有自己的权值。相比于 Mamdani 模糊系统，T-S 模糊系统具有更强的自适应性和推广性，因此自提出以来便获得了广泛的关注和应用。

本章知识点

- T-S 模糊模型的结构及表示。
- T-S 模糊模型的辨识。
- 基于 T-S 模糊模型的控制器设计方法。

5.1 T-S 模糊模型

T-S 模糊模型由日本学者 Takagi 和 Sugeno 于 1985 年提出[5]，它采用系统输入变量的函数作为 If-then 模糊规则的后件，不仅可以用来描述模糊控制器，也可以用来描述被控对象的动态模型。T-S 模糊模型可描述为

$$\begin{cases} \underset{\sim}{R}^1: \text{if } x_1 \text{ is } \underset{\sim}{A}_1^1,\ x_2 \text{ is } \underset{\sim}{A}_2^1,\ \text{and} \cdots \text{and } x_n \text{ is } \underset{\sim}{A}_n^1,\ \text{then } u=f_1(x_1,x_2,\cdots,x_n) \\ \underset{\sim}{R}^2: \text{if } x_1 \text{ is } \underset{\sim}{A}_1^2,\ x_2 \text{ is } \underset{\sim}{A}_2^2,\ \text{and} \cdots \text{and } x_n \text{ is } \underset{\sim}{A}_n^2,\ \text{then } u=f_2(x_1,x_2,\cdots,x_n) \\ \underset{\sim}{R}^c: \text{if } x_1 \text{ is } \underset{\sim}{A}_1^c,\ x_2 \text{ is } \underset{\sim}{A}_2^c,\ \text{and} \cdots \text{and } x_n \text{ is } \underset{\sim}{A}_n^c,\ \text{then } u=f_c(x_1,x_2,\cdots,x_n) \end{cases} \tag{5-1}$$

式中，x_1，x_2，…，x_n 为输入变量，其论域分别为 X_1，X_2，…，X_n；$\underset{\sim}{A}_q^i$ 为输入变量 x_q 的模糊集合（$i=1, 2, \cdots, c$；$q=1, 2, \cdots, n$）；y 为输出变量，论域为 Y，$f_i(x_q)$ 是输出变量关于输入变量的数学函数。

在实际应用中，T-S 模糊规则后件的函数 $f_i(\boldsymbol{x})$ 可采用多项式或状态方程等形式。式（5-1）中，当 $f_i(\boldsymbol{x})$ 为常数时，称为零阶 T-S 模糊模型；当 $f_i(\boldsymbol{x})$ 为线性多项式时，如

$$f_i(\boldsymbol{x}) = a_0^i + a_1^i x_1 + \cdots + a_n^i x_n \tag{5-2}$$

则称为一阶 T-S 模糊模型。当然，$f_i(\boldsymbol{x})$ 也可以是其他非线性函数。

【例 5.1】 某 T-S 模糊系统，规则表达如下：

$$\begin{cases} \underset{\sim}{R}^1: \text{if } x_1 \text{ is } \underset{\sim}{A}_1, \text{ and } x_2 \text{ is } \underset{\sim}{B}_1, \text{ then } y=x_1+2x_2 \\ \underset{\sim}{R}^2: \text{if } x_1 \text{ is } \underset{\sim}{A}_2, \text{then } y=2x_1 \end{cases} \tag{5-3}$$

可见，该系统属于一阶 T-S 模糊模型。

对于式（5-1）所表示的 T-S 模糊模型，设任意一组输入为（x_1，x_2，…，x_n）$\in X_1 \times X_2 \times \cdots \times X_n$，则经过模糊推理及去模糊化后得到的控制器输出为

$$\hat{y}=\frac{\sum_{i=1}^{c} w^i f_i(x_1,x_2,\cdots,x_n)}{\sum_{i=1}^{c} w^i} \tag{5-4}$$

式中，w_i 为输入变量对第 i 条规则的激活度（匹配度）。

若采用“Max-Min”推理方法，则有

$$w^i=\underset{\sim}{A}_1^i(x_1) \wedge \underset{\sim}{A}_2^i(x_2) \wedge \cdots \wedge \underset{\sim}{A}_n^i(x_n) \tag{5-5}$$

若采用“Sum-Product”推理方法，则有

$$w^i=\underset{\sim}{A}_1^i(x_1)\underset{\sim}{A}_2^i(x_2)\cdots\underset{\sim}{A}_n^i(x_n) \tag{5-6}$$

【例 5.2】 设有如下三条规则：

$\underset{\sim}{R}^1$: If x_1 is small_1 and x_2 is small_2 then $y=x_1+x_2$

$\underset{\sim}{R}^2$: If x_1 is big_1 then $y=2x_1$

$\underset{\sim}{R}^3$: If x_2 is big_2 then $y=3x_2$

“视频教学 ch5-001”

图 5-1 给出了 $x_1=12$，$x_2=5$ 时三条规则的推理过程。图中“条件列”给出了模糊集合“small”和“big”的隶属度函数，“结论列”给出了基于函数 f^i 计算得到的 y^i 值；“w”给出了 $y=y^i$ 的匹配度。

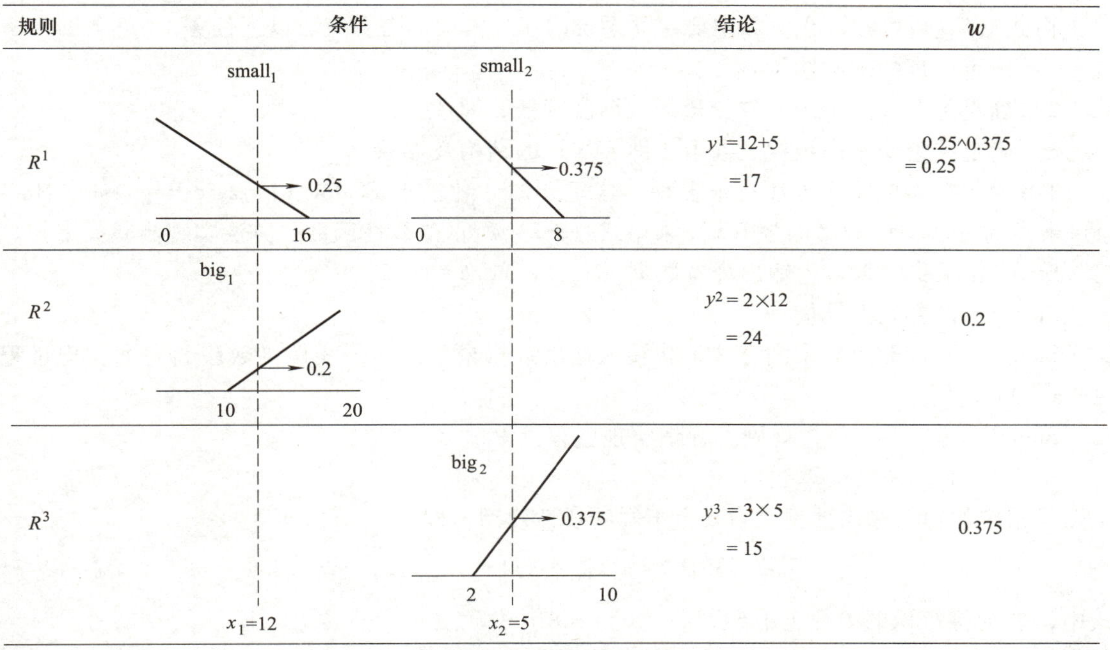

图 5-1 推理过程示例

例如，图 5-1 中第 1 条规则的匹配度值计算过程如下：

$$w^1=\text{small}_1(x_1)\wedge\text{small}_2(x_2)=0.25\wedge0.375=0.25$$

则最终经三条规则推理得到的输出为

$$y=\frac{\sum_{i=1}^{3}w^i\times y^i}{\sum_{i=1}^{3}w^i}=\frac{0.25\times17+0.2\times24+0.375\times15}{0.25+0.2+0.375}=17.8$$

5.2 Mamdani 与 T-S 模糊控制器

上一章我们介绍了 Mamdani 模糊控制器的设计方法，Mamdani 法以直观、易于理解的方式描述和获取专家知识，从而完成控制任务。然而，当专家经验无法得到，或者当输入变量较多或输入变量的语言值个数较多时，Mamdani 模糊控制器的设计就变得比较困难，计算成本也随之增加。

与 Mamdani 模糊控制器不同，在 T-S 模糊控制器中，输出变量是输入变量的函数，显然它提供了一种更一般化的表示方法。在 MATLAB 中，我们可以使用"convertToSugeno"函数把任何一个 Mamdani 模糊控制器转换为 T-S 模糊控制器。同时，在 T-S 模糊控制器的设计中，可以非常方便地引入各种优化方法、自适应方法。

5.3 T-S 模糊模型的辨识

T-S 模糊模型不仅可以用作模糊控制器，还可以作为一种更通用的建模工具。从式（5-4）可以知道：只要选择合适的 $f(x)$ 函数，T-S 模糊模型可以实现对复杂非线性系统的建模。

由式（5-1）可知，在实际中要建立系统的 T-S 模型，需要完成以下任务：

1）确定合理的规则数量 c。

2）确定每条规则中的条件变量的隶属度函数，即 $\underset{\sim}{A}_j^i$。

3）确定结论变量的结构及参数，即 $f_i(\boldsymbol{x})$ 的结构及参数。

T-S 模糊模型的辨识方法有很多种，这里介绍一种基于 FCRM（Fuzzy c-Regression Model）聚类的方法，设输出函数 $f(\boldsymbol{x})$ 采用式（5-2）所示的线性函数。方法实现步骤如下。

Step 1：采集获取输入输出样本数据（x_h，y_h），$h=1，2，\cdots，N$；

Step 2：设置规则数量 c；

Step 3：运行 FCRM 聚类算法，将输入输出数据聚集成 c 个线性函数簇，详细实现过程见 Part A；

Step 4：建立 T-S 模糊规则，详细实现过程见 Part B。

Part A：FCRM 聚类算法

设给定的输入输出数据来自 c 个不同的线性模型，即

$$y=f^i(\boldsymbol{x},\boldsymbol{\theta}_i)=a_1^ix_1+\cdots+a_n^ix_n,i=1,2,\cdots,c \tag{5-7}$$

式中，$\boldsymbol{\theta}_i$ 为待辨识的参数，$\boldsymbol{\theta}_i=(a_1^i,\cdots,a_n^i)\in\mathbf{R}^n$。

设数据对（$\boldsymbol{x}_h$，y_h）在 c 个模糊聚类簇上的隶属度记为 μ_{ih}，则所有样本数据对应的隶

属度矩阵可表示为

$$U=\begin{pmatrix}\mu_{11} & \mu_{12} & \cdots & \mu_{1N}\\ \mu_{21} & \mu_{22} & \cdots & \mu_{2N}\\ \vdots & \vdots & & \vdots\\ \mu_{c1} & \mu_{c2} & \cdots & \mu_{cN}\end{pmatrix}_{c\times N}=(\mu_{ih})_{c\times N} \tag{5-8}$$

基于隶属度函数的属性，可知 μ_{ih} 应满足下列条件：

$$\begin{cases}0\leqslant\mu_{ih}\leqslant 1, & \forall i,h\\ \sum_{i=1}^{c}\mu_{ih}=1, & h=1,\cdots,N\\ 0<\sum_{h=1}^{N}\mu_{ih}<N, & i=1,\cdots,c\end{cases} \tag{5-9}$$

设样本数据与第 i 个线性模型的距离为

$$d_{ih}(\boldsymbol{\theta}_i)=|f^i(\boldsymbol{x}_h,\boldsymbol{\theta}_i)-y_h| \tag{5-10}$$

目标函数定义如下：

$$J_m(\boldsymbol{U},\boldsymbol{\theta}_1,\cdots,\boldsymbol{\theta}_c)=\sum_{h=1}^{N}\sum_{i=1}^{c}\mu_{ih}^{m}d_{ih}^{2}(\boldsymbol{\theta}_i) \tag{5-11}$$

式中，$m\in[1,+\infty]$ 为加权指数。最小化式（5-11）中的目标函数，即可求得 c 组线性回归参数 $\boldsymbol{\theta}_i$，以及对应的隶属度矩阵 $\boldsymbol{U}$。

FCRM 算法的具体步骤如下。

Step 1：初始化参数。设置 $m>1$，停止阈值 $\varepsilon<0$ 和 $\mu_{ih}^{(0)}$，令循环变量 $r=0$；

Step 2：计算 $y=f^i(\boldsymbol{x},\boldsymbol{\theta}_i)$ 和 $d_{ih}(\boldsymbol{\theta}_i)$；

Step 3：循环迭代。基于加权最小二乘法求解 $\boldsymbol{\theta}_i$；

Step 4：更新隶属度矩阵 $\boldsymbol{U}^{r+1}$，其表达式为

$$\mu_{ih}^{(r+1)}=\begin{cases}\dfrac{1}{\sum_{j=1}^{c}\left(\dfrac{d_{ih}(\boldsymbol{\theta}_i)}{d_{ih}(\boldsymbol{\theta}_j)}\right)^{\frac{2}{m-1}}} & I_h=\varnothing\\ \dfrac{1}{n_h} & I_h\neq\varnothing,i\in I_h\\ 0 & I_h\neq\varnothing,i\notin I_h\end{cases} \tag{5-12}$$

式中，$I_h=\{i\,|\,1\leqslant i\leqslant c,d_{ih}(\boldsymbol{\theta}_i)=0\}$；$n_h$ 为 I_h 中的元素数量。

Step 5：如果 $\|\boldsymbol{U}^{(r)}-\boldsymbol{U}^{(r+1)}\|<\varepsilon$，终止程序；否则，令 $r=r+1$，返回 Step 2。

说明： 文献［6］中给出了参数 c 的优化方法以及模糊系统的优化步骤，因篇幅所限，本书省略了这部分内容，有需要的读者请参考文献进行阅读。

Part B：基于 FCRM 的 T-S 模糊规则构建

得到参数 $\boldsymbol{\theta}_i$ 以及对应的隶属度矩阵 $\boldsymbol{U}$ 后，我们便可以非常方便地获得模糊规则。

（1）规则中的条件项构建　规则中的条件项 $\underset{\sim}{\boldsymbol{A}}_q^i$ 可以通过映射法获取，计算如下：

$$\underset{\sim}{\boldsymbol{A}}_q^i(x_q)=\exp\left[-\frac{1}{2}\left(\frac{x_q-\alpha_q^i}{\beta_q^i}\right)^2\right] \tag{5-13}$$

其中

$$\alpha_q^i=\frac{\sum_{h=1}^{N}\mu_{ih}x_{qh}}{\sum_{h=1}^{N}\mu_{ih}},\ \beta_q^i=\sqrt{\frac{\sum_{h=1}^{N}\mu_{ih}(x_{qh}-\alpha_q^i)^2}{\sum_{h=1}^{N}\mu_{ih}}} \tag{5-14}$$

通过式（5-13）和式（5-14）可以得到钟形隶属度函数的中心值 α_q^i 和方差值 β_q^i。

（2）规则中的结论项构建　结论项非常简单，直接使用 Part A 中求得的 $\boldsymbol{\theta}_i=(\alpha_q^i,\cdots,\alpha_n^i)$ 即可。

5.4　基于 T-S 模糊模型的控制器设计

考虑如下的离散线性对象：

$$y(k)=h(\boldsymbol{x}(k))+g(k)u(k) \tag{5-15}$$

式中，$h(\cdot)$ 是一未知但有界的函数；$g(\cdot)$ 已知且有界。

首先通过输入输出数据获得未知函数 $h(\cdot)$ 的 T-S 模糊模型，表示如下：

$$\underset{\sim}{\boldsymbol{R}}^i:\text{If } x_1(k) \text{ is } \underset{\sim}{\boldsymbol{A}}_1^i \text{ and } \cdots \text{ and } x_n(k) \text{ is } \underset{\sim}{\boldsymbol{A}}_n^i,\ \text{then } h^i(k)=a_1^i x_1(k)+\cdots+a_n^i x_n(k) \tag{5-16}$$

如果选择“单点模糊化”“乘积模糊推理”“重心法去模糊化”，那么可以得到如下的模糊模型：

$$\begin{cases}\hat{h}(k)=\sum_{i=1}^{c}\phi^i h^i(k)\\ \phi^i=\dfrac{w^i}{\sum_{i=1}^{c}w^i}\end{cases} \tag{5-17}$$

设参考路径为 $\bar{y}(k)$，且模糊模型 $\hat{h}(k)$ 较好地拟合了未知函数 $h(k)$，则基于辨识模型的模糊控制器设计如下：

$$u(k)=\frac{\bar{y}(k)-\sum_{i=1}^{c}\phi^i\left(\sum_{q=1}^{n}a_q^i x_q(k)\right)-\sum_{j=1}^{n}\lambda_j e(k-j)}{g(k)} \tag{5-18}$$

其中 $e=\hat{y}-\bar{y}$，$\{\lambda_j\}$ 为误差加权系数，且满足

$$e(k)+\lambda_1(k)e(k-1)+\cdots+\lambda_n e(k-n)=0 \tag{5-19}$$

思考题与习题

5-1　教材 4.5.1 节中的模糊控制器为经典 Mamdani 模糊控制器，试将其转换成 T-S 模糊控制器，然后体会并总结两者的异同。

5-2　分别查找一篇 T-S 模糊模型用作函数拟合和模糊控制器的案例文献，总结其实现步骤。

5-3　MATLAB 中提供了一个“基于控制查询表的模糊 PID 控制”案例（sllookuptable），请阅读并复现该案例，并尝试将其应用到水箱或倒立摆的控制中。

第 2 篇　神经网络篇

第 6 章

单层感知器

导读

单层感知器是最原始、最简单的神经元结构，是学习其他复杂神经网络模型的基础，它可以完美解决线性可分问题。本章介绍单层感知器的结构、功能、学习算法及其局限性，同时提供了详细的 MATLAB 仿真实例。

本章知识点

- 单层感知器的内部结构及数学运算。
- 单层感知器的学习算法。
- 单层感知器的功能及其局限性。

6.1 单层感知器的结构

单层感知器（Perceptron）由罗森布拉特（Rosenblatt）于 1957 年提出，它只有一个神经元，可以被视为一种最简单的前向神经网络，其结构如图 6-1 所示，由一个线性组合器和二元阈值单元组成。

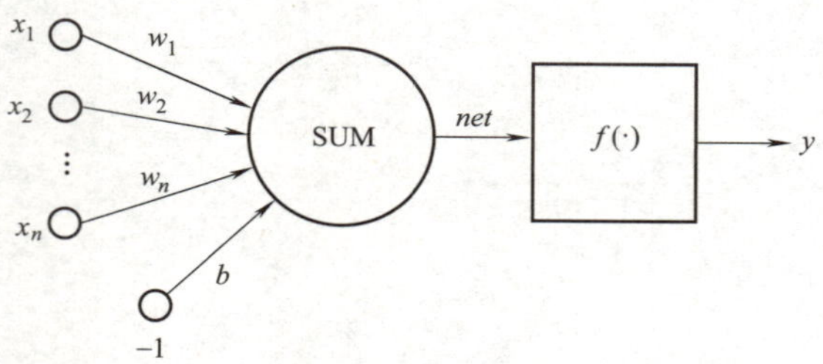

图 6-1　单层感知器结构图

"视频教学
ch6-001"

图 6-1 中，x_1，x_2，…，x_n 为单层感知器的 n 维输入，w_1，w_2，…，w_n 为各输入分量连接到感知器的权重（权值），b 为偏置量，net 为神经元的净输入，$f(\cdot)$ 为激活函数（也称激励函数），y 为神经元的标量输出。

将各输入分量加权求和，并减去偏置量 b，得到神经元的净输入

$$net = \sum_{i=1}^{n} w_i x_i - b \tag{6-1}$$

净输入 net 经过激活函数后，可得到最终的输出 y。在单层感知器中，其激活函数可采用式（6-2）、式（6-3）两种形式，其中式（6-2）称作阈值函数（hardlim：hard-limit transfer function），式（6-3）称作对称型阈值函数（hardlims：symmetric hard-limit transfer function）。

$$f(net) = \begin{cases} 1 & net \geqslant 0 \\ 0 & net < 0 \end{cases} \tag{6-2}$$

$$f(net) = \begin{cases} 1 & net \geqslant 0 \\ -1 & net < 0 \end{cases} \tag{6-3}$$

为简化表示，通常将偏置 b 也看成权重，令 $b = w_0$，$x_0 = -1$，同时令 $\boldsymbol{x} = (x_1, x_1, \cdots, x_n)^{\mathrm{T}}$，$\boldsymbol{w} = (w_1, w_1, \cdots, w_n)^{\mathrm{T}}$，则单层感知器的输出又可以写成如下向量形式：

$$\boldsymbol{y} = \begin{cases} 1 & \boldsymbol{w}^{\mathrm{T}}\boldsymbol{x} \geqslant 0 \\ 0 & \boldsymbol{w}^{\mathrm{T}}\boldsymbol{x} < 0 \end{cases} \tag{6-4}$$

6.2　单层感知器的功能

由前面内容可知，单层感知器其本质即为一个两类模式的分类器：它既可以实现模式识别，也可以实现逻辑运算，下面分别进行阐述。

1. 实现模式识别

下面以一个水果分类的简单示例进行说明。图 6-2 给出的是苹果（apple）与柠檬（lemon）的部分采样数据，其中横坐标描述的是水果的质量（mass，单位：g），纵坐标描述的是水果的高度（height，单位：cm）。

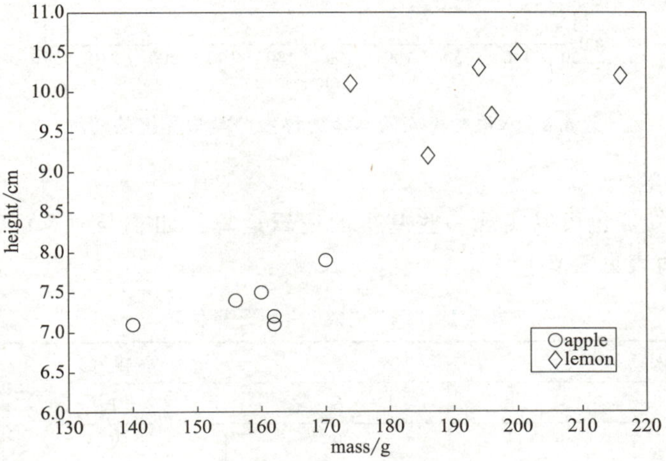

“视频教学 ch6-002”

图 6-2　苹果与柠檬的采样数据

假如我们想用单层感知器实现两类水果的自动识别（设 1 表示苹果，0 表示柠檬），则单层感知器的二维输入特征分别为水果的质量和高度，输出为识别出的水果的种类，因此可构建如图 6-3 所示的单层感知器网络。显然该水果识别任务能够正确工作的关键就是通过样本学习选择到合适的一组权重和偏置值（w_1^*，w_2^*，b^*），使得两类水果可以基于 w_1^* ·

$mass+w_2^* \cdot height-b^*=0$ 实现分类（见图 6-4）。我们把这条使得 $net=0$，即 $w_1^* \cdot mass+w_2^* \cdot height-b^*=0$ 的分界线称作分类边界。在该问题中，我们总能找到一组可行解，如 $w_1^*=-0.0243$，$w_2^*=-1$，$b^*=-13.1259$，来满足分类要求。可见，利用感知器进行模式识别（分类）任务的关键在于寻找到一条满足分类要求的分类边界线，即找出分类边界对应的**权重及偏置量**，这个问题我们将在 6.3 节中进行学习和讨论。

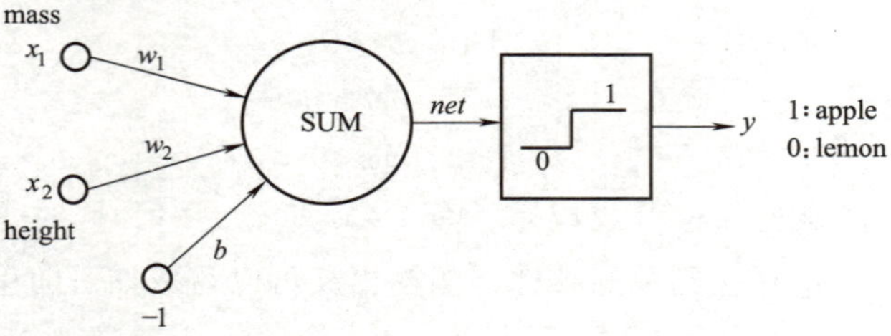

图 6-3　用于水果分类问题的单层感知器

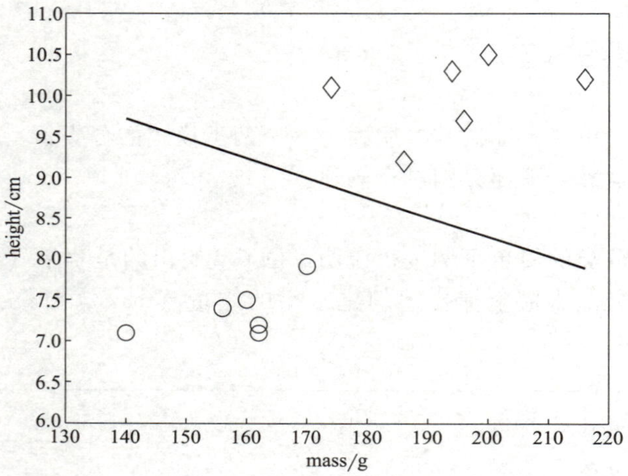

图 6-4　水果分类问题转换为寻找分类边界线的问题

2. 实现逻辑函数

另外，单层感知器也可以实现一些基本的逻辑运算，如“与（&）”“或（|）”“非（not）”等（其真值表见表 6-1）。

表 6-1　“与”“或”“非”真值表

输入		输出		
x_1	x_2	&	|	not(x_1)
0	0	0	0	1
0	1	0	1	1
1	0	0	1	0
1	1	1	1	0

图 6-5 给出了单层感知器实现上述逻辑运算的示例。图 6-5a 中的逻辑“与”的实现过程见表 6-2，由此可知图 6-5a 中给出的权值和偏置量可以实现“与”运算。其他两种情况类似，在此不一一赘述。

读到此，你的心中一定会再次升起满腹疑问，实现某种功能的权值和偏置量到底如何确定？如何寻找？本章 6.3 节将会给出回答。

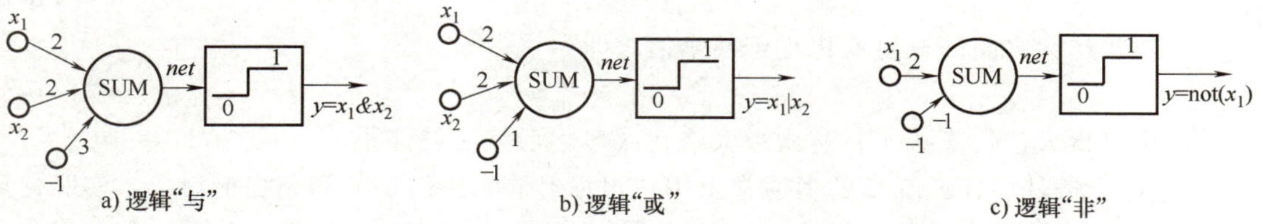

图 6-5　单层感知器实现基本逻辑运算

表 6-2　“与”真值表实现过程

输入		输出	
x_1	x_2	$net=w_1\times x_1+w_2\times x_2+b\times(-1)=2x_1+2x_2-3$	$y=\begin{cases}1 & net\geqslant 0\\0 & net<0\end{cases}$
0	0	−3	0
0	1	−1	0
1	0	−1	0
1	1	1	1

6.3　单层感知器的学习算法

在神经网络中“学习算法”，又称为“训练算法”，指的是更新/调整网络参数（权重和偏置量）的方法。单层感知器的学习算法采用有监督的纠错学习算法。在后面的叙述中，偏置不再单独列出，令 $b=w_0$，$x_0=-1$，与权值合并在一起进行训练。

对于一个二分类任务，设收集到的样本数据为 $\boldsymbol{Data}=(\boldsymbol{x},\ \boldsymbol{t})$，$\boldsymbol{x}\in\mathbf{R}^{m\times n}$，$\boldsymbol{t}=\{0,1\}\in\mathbf{R}^{m\times 1}$，这里 m 为样本数，n 为输入维数，输出维数为 1。则该问题的分类边界 $\sum\limits_{i=0}^{n}w_ix_i=0$ 中权值 w_i 的学习步骤如下：

1）初始化：令 w_i，$i=0$，1，…，n 为较小的随机值。

2）循环下列步骤，直到满足收敛条件：

① 计算每组样本在当前权值下的单层感知器的输出，即

$$y^{(j)}=\begin{cases}1 & \sum\limits_{i=0}^{n}w_ix_i\geqslant 0\\ 0 & \sum\limits_{i=0}^{n}w_ix_i<0\end{cases},\ j=1,2,\cdots,m \tag{6-5}$$

② 按照下式更新权值：

$$w_i\leftarrow w_i+\eta\sum_{j=1}^{m}e^{(j)}x_i^{(j)}=w_i+\eta\sum_{j=1}^{m}(t^{(j)}-y^{(j)})x_i^{(j)} \tag{6-6}$$

式中，η 为学习率，它决定了误差对权值影响的大小。

那么，收敛条件是什么呢？显然，当权值能够正确实现分类时算法就收敛了。在实际计

算中，收敛条件通常可以为：

1）误差小于某个预先设定的较小值 ε，即

$$|t-y|<\varepsilon \tag{6-7}$$

2）两次迭代之间的权值变化小于某个值，即

$$|\Delta w|<\varepsilon \tag{6-8}$$

3）设定最大迭代次数 M，达到最大迭代次数之后算法就停止。

上述停止条件中，ε 和 M 的值通常由用户根据经验和待解决的问题提前设定。实际使用时也可以多种条件混合使用，例如：如果误差连续 5 次小于 10^{-2}，则算法收敛，但如果一直都没有收敛，那么当迭代次数 $M=500$ 时，算法停止迭代。多种条件的混合使用，是为了防止算法一直不收敛，程序进入死循环。

另一个需要通过经验确定的参数是学习率 η。η 决定了误差对权值影响的大小，既不能过大也不能过小。η 值不应当过大，过大容易导致学习过程不能收敛；η 值也不能过小，过小则会导致收敛太慢。

最后一个需要指出的问题是样本参与权值调整的方式，式（6-6）的权值更新中使用了全部的 m 组样本进行权值调整，这种方法又称为“批量型学习”（Batch-learning）；当实际样本数量比较多时，也可以采用“小批量”（mini-batch learning）或“增量型”（stochastic learning）学习方法，即每次迭代权值时不是采用全部样本的误差，而是采用部分样本或者一个样本的误差进行迭代调整。

6.4 单层感知器的局限性

由前可知，对于任意 n 维输入，单层感知器的分类边界为 $\boldsymbol{w}^{\mathrm{T}}\boldsymbol{x}=0$，即 $w_0x_0+w_1x_1+\cdots+w_nx_n=0$。对于二维输入，其分类边界为一条直线；对于三维输入，其分类边界为一个平面，可见单层感知器只能解决线性可分问题，而对于线性不可分问题，单层感知器是无法实现正确分类的。

因此，如 6.2 节中给出的“与”“或”逻辑运算，单层感知器通过学习可以找到合适的线性分类边界，但对于非线性可分的“异或”问题，则无能为力，如图 6-6 所示。

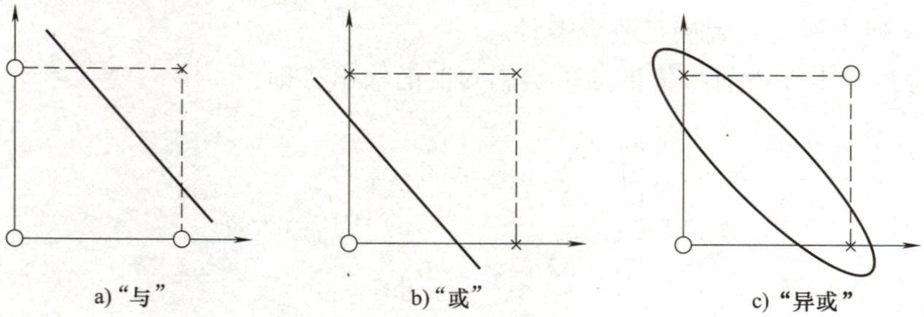

图 6-6　线性可分与线性不可分问题

单层感知器只对线性可分的问题收敛，这是它固有的局限性。这些局限性在 Marvin Minsky 和 Seymour Papert 的合著《Perceptron》一书中被广泛讨论，这一观点也造成了神经网络研究的低潮。直到 20 世纪 80 年代，改进的（多层）感知器网络及其学习算法的提出，

这些局限才被克服，这部分内容将在本书第 8 章进行详细讨论。

尽管单层感知器有其局限性，但直到今天，它仍然被看作一类重要的神经网络模型，被广泛学习。首先，对单层感知器的理解是学习其他更复杂网络模型的基础；其次，对于那些它能够解决的问题，单层感知器是一种快速且可靠的网络。

6.5 单层感知器仿真示例

本节基于 MATLAB 软件，介绍两个单层感知器的实现案例。

【例 6.1】 单层感知器实现“与”门

通过编程训练一个单层感知器，使其能够实现“与”操作。此示例基于 MATLAB 的 m 语言实现，具体代码如下：

```
clear;                                  %清除工作空间的变量
clc;                                    %清屏
X=[0 0 -1;0 1 -1;1 0 -1;1 1 -1];        %样本的输入值
t=[0 0 0 1];                            %样本的输出值
W0=[0.01,0.01,0.01];                    %权值和偏置(w1,w2,b)的初始化
Net=W0 * X';                            %激励输入,神经元的加权输入(净输入)
y=[Net>=0];                             %当前权值下的 Perceptron 网络输出
E=t-y;                                  % 当前网络的误差

LearningRate=0.01;                      %学习率赋值
maxerror=0.001;                         %最大允许误差赋值

i=1;                                    %循环变量
WW(1,:)=W0;                             %权值变量 WW,把每次迭代的权值保存起来
while(sum(abs(E))>maxerror)
   i=i+1;                               %迭代次数更新
   W=W0 + LearningRate * E * X;         %权值更新
   WW(i,:)=W;                           %保存本次权值到 WW
   W0=W;                                %更新 W0
   Net=W0 * X';                         %计算当前权值下的神经元净输入
   y=[Net>=0];                          %计算当前权值下的神经元的输出
   E=t-y;                               %误差更新
end

%结果显示
fprintf('训练后 perceptron 的输出为:%d %d %d %d \n',y);
fprintf('最终各组样本的误差为:%d %d %d %d \n',E);
fprintf('迭代次数为:%d \n',i);
fprintf('%d 次迭代的权值依次为:\n',i);
disp(WW);
```

程序执行结果如下:

训练后 perceptron 的输出为：0 0 0 1

最终的误差为：0 0 0 0

迭代次数为：3

3 次迭代的权值依次为:

0.01	0.01	0.01
0	0	0.03
0.01	0.01	0.02

【例 6.2】 6.2 节的苹果与柠檬的识别问题，参考代码如下:

```
%清理操作
clear;
clc;
close all;

mass=[162,162,160,156,140,170,194,200,186,216,196,174];
height=[7.1,7.2 ,7.5,7.4,7.1,7.9,10.3,10.5,9.2,10.2,9.7,10.1];
fruit_data=[mass;height];                         %两种水果样本的重量和高度数据
fruit_category=[1 1 1 1 1 1 0 0 0 0 0 0];        %两种水果样本的标签:1--apple,2--lemon
[norm_fruit_data,ps]=mapminmax(fruit_data);%样本数据的归一化,归一化到区间[-1,1]内
net=perceptron;                                   %新建 perceptron
net=train(net,norm_fruit_data,fruit_category);%训练 perceptron
predict_label=net(norm_fruit_data);               %测试 perceptron

%结果呈现
figure(1)                                         %打开绘图窗口(1)
%绘制样本数据
plot(fruit_data(1,[1:6]),fruit_data(2,[1:6]),'ro',fruit_data(1,[7:12]),fruit_data(2,[7:
12]),'bd');
% 绘制分类边界线
x1=-1:0.1:1;                                             %分类边界线的横轴数据
x2=(-net.b{1}-net.IW{1}(1)*x1)/net.IW{1}(2);             %分类边界线的纵轴数据
newx=mapminmax('reverse',[x1;x2],ps);                    %反归一化到原数据范围
hold on;                                                 %图形保持开,即不覆盖前绘图曲线
plot(newx(1,:),newx(2,:),'-');                           %绘制出分类边界线
```

思考题与习题

6-1 请写出单层感知器的输出输入函数表达式。

6-2 请用单层感知器实现如下分类任务：给定如下四个样本（每列代表一组样本）

$$\boldsymbol{p}=\begin{pmatrix}2 & 1 & 1 & -1\\ -2 & -3 & 1 & -1\end{pmatrix},\boldsymbol{t}=(0,1,0,1)$$

初始权值和偏置值均为 0，学习率取 1，请手动更新感知器权重，直到收敛，并在二维坐标中画出四个样本点及其分类线（提示：更新权值/偏置时，可以使用批量法（一次代入所有样本），也可以使用增量法（每次代入一个样本））。

6-3 （MATLAB 编程实现）有两类模式，类 1 和类 2 分别包括

$$\left\{\begin{pmatrix}0\\0\end{pmatrix},\begin{pmatrix}-1\\0\end{pmatrix},\begin{pmatrix}0\\1\end{pmatrix}\right\}\text{和}\left\{\begin{pmatrix}-1\\1\end{pmatrix},\begin{pmatrix}0\\2\end{pmatrix},\begin{pmatrix}-2\\0\end{pmatrix}\right\}$$

设计一个单层感知器对上面的两类模式进行分类。

要求：画出网络结构图，用图形显示两类模式和决策边界线。

思考：若将向量（−3，0）加入类 1，上述训练好的单层感知器是否还能正确分类，是否能通过改变权值和偏置值实现所有样本的正确分类？

6-4 （拓展）考虑具有四类模式的分类问题。四个类别分别为

$$\text{类 1：}\left\{\boldsymbol{p}_1=\begin{pmatrix}1\\1\end{pmatrix},\boldsymbol{p}_2=\begin{pmatrix}1\\2\end{pmatrix}\right\}\text{，类 2：}\left\{\boldsymbol{p}_3=\begin{pmatrix}2\\-1\end{pmatrix},\boldsymbol{p}_4=\begin{pmatrix}2\\0\end{pmatrix}\right\}$$

$$\text{类 3：}\left\{\boldsymbol{p}_5=\begin{pmatrix}-1\\2\end{pmatrix},\boldsymbol{p}_6=\begin{pmatrix}-2\\1\end{pmatrix}\right\}\text{，类 4：}\left(\boldsymbol{p}_7=\begin{pmatrix}-1\\-1\end{pmatrix},\boldsymbol{p}_8=\begin{pmatrix}-2\\-2\end{pmatrix}\right\}$$

试设计单层感知器解决此问题。（提示：使用两个感知器）

第 7 章

线性神经网络

导读

线性神经网络又叫作自适应线性元件（Adaptive linear Element，Adaline），它于 1959 年由斯坦福大学的 Bernard Widrow 教授及其研究生 Ted Hoff 提出。Adaline 与 Perceptron 的主要区别在于激励函数：感知器的激励函数为阈值函数，其输出只有两种可能的值；而 Adaline 的激励函数是线性函数，其输出可以是任意的连续值。Adaline 采用 Widrow-Hoff 学习规则，即 LMS（Least Mean Square）算法来调整网络的权值和偏置。

本章知识点

- 线性神经网络的结构及模型表示。
- 线性神经网络的学习算法。
- 线性神经网络的功能及应用。

7.1 线性神经网络的结构

线性神经网络（Adaline）在结构上与单层感知器（Perceptron）相似，只是激励函数不同：单层感知器采用阈值函数 hardlim/hardlims，线性神经网络采用线性函数 purelin。线性神经网络的结构如图 7-1 所示（**说明：从本章起，均令偏置值 $b=w_0$，与权值一起计算和训练，不再单独列写。**）

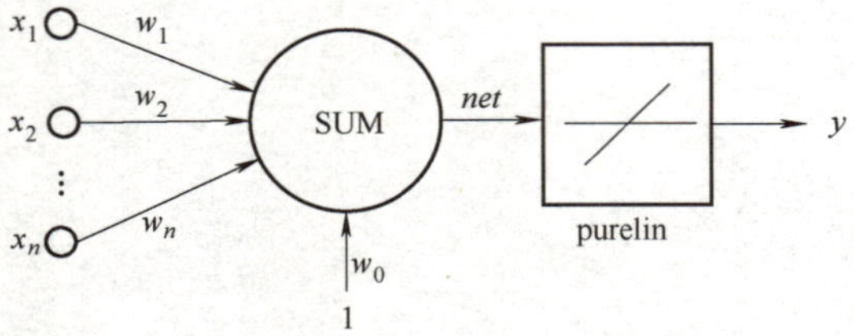

图 7-1 线性神经网络的结构图

"视频教学 ch7-001"

如图 7-1 所示，线性神经网络的净输入为

$$net = \sum_{i=0}^{n} w_i x_i \tag{7-1}$$

激励函数采用线性函数 purelin，它是等值映射函数，因此线性神经网络的最终输出为

$$y = \text{purelin}(net) = net = \sum_{i=0}^{n} w_i x_i \tag{7-2}$$

写成向量形式（上标 T 代表转置），假设输入向量为

$$\boldsymbol{x} = (1, x_1, x_2, \cdots, x_n)^{\mathrm{T}} \tag{7-3}$$

权值向量为

$$\boldsymbol{w} = (w_0, w_1, w_2, \cdots, w_n)^{\mathrm{T}} \tag{7-4}$$

则输出可以表示为

$$\boldsymbol{y} = \boldsymbol{w}^{\mathrm{T}} \boldsymbol{x} \tag{7-5}$$

以此类推，若网络中包含多个神经元节点，就能形成多个输出，这种线性神经网络叫作 Madaline 网络。Madaline 网络的结构如图 7-2 所示，由此可知，Madaline 可以实现多个输出的线性回归。

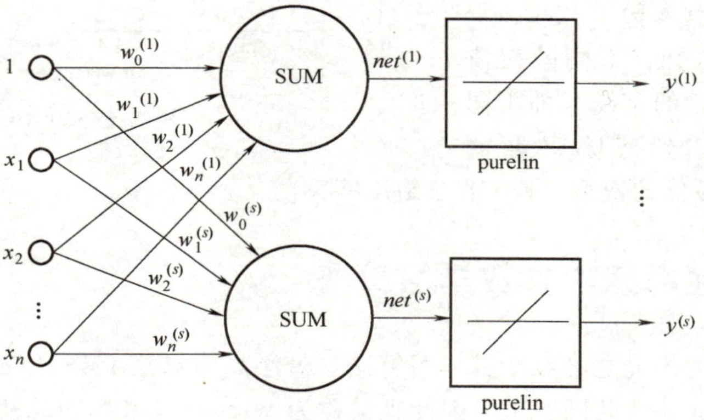

图 7-2　Madaline 网络结构图

7.2　线性神经网络的功能

由 7.1 节可知，Adaline 本质上就是一个线性回归器。下面举例说明其功能。

图 7-3 给出了收集自 65 辆汽车的样本数据，每个点代表一个样本，横坐标为汽车质量

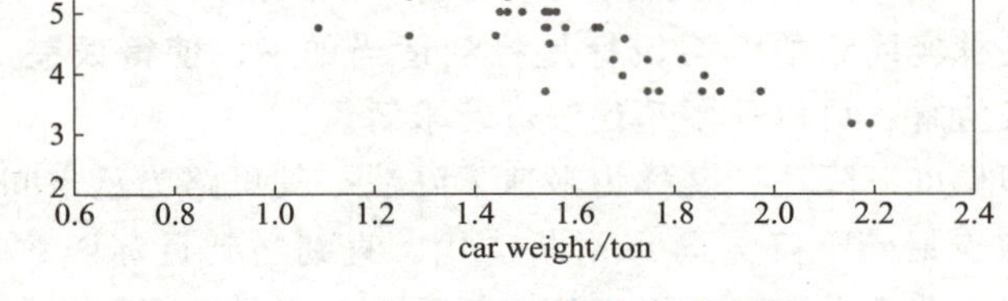

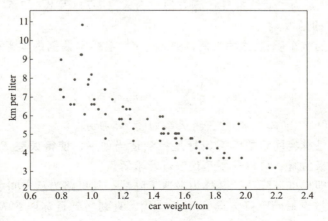

图 7-3　65 辆汽车的质量与油耗数据

“数据集 ch7-001”

（以 t 计），纵坐标为每升汽油可行驶公里数（km/L），显然汽车质量和油耗之间存在相关关系，一般来讲，汽车越重，耗油越大，即每升汽油可行驶的公里数越少。假设现在已知第 66 辆汽车的质量，请根据上述样本数据预测该辆汽车对应的每升汽油可行驶的公里数？

上述问题的解决思路为先基于 65 组样本数据建立模型，然后基于模型进行预测。简单起见，我们采用 Adaline 线性网络作为模型的结构，则该问题的输入变量只有一个，即 x_1 为汽车质量，输出变量 y 为每升汽油可行驶的公里数，用公式描述为

$$y=w_1x_1+w_0 \tag{7-6}$$

至此，模型结构已经确定，下一步即寻找最优的模型参数（权值 w_1、w_0）。对照图 7-4 可知，不同的权值对应不同斜率和截距的直线（即不同的 Adaline 模型）。到底哪组参数（哪条直线）才是最优的模型，7.3 节会给出答案。

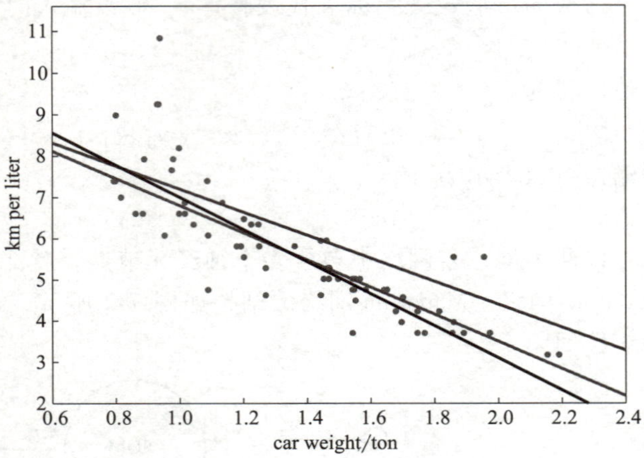

图 7-4　不同权值下的 Adaline 模型

7.3　线性神经网络的参数学习算法 LMS

线性神经网络的闪光之处在于其学习算法。最小均方算法 LMS（Least Mean Square）于 1960 年由 Widrow 和 Hoff 共同提出，因此也被称为 Widrow-Hoff 学习算法或 Delta Rule。该算法基于纠错学习来调整权值，自提出以来便得到了广泛的关注和应用，直到今天仍然是神经网络参数学习算法的基础。

算法采用误差平方和作为评价指标，即

$$E=\frac{1}{2}\sum_{p}(t^p-y^p)^2 \tag{7-7}$$

式中，p 为训练样本的序号；t^p 为第 p 组样本的目标/期望输出；y^p 为第 p 组样本的 Adaline 网络计算输出；1/2 是为了后续推导计算方便。由式（7-7）及式（7-5）可知，评价指标 E 是关于权值向量 $\boldsymbol{w}$ 的函数。

仍以 7.2 节中的汽车质量-油耗为例，该例中 65 组样本数据的误差平方和 E 与 w_0、w_1 的函数关系为

$$E(\boldsymbol{w})=\frac{1}{2}\sum_{p=1}^{65}(t^p-w_1x_1^p-w_0)^2 \tag{7-8}$$

绘制上例中 $E(\boldsymbol{w})$ 与 w_0、w_1 的三维关系如图 7-5 所示。

由上可知：线性神经网络的学习目标是找到适当的 $\boldsymbol{w}$，使得误差 $E(\boldsymbol{w})$ 最小。此问题即为求优化问题的极值解，可以采用迭代法进行求解。

这里的迭代法即梯度下降法，又称为最速下降法，其思路为从空间中的某一点开始，沿着**负梯度方向**（即该点最陡下降方向）不断迭代，直到达到目标函数 E 的最小值。对于线性神经网络，由于误差曲面只有一个极小值，只要收敛步长选择恰当，无论初始权值向量在

哪里，最终都可以收敛到误差曲面的极小点。下面介绍线性神经网络权值的学习算法 LMS 的具体推导过程。

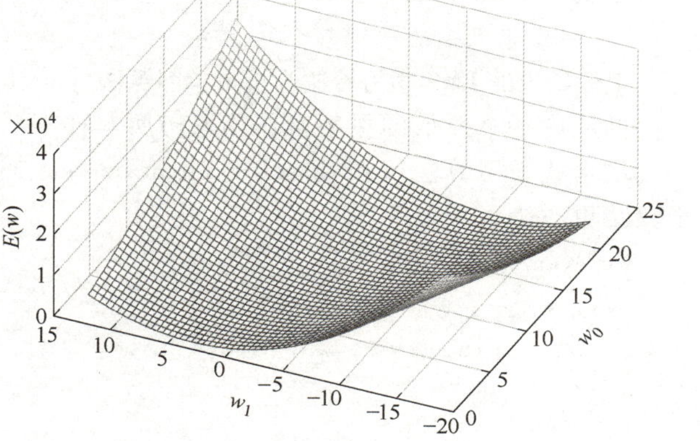

图 7-5　误差与权值的函数关系图

设某线性神经网络有 n 个输入，1 个输出，其输入输出变量分别表示为 x_i ($i=1,\ 2,\ \cdots,\ n$)、y，则该模型的输入输出函数表示如下：

$$y = w_0 + w_1 x_1 + \cdots + w_n x_n = \sum_{i=0}^{n} w_i x_i \tag{7-9}$$

接下来便是寻找最优的模型参数 $\boldsymbol{w}=(w_0,\ w_1,\ \cdots,\ w_n)^{\mathrm{T}}$，使得式（7-7）中的误差平方和 E 取值最小。采用梯度下降法，沿着负梯度方向不断迭代，直到目标函数 E 取得最小值。上文中的梯度即为代价函数对权值向量的每一个元素求偏导，因此对于每一个 w_i，$i=0,\ 1,\ \cdots,\ n$，均有如下的权值迭代公式：

$$w_i(k+1) = w_i(k) - \eta \cdot \frac{\partial E}{\partial w_i} \tag{7-10}$$

式中，η 为学习率。因搜索方向为负梯度方向，因此式（7-10）中梯度前使用了负号。继续推导如下：

$$\begin{aligned}
\frac{\partial E}{\partial w_i} &= \frac{\partial}{\partial w_i}\left(\sum_p \frac{1}{2}(t^p - y^p)^2\right) = \sum_p \frac{\partial}{\partial w_i}\left(\frac{1}{2}(t^p - y^p)^2\right) \\
&= \sum_p \frac{\partial}{\partial y^p}\left(\frac{1}{2}(t^p - y^p)^2\right) \cdot \frac{\partial y^p}{\partial w_i} \\
&= \sum_p \left[-\frac{1}{2} \cdot 2 \cdot (t^p - y^p) \cdot \frac{\partial y^p}{\partial w_i}\right] \\
&= \sum_p \left[-(t^p - y^p) x_i^p\right]
\end{aligned} \tag{7-11}$$

可得权值更新公式如下：

$$w_i(k+1) = w_i(k) + \eta \sum_p (t^p - y^p) x_i^p \tag{7-12}$$

式（7-12）又可以写为

$$w_i(k+1) = w_i(k) + \eta \sum_p e^p x_i^p \tag{7-13}$$

可见权值变化与学习率 η、误差 e 和对应的输入 x_i 成正比。

综上，LMS 学习算法的实现步骤可概括如下：

1）初始化权值为较小随机值。

2）循环，直到满足终止条件。

① 计算当前权值下各组样本对应的网络输出 y^p。

② 对于 w_i，进行权值更新：$w_i(k+1) = w_i(k) + \eta \sum_p (t^p - y^p)\ x_i^p$ 。

终止条件同 6.3 节的收敛条件，在此不再重复。

下面对 LMS 算法进行讨论。

1. 批量学习算法和增量学习算法

上面给出的 LMS 学习算法为批量学习算法（batch gradient descent），如式（7-12）、式（7-13），一次循环内每个权值的更新操作均遍历所有样本。

增量式学习算法（stochastic gradient descent 或 incremental gradient descent）则将上面的步骤②更改为

for every p, {

  for every i, {

    $w_i(k+1)=w_i(k)+\eta\cdot(t^p-y^p)\cdot x_i^p$

  }

}

2. 学习率的选择

在上述学习算法中，学习率 η 的选择非常重要，直接影响线性神经网络的性能和收敛性。下面给出一些参考方法。

1996 年 Haykin 证明，只要学习率满足下式，LMS 算法就是按方差收敛的：

$$0<\eta<\frac{2}{\lambda_{\max}} \tag{7-14}$$

式中，$\lambda_{\max}$ 是输入向量 $\boldsymbol{x}$ 组成的协方差矩阵 $\boldsymbol{R}_{xx}$ 的最大特征值，其中

$$\boldsymbol{R}_{xx}=E(\boldsymbol{x}\boldsymbol{x}^{\mathrm{T}}) \tag{7-15}$$

在 MATLAB 中，可以用函数 maxlinlr 进行最大学习率求解，函数的具体使用见 7.4 节示例。

更多时候，学习率随着学习次数的增加逐渐下降比保持不变更加合理。在学习的初期，用较大的学习率保证搜索效率，随着迭代次数增加，减少学习率以保证精度。一种常用的学习率调整方法为

$$\eta=\frac{\eta_0}{k} \tag{7-16}$$

在该方法中，学习率随着迭代次数 k 的增加逐渐下降。另一种较常用的方法为指数式下降法，其公式为

$$\eta=c^k\eta_0 \tag{7-17}$$

7.4 线性神经网络仿真示例

本节仍以 7.2 节给出的汽车质量-油耗为例，进行基于 MATLAB 的线性神经网络构建。程序实现思路为：基于给定的 65 组样本数据，构建并训练线性神经网络，基于构建的网络进行油耗预测。程序代码如下：

```
%清除操作
clear
clc
close all;
%样本数据的散点图绘制
```

```
load cardata   %导入数据,第一列为汽车质量,第二列为每升汽油可行驶的公里数
plot(cardata(:,1),cardata(:,2),'.','MarkerSize',14);  %绘制样本数据
xlabel('car weight/ton');                            %设置 x 轴标签
ylabel('km per liter')                               %设置 y 轴标签
axis([0.6 2.4 2 11.6])                               %设置坐标轴的范围
% 构建线性神经网络并进行训练
cardata=cardata';                                    %数据转置
lr=maxlinlr(cardata(1,:),'bias')                     %根据输入矩阵求解最大学习率
net=linearlayer(0,lr);                               %建立线性神经网络,第一个参数为
                                                      输入延迟量
net=train(net,cardata(1,:),cardata(2,:));            %训练网络
view(net);                                           %显示网络结构
y=net(cardata(1,:));                                 %基于训练好的网络进行预测
perf=perform(net,cardata(2,:),y)                     %计算网络性能
hold on;
plot(cardata(1,:),y,'r-*');                          %线性神经网络的绘制
legend('样本点','训练好的模型')                       %在绘图窗口添加图例
```

运行上述程序，网络结构如图 7-6 所示。最大学习率及网络的预测误差分别为 lr = 0.0052，perf = 0.7642。原始样本点及训练好的模型如图 7-7 所示。

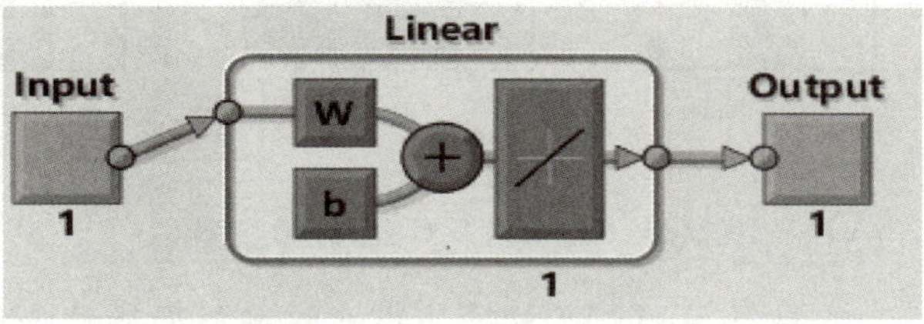

图 7-6 线性神经网络结构

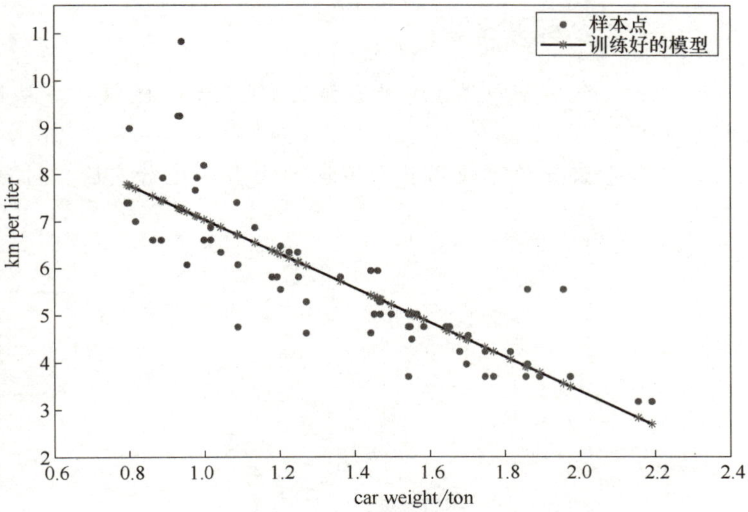

图 7-7 原始样本点及训练好的线性神经网络对比图

思考题与习题

7-1　请自行推导线性神经网络的学习算法 LMS。

7-2　请编写程序实现 Widrow 和 Hoff 在 1960 年发表的经典论文中的模式识别问题：如图 7-8 所示，输入有 6 种情况，对应的目标输出分别为+60、0、-60（Widrow 和 Hoff 使用+60、0、-60 的原因是为了方便在他们使用的仪器上显示网络输出结果），请您编写程序训练 Adaline 网络，使得它能将输入的 6 种情况进行正确分类输出。（提示：将输入表示为 16 维的列向量，灰色方格赋值 1，白色方格赋值 0，转换时先转换第 1 列，接着转换第 2 列，依次类推。如左上方第一个 T 可以表示为［1；0；0；0；1；1；1；1；1；0；0；0；0；0；0；0］，学习率为 0.03）。

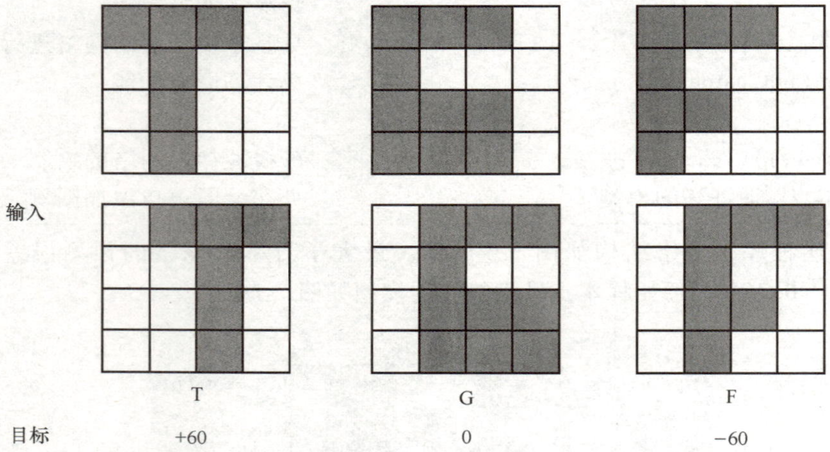

图 7-8　6 种输入及对应的分类目标

7-3　（编程实现）自己编写 MATLAB 程序实现线性神经网络的 LMS 学习。初始权值和偏置值为-0.1 到 0.1 之间均匀分布的随机数（使用 MATLAB 函数 rand），并训练网络逼近下列方程：

$$y=5x-7$$

（1）请比较拟合出的直线方程与原方程是否接近？（提示：样本数据由上面的方程加合适的随机扰动自行产生）

（2）在固定初始权值和偏置值下使用多个不同的学习率进行实验，讨论学习率变化对算法收敛速度的影响。

第 8 章

BP神经网络

导读

单层感知器、线性神经网络、BP 神经网络与后一章介绍的径向基神经网络都属于前向网络，即从信号传输方向上，这几种网络均按照从输入层、（隐含层）、输出层的顺序顺次传递。其中，BP 网络与径向基神经网络含有隐含层，因此它们属于多层前向神经网络。单层感知器和线性神经网络只能解决线性问题，这与其单层网络的结构有关。BP 神经网络具有包含至少一个隐含层的多层网络结构，具备处理非线性问题的能力。在历史上，单层感知器提出后的一段时间，由于一直没有找到多层神经网络的学习算法，导致神经网络的研究一度陷入低潮。直到 20 世纪 80 年代中期，Rumelhart 和 McClelland 等提出了著名的误差反向传播（Back Propagation，BP）算法，解决了多层神经网络的学习问题，由于多层感知器的训练经常采用误差反向传播算法，因此人们也常把多层感知器直接称为 BP 神经网络。

本章知识点

- BP 神经网络的结构及模型表示。
- BP 神经网络的参数学习及改进算法。
- BP 神经网络设计及应用中需关注的问题。

8.1 BP 神经网络的结构

BP 神经网络本质上是基于误差反向传播的多层感知器，其网络结构除输入层和输出层外，还具有若干个隐含层。输入信号进入第一层的各神经元，第一层的各神经元的输出又被送到第二层各神经元，依次类推，最后传递到输出层，可见该网络属于多层前向网络。由于该网络的权值调整采用误差反向传播（BP）学习算法，因此通常大家喜欢把它直接称为 BP 神经网络。

“视频教学 ch8-001”

BP 神经网络的隐含层可以为一层或多层，一个包含 2 个隐含层的 BP 神经网络的结构如图 8-1 所示。

BP 神经网络具有以下特点：

1）输入层有 n 个输入，但没有函数处理功能；输出层有 m 个输出。在应用中，输入层和输出层的神经元个数由实际问题的输入量和输出量个数决定。

2）输入层和输出层之间的网络层叫作隐含层，BP 神经网络至少包含 1 个隐含层，整个网络的层与层之间全连接（即前一层的每个神经元与后一层的每个神经元均有连接），同一层之间的神经元之间无连接。在应用中，隐含层的层数以及每个隐含层中神经元的个数与待解决问题的复杂度有关。

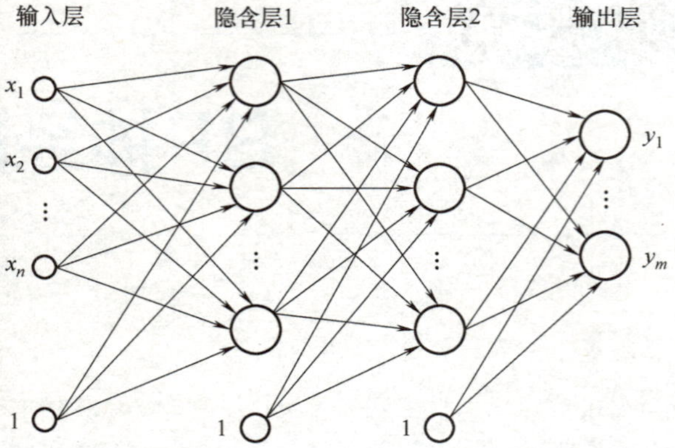

图 8-1　BP 神经网络的结构

3）BP 神经网络一般使用 sigmoid 函数或线性函数作为传递函数。根据输出值是否包含负值，sigmoid 函数又可分为 logsig 和 tansig 两种。两种函数的表达式分别如下：

$$\text{logsig}: f(u) = \frac{1}{1+e^{-u}} \tag{8-1}$$

$$\text{tansig}: f(u) = \frac{2}{1+e^{-2u}} - 1 \tag{8-2}$$

两种函数的曲线分别如图 8-2 所示。

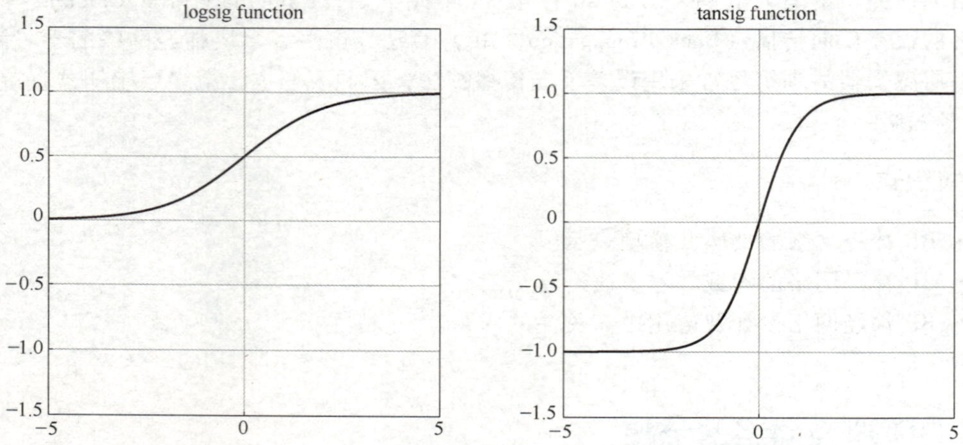

图 8-2　两种激励函数曲线

4）采用误差反向传播（BP）算法进行权值学习。权值训练时，沿着误差下降的方向，从输出层经中间各层逐层向前修正网络的连接权值。随着学习的进行，最终的误差越来越小。

8.2　BP 神经网络的参数学习过程

BP 神经网络的学习过程由信号的正向传播和误差的反向传播组成。信号的正向传播用于计算当前网络的输出，误差的反向传播用于更新网络权值。两个过程交替重复进行，直至输出误差满足要求。

为了避免因变量繁杂影响对算法本身的理解，本节选用 Matt Mazur 在其网站上提供的一个非常简单有效的例子[7]，下面通过该例子进行 BP 神经网络学习过程的讲解。

给定如下 2 输入、2 输出、1 隐含层的 BP 神经网络，隐含层神经元个数为 2，隐含层和输出层的激励函数均采用 logsig 函数，该网络的具体结构如图 8-3 所示。

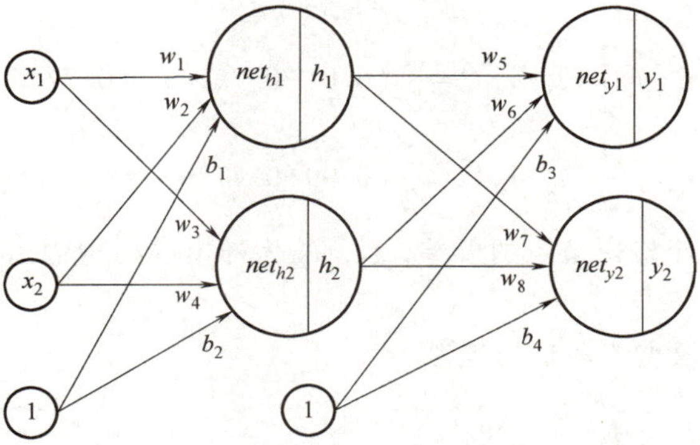

图 8-3　2 输入、2 输出、1 隐含层的 BP 神经网络结构

"视频教学 ch8-002"

下面以此 BP 神经网络为例，分别讨论 BP 神经网络的前向计算和基于误差反向传播的权值学习过程。为后续讨论方便，给定网络的初始权值及输入输出样本值见表 8-1。

表 8-1　网络的初始参数及输入输出样本值

参数	权值								偏置		输入		输出	
	w_1	w_2	w_3	w_4	w_5	w_6	w_7	w_8	$b_1=b_2$	$b_3=b_4$	x_1	x_2	t_1	t_2
值	0.15	0.20	0.25	0.30	0.40	0.45	0.50	0.55	0.35	0.60	0.05	0.10	0.01	0.99

1. 前向计算——由输入计算网络输出

前向计算过程即在给定的网络权值和偏置下，求当前输入所对应的网络预测输出。前向计算首先计算隐含层的输出 h_1、h_2，然后再计算网络的输出 y_1、y_2。具体如下：

隐含层的输出计算如下：

$$net_{h1}=w_1\times x_1+w_2\times x_2+b_1\times 1=0.15\times 0.05+0.2\times 0.1+0.35\times 1=0.3775 \tag{8-3}$$

$$h_1=\frac{1}{1+e^{-net_{h1}}}=\frac{1}{1+e^{-0.3775}}=0.5933 \tag{8-4}$$

$$net_{h2}=w_3\times x_1+w_4\times x_2+b_2\times 1=0.25\times 0.05+0.3\times 0.1+0.35\times 1=0.3925 \tag{8-5}$$

$$h_2=\frac{1}{1+e^{-net_{h2}}}=\frac{1}{1+e^{-0.3925}}=0.5969 \tag{8-6}$$

式中，net_{h1}、net_{h2} 分别为 2 个隐含层节点的净输入；h_1、h_2 分别为 2 个隐含层节点的输出。

将隐含层的输出 h_1、h_2 作为输出层的输入，同理，输出层的输出计算如下：

$$net_{y1}=w_5\times h_1+w_6\times h_2+b_3\times 1=0.4\times 0.5933+0.45\times 0.5969+0.6\times 1=1.1059 \tag{8-7}$$

$$y_1=\frac{1}{1+e^{-net_{y1}}}=\frac{1}{1+e^{-1.1059}}=0.7514 \tag{8-8}$$

$$net_{y2}=w_7\times h_1+w_8\times h_2+b_4\times 1=0.5\times 0.5933+0.55\times 0.5969+0.6\times 1=1.2249 \tag{8-9}$$

$$y_2=\frac{1}{1+e^{-net_{y2}}}=\frac{1}{1+e^{-1.2249}}=0.7729 \tag{8-10}$$

其中 net_{y1}，net_{y2} 分别为 2 个输出节点的净输入，y_1，y_2 分别为 2 个输出节点的输出。

2. 误差反向传播——权值更新

误差反向传播采用梯度下降法，即沿着误差负梯度方向修正权值（详见 7.3 节）。首先定义网络的总体误差

$$E_{total}=E_{y1}+E_{y2} \tag{8-11}$$

$$E_{y1}=\frac{1}{2}(t_1-y_1)^2=\frac{1}{2}(0.01-0.7514)^2=0.2748 \tag{8-12}$$

$$E_{y2}=\frac{1}{2}(t_2-y_2)^2=\frac{1}{2}(0.99-0.7729)^2=0.0236 \tag{8-13}$$

其中 E_{y1}，E_{y2} 分别为 2 个输出节点的误差，t_1，t_2 为样本的期望输出，y_1，y_2 为 BP 神经网络的输出。

按照梯度下降法，权重的调整公式为

$$w_i(k+1)=w_i(k)-\eta\frac{\partial E_{total}}{\partial w_i} \tag{8-14}$$

接下来的任务是计算 $\frac{\partial E_{total}}{\partial w_i}$，根据误差反向传播思想，首先计算输出层的梯度，计算过程使用了高等数学中的链式求导法则，如图 8-4 所示。

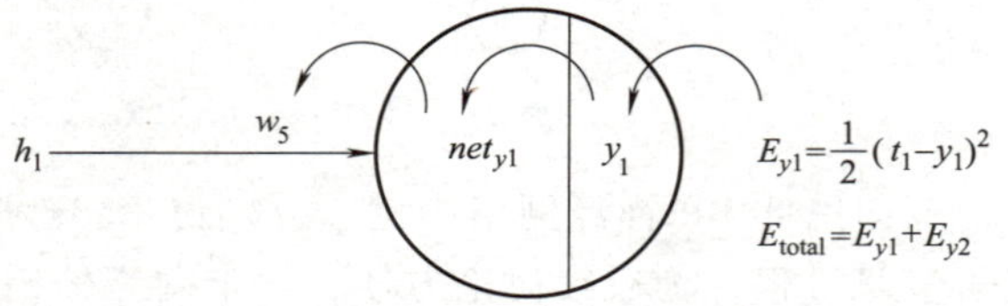

图 8-4 基于链式法则计算输出层梯度示意图

$$\frac{\partial net_{y1}}{\partial w_5}\frac{\partial y_1}{\partial net_{y1}}\frac{\partial E_{y1}}{\partial y_1}=\frac{\partial E_{total}}{\partial w_5}$$

因此有

$$\begin{aligned}\frac{\partial E_{total}}{\partial w_5}&=\frac{\partial E_{y1}}{\partial y_1}\frac{\partial y_1}{\partial net_{y1}}\frac{\partial net_{y1}}{\partial w_5}\\&=-(t_1-y_1)y_1(1-y_1)h_1\\&=-(0.01-0.7514)\times0.7514\times(1-0.7514)\times0.5933=0.0822\end{aligned} \tag{8-15}$$

上式中，因采用 logsig 激励函数，故 $y_1=\frac{1}{1+e^{-net_{y1}}}$，因此 $\frac{\partial y_1}{\partial net_{y1}}$ 的推导过程如下：

$$\begin{aligned}\frac{\partial y_1}{\partial net_{y1}}&=-\frac{1}{(1+e^{-net_{y1}})^2}(-e^{-net_{y1}})\\&=\frac{1}{1+e^{-net_{y1}}}\frac{e^{-net_{y1}}}{1+e^{-net_{y1}}}=\frac{1}{1+e^{-net_{y1}}}\frac{1+e^{-net_{y1}}-1}{1+e^{-net_{y1}}}\\&=y_1(1-y_1)\end{aligned} \tag{8-16}$$

同理，可得

$$\begin{aligned}\frac{\partial E_{total}}{\partial w_6}&=\frac{\partial E_{y1}}{\partial y_1}\frac{\partial y_1}{\partial net_{y1}}\frac{\partial net_{y1}}{\partial w_6}\\&=-(t_1-y_1)y_1(1-y_1)h_2\\&=-(0.01-0.7514)\times0.7514\times(1-0.7514)\times0.5969=0.0827\end{aligned} \tag{8-17}$$

$$\frac{\partial E_{\text{total}}}{\partial w_7}=\frac{\partial E_{y2}}{\partial y_2}\frac{\partial y_2}{\partial net_{y2}}\frac{\partial net_{y2}}{\partial w_7}$$
$$=-(t_2-y_2)y_2(1-y_2)h_1$$
$$=-(0.99-0.7729)\times0.7729\times(1-0.7729)\times0.5933=-0.0226 \tag{8-18}$$

$$\frac{\partial E_{\text{total}}}{\partial w_8}=\frac{\partial E_{y2}}{\partial y_2}\frac{\partial y_2}{\partial net_{y2}}\frac{\partial net_{y2}}{\partial w_8}$$
$$=-(t_2-y_2)y_2(1-y_2)h_2$$
$$=-(0.99-0.7729)\times0.7729\times(1-0.7729)\times0.5969=-0.0227 \tag{8-19}$$

偏置的计算类似，有

$$\frac{\partial E_{\text{total}}}{\partial b_3}=\frac{\partial E_{y1}}{\partial y_1}\frac{\partial y_1}{\partial net_{y1}}\frac{\partial net_{y1}}{\partial b_3}$$
$$=-(t_1-y_1)y_1(1-y_1)\times1$$
$$=-(0.01-0.7514)\times0.7514\times(1-0.7514)\times1=0.1385 \tag{8-20}$$

$$\frac{\partial E_{\text{total}}}{\partial b_4}=\frac{\partial E_{y2}}{\partial y_2}\frac{\partial y_2}{\partial net_{y2}}\frac{\partial net_{y2}}{\partial b_4}$$
$$=-(t_2-y_2)y_2(1-y_2)\times1$$
$$=-(0.99-0.7729)\times0.7729\times(1-0.7729)\times1=-0.0381 \tag{8-21}$$

至此，我们已经得到了输出层所有权值（包括偏置）的梯度值。代入更新公式（8-14），即可得到输出层权值的新的迭代值，即

$$w_5(k+1)=w_5(k)-\eta\frac{\partial E_{\text{total}}}{\partial w_5}=0.40-0.5\times0.0822=0.3589 \tag{8-22}$$

式中，本网络的学习率 η 取 0.5。其他权值的更新完全类似，因此这里不再一一列出。

接下来就到了最关键的环节，即如何求取隐含层权重的梯度值。为后续表示方便，引入一个新的变量——广义误差，定义如下：

$$\delta_{y1}=\frac{\partial E_{\text{total}}}{\partial net_{y1}}=\frac{\partial E_{y1}}{\partial net_{y1}} \tag{8-23}$$

同理可得

$$\delta_{y2}=\frac{\partial E_{\text{total}}}{\partial net_{y2}}=\frac{\partial E_{y2}}{\partial net_{y2}} \tag{8-24}$$

结合式（8-23）、式（8-24）以及式（8-20）、式（8-21），可得 $\delta_{y1}=0.1385$，$\delta_{y2}=-0.0381$。

可见，各个神经元节点的广义误差即为总体误差对该节点净输入的导数。在此基础上，基于误差反向传播思想和链式法则，进行隐含层权重梯度值的求值，如图 8-5 所示。由图 8-5 可知

$$\begin{cases}\dfrac{\partial E_{\text{total}}}{\partial w_1}=\dfrac{\partial E_{\text{total}}}{\partial h_1}\dfrac{\partial h_1}{\partial net_{h1}}\dfrac{\partial net_{h1}}{\partial w_1}\\[2ex]\dfrac{\partial E_{\text{total}}}{\partial h_1}=\dfrac{\partial E_{y2}}{\partial h_1}+\dfrac{\partial E_{y1}}{\partial h_1}\end{cases} \tag{8-25}$$

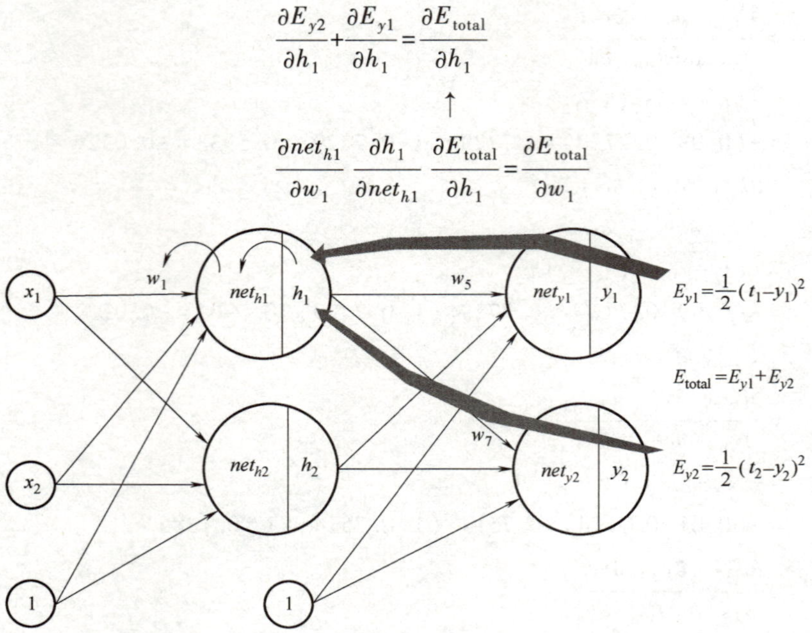

图 8-5 基于误差反向传播和链式法则计算隐含层梯度示意图

而根据链式求导法则及式（8-23），可知

$$\frac{\partial E_{y1}}{\partial h_1}=\frac{\partial E_{y1}}{\partial net_{y1}}\frac{\partial net_{y1}}{\partial h_1}=\delta_{y1}w_5 \tag{8-26}$$

$$\frac{\partial E_{y2}}{\partial h_1}=\frac{\partial E_{y2}}{\partial net_{y2}}\frac{\partial net_{y2}}{\partial h_1}=\delta_{y2}w_7 \tag{8-27}$$

因此，将式（8-26）、式（8-27）代入式（8-25），又可以进一步推导如下：

$$\frac{\partial E_{total}}{\partial w_1}=\frac{\partial E_{total}}{\partial h_1}\frac{\partial h_1}{\partial net_{h1}}\frac{\partial net_{h1}}{\partial w_1}=(\delta_{y1}w_5+\delta_{y2}w_7)h_1(1-h_1)x_1 \tag{8-28}$$

式（8-28）中$\frac{\partial h_1}{\partial net_{h1}}$的推导同式（8-16），现在我们已经得到了其中一个隐含层权值的梯度值。由式（8-28）可知，隐含层权值梯度值与后一层（本例中即输出层）的广义误差 δ_{y1} 和 δ_{y2} 有关，这也正是误差反向传播（BP）算法命名的由来。

将式（8-28）代入权值更新公式（8-14），可得到 w_1 的更新值如下：

$$\begin{aligned}w_1(k+1)&=w_1(k)-\eta\frac{\partial E_{total}}{\partial w_1}\\&=0.15-0.5(\delta_{y1}w_5+\delta_{y2}w_7)h_1(1-h_1)x_1\\&=0.15-0.5\times[0.1385\times0.4+(-0.0381)\times0.5]\times0.5933\times(1-0.5933)\times0.05\\&=0.1498\end{aligned} \tag{8-29}$$

类似地，可推导出隐含层中其他权值的梯度值，分别如下：

$$\frac{\partial E_{total}}{\partial w_2}=\frac{\partial E_{total}}{\partial h_1}\frac{\partial h_1}{\partial net_{h1}}\frac{\partial net_{h1}}{\partial w_2}=(\delta_{y1}w_5+\delta_{y2}w_7)h_1(1-h_1)x_2 \tag{8-30}$$

$$\frac{\partial E_{total}}{\partial w_3}=\frac{\partial E_{total}}{\partial h_2}\frac{\partial h_2}{\partial net_{h2}}\frac{\partial net_{h2}}{\partial w_3}=(\delta_{y1}w_6+\delta_{y2}w_8)h_2(1-h_2)x_1 \tag{8-31}$$

$$\frac{\partial E_{total}}{\partial w_4}=\frac{\partial E_{total}}{\partial h_2}\frac{\partial h_2}{\partial net_{h2}}\frac{\partial net_{h2}}{\partial w_4}=(\delta_{y1}w_6+\delta_{y2}w_8)h_2(1-h_2)x_2 \tag{8-32}$$

$$\frac{\partial E_{total}}{\partial b_1}=\frac{\partial E_{total}}{\partial h_1}\frac{\partial h_1}{\partial net_{h1}}\frac{\partial net_{h1}}{\partial b_1}=(\delta_{y1}w_5+\delta_{y2}w_7)h_1(1-h_1)\times 1 \tag{8-33}$$

$$\frac{\partial E_{total}}{\partial b_2}=\frac{\partial E_{total}}{\partial h_2}\frac{\partial h_2}{\partial net_{h2}}\frac{\partial net_{h2}}{\partial b_2}=(\delta_{y1}w_6+\delta_{y2}w_8)h_2(1-h_2)\times 1 \tag{8-34}$$

同理可得到相应权值的更新值如下：

$$\begin{gathered} w_2(k+1)=0.1996 \\ w_3(k+1)=0.2498 \\ w_4(k+1)=0.2995 \\ b_1(k+1)=-0.3544 \\ b_2(k+1)=-0.3550 \end{gathered} \tag{8-35}$$

至此，一轮权值迭代过程结束，依次循环，直到满足终止条件。

分析讨论： 将各层权值的梯度值用广义误差表示，有

输出层　　　隐含层

$$\begin{cases} \dfrac{\partial E_{total}}{\partial w_5}=\delta_{y1}h_1 & \dfrac{\partial E_{total}}{\partial w_1}=\delta_{h1}x_1 \\ \dfrac{\partial E_{total}}{\partial w_6}=\delta_{y1}h_2 & \dfrac{\partial E_{total}}{\partial w_2}=\delta_{h1}x_2 \\ \dfrac{\partial E_{total}}{\partial w_7}=\delta_{y2}h_1 & \dfrac{\partial E_{total}}{\partial w_3}=\delta_{h2}x_1 \\ \dfrac{\partial E_{total}}{\partial w_8}=\delta_{y2}h_2 & \dfrac{\partial E_{total}}{\partial w_4}=\delta_{h2}x_2 \\ \dfrac{\partial E_{total}}{\partial b_3}=\delta_{y1}\times 1 & \dfrac{\partial E_{total}}{\partial b_1}=\delta_{h1}\times 1 \\ \dfrac{\partial E_{total}}{\partial b_4}=\delta_{y2}\times 1 & \dfrac{\partial E_{total}}{\partial b_2}=\delta_{h2}\times 1 \end{cases} \tag{8-36}$$

由上可知，某一层权值的梯度值为该节点的广义误差和该节点的输入量有关，这与第 7 章中的 LMS 算法有相似的形式。其中输出层的广义误差与网络的期望输出和预测输出有关，直接反映了输出误差，而各隐含层的广义误差与后一层的误差信号有关，是从输出层逐层反向传播过来的。

综上，BP 神经网络的学习过程可概括总结如下：

```
初始化权值和偏置，设定学习率、最大允许误差、最大训练次数
While 终止条件不满足 {
        //前向传播：
        隐含层神经元输出→输出层神经元输出；
        //反向传播：
        输出层权值、偏置更新；
```

隐含层权值、偏置更新；

}.

终止条件同 6.3 节。

8.3 BP 神经网络设计中的几个问题

本节介绍 BP 算法实现中遇到的几个常见问题，包括网络结构的选择、学习算法的收敛性及网络的泛化能力。

1. 网络结构的选择

Hornik 等学者证明：一个隐含层采用 sigmoid 型激励函数，输出层采用线性激励函数的两层 BP 神经网络，只要有足够多的隐含层节点，几乎可以逼近任意函数[8]。在实际应用中，到底应该选择多少个隐含层或多少个神经元，本节通过一个例子进行扼要探讨。

【例 8.1】 用 BP 神经网络逼近如下函数：

$$t=1+\sin\left(\frac{i\pi}{4}x\right),\ i=1,2,4,8,-2\leqslant x\leqslant 2 \tag{8-37}$$

首先，采用 1-3-1 的网络（隐含层采用 logsig 激励函数，输出层采用 purelin 线性激励函数）对不同 i 取值下的函数进行逼近，逼近结果如图 8-6 所示。图中，实线为原始函数曲线，星号点线为 BP 神经网络拟合曲线。显然，随着 i 增大，曲线在［−2，2］区间内正弦曲线的完整周期越来越多，函数也变得越来越复杂。由曲线拟合结果可知，当隐含层节点选择 3 时，该网络能实现的函数复杂度是有限的，当 $i=4$ 时该网络达到了能力的极限，当 $i>4$ 时，它已经没有能力逼近原曲线了。观察图 8-6 中右下角最后一幅图，可以发现：尽管 1-3-1 网络努力逼近 $i=8$ 时的 t 曲线，而且网络输出与原曲线输出 t 之间的均方误差被最小化了，但由于网络结构所限，只能匹配曲线的一部分。

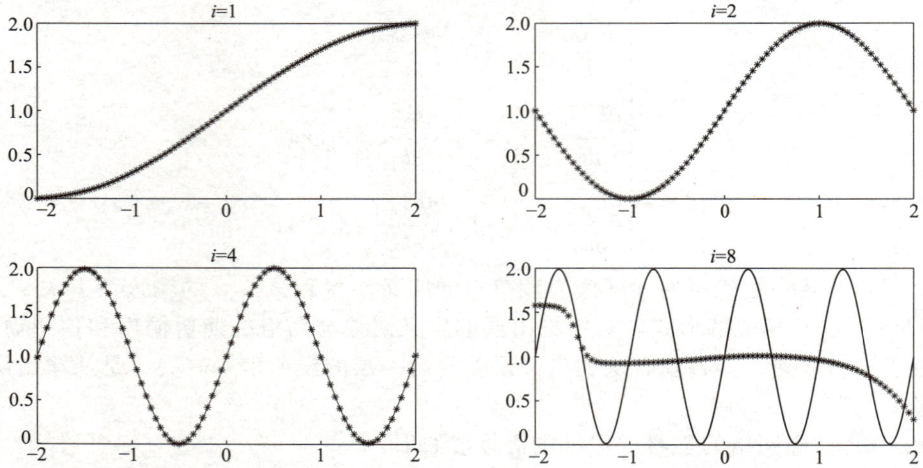

图 8-6 使用 1-3-1 网络进行函数逼近结果

注意： 由于神经网络的权值采用随机初始化，所以每次运行结果会不同，读者得到的图与文中给出的图可能会有差异，若要再现该结果，请尝试多次运行。

接下来，我们从不同的角度再次考察上述问题。选定 $i=8$，不断增加隐含层节点数，直到能够精确地拟合出如下曲线：

$$t=1+\sin 2\pi x,\ -2 \leqslant x \leqslant 2 \tag{8-38}$$

选择 1-S-1 的网络结构，激励函数同上，当 $S=4$，5，6，7 时 BP 神经网络的曲线拟合结果如图 8-7 所示。从中可以看出，随着函数复杂程度的增加，需要增加隐含层节点数以保证网络收敛。

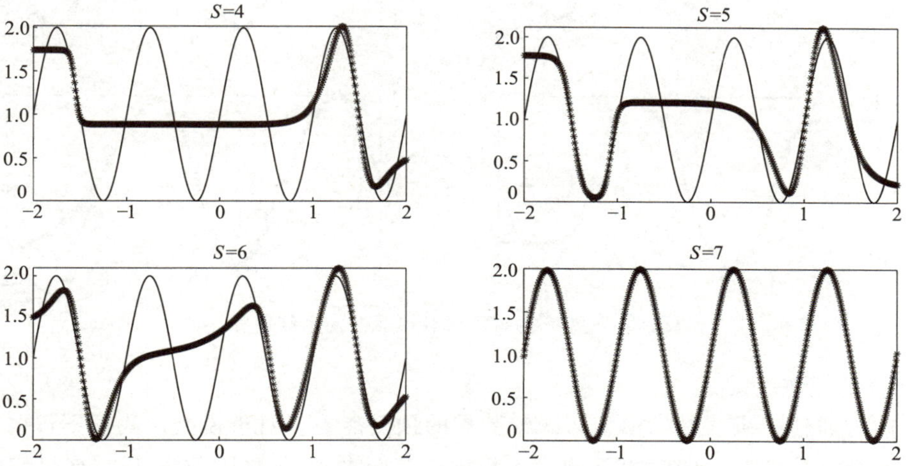

图 8-7　使用 1-S-1 网络进行函数逼近结果

综上可知，一个隐含层采用 sigmoid 型神经元，输出层采用线性神经元的 1-S-1 网络，其响应曲线由 S 个 sigmoid 函数叠加构成。如果要逼近一个具有大量拐点的函数，就需要隐含层中有足够的神经元。针对不同问题，这里无法给出定量公式，通常需要依靠多次实验法来获取最优结构。

2. 学习算法的收敛性

通过前面的例子，我们知道：网络的能力本质上受到隐含层神经元数量的限制。对于复杂的函数，需要包含足够的隐含层神经元的网络结构来支撑。现在我们讨论另外一个问题：已知网络结构有足够的逼近函数的能力，学习算法是否一定能够保证准确逼近函数？

【例 8.2】　用 BP 神经网络逼近如下函数：

$$t=1+\sin \pi x,\ -2 \leqslant x \leqslant 2 \tag{8-39}$$

我们用一个 1-3-1 的网络逼近该函数，同前，隐含层采用 sigmoid 激励函数，输出层采用 purelin 线性激励函数。采用随机函数初始化权值和偏置量，运行若干次，选取其中 4 次的仿真结果如图 8-8 所示。图中实线为原曲线，星号点线为网络的拟合曲线。

图 8-8 的仿真结果表明：对于式（8-39）所示函数，1-3-1 的网络结构已经足够，但有时依然无法准确逼近该函数，这是因为每次运行权值和偏置的初始条件，导致均方误差的收敛结果不同，从一个初始条件开始算法收敛到全局最小点，而从另一个初始条件开始算法却可能收敛到局部极小点。

注意：此种情况在 LMS 算法中是不会发生的，Adaline 网络的均方误差性能指标是一个只有单个极小点的二次函数，因此，只要学习率足够小，LMS 算法总是能收敛到全局最小点。而多层 BP 网络的均方误差要复杂得多，有可能存在多个局部极小点，反向传播算法无法保证收敛到全局最小点。为了保证能得到一个最优解，需要尝试多个不同的初始条件。另外，研究具有更优搜索能力的学习算法也是另外一个可以努力的方向，8.4 节将会介绍几种增加全局搜索能力的学习算法。

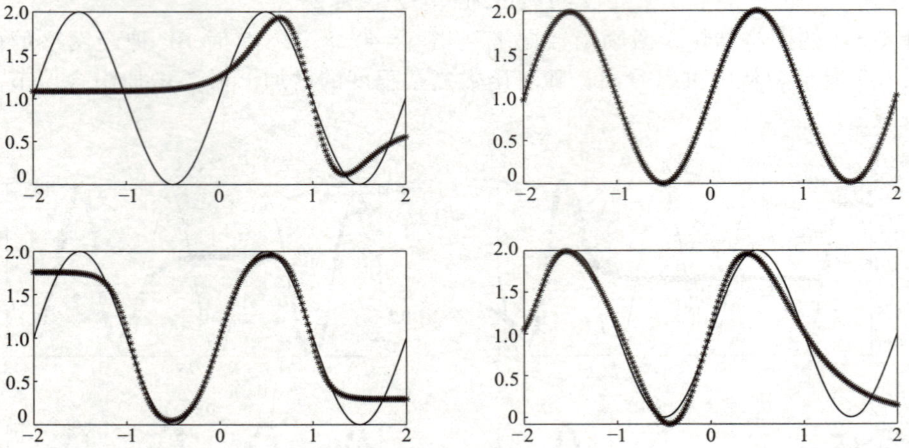

图 8-8　随机初始化后多次运行的收敛曲线

3. 网络的泛化能力

泛化能力通俗来讲就是指模型对未知数据的预测能力。对于模型，我们不仅要求它对训练数据集有很好地拟合，同时也希望它可以对未知数据集（测试数据集）有很好的拟合结果。通常，我们把模型在训练数据集上的误差称为训练误差，在测试数据集上的预测误差称为测试误差，在实际应用中，常常通过测试误差来评价一个模型的泛化能力。

【例 8.3】　假设对于要拟合的理想函数

$$t=1+\sin\frac{\pi}{4}x,-2\leqslant x\leqslant 2 \tag{8-40}$$

我们只能通过在 $x=-2:0.4:2$ 处得到的 11 个采样点作为训练样本进行训练。分别采用 1-1-1 和 1-12-1 的网络（激励函数同前）进行训练，训练结果如图 8-9 所示。图中 * 号数据点为给出的 11 个训练样本，实线为目标曲线，点画线为不同隐含层节点数对应的网络逼近曲线。

图 8-9 中左图的拟合结果不仅在 11 个训练样本上误差较小，而且在训练集之外的其他

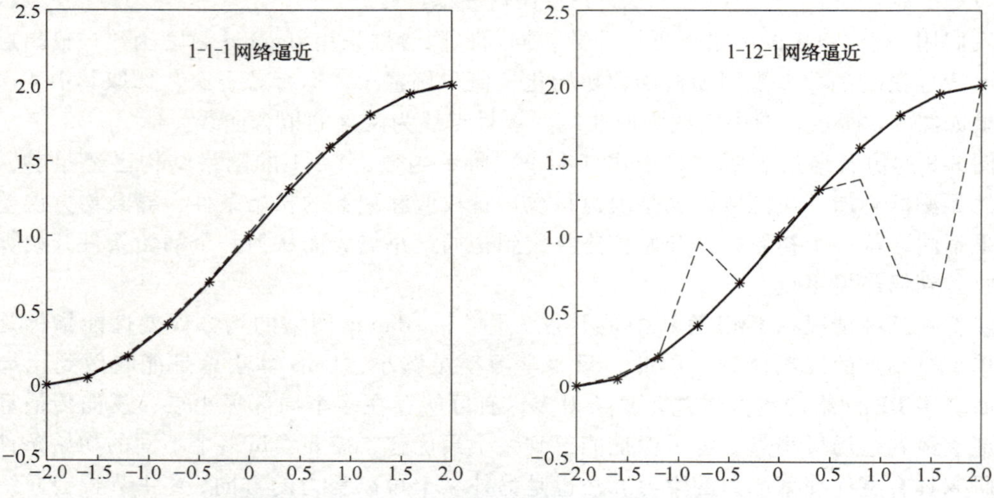

图 8-9　两种不同隐含层神经元下的网络逼近曲线

点（例如：$x=0.2$）处，拟合误差依然较小，这说明该网络的泛化能力（在已知点之外的未知点处的预测能力）较好。

图 8-9 中右图展示了在相同训练集上 1-12-1 网络的响应，可以明显地看出该网络在 11 个训练样本上误差较小，但在训练集之外的其他点（比如：$x=1.4$）处，网络的预测误差非常大，说明该网络的泛化能力较差。这是因为 1-12-1 网络结构过于复杂，它共有 37 个可调参数（12×2 个权值和 12+1 个偏置值），而训练集中却只有 11 个数据点。1-1-1 网络只有 4 个可调参数，网络复杂度可以满足要求。

以上结果说明：一个网络的泛化能力强，它包含的参数个数应该小于训练集中数据点的个数。因此，在实际建模问题中，我们需要选择能充分表示训练集的最简单的网络，如果小规模的网络能够胜任就不需要用大规模的网络。

8.4 反向传播算法的改进算法

神经网络的发展历史告诉我们：反向传播算法是神经网络研究的一个重要突破和里程碑。然而，该算法在大多数实际应用中收敛速度太慢，本节我们将介绍几种反向传播的改进算法。为了避免混淆，我们将 8.2 节介绍的基于梯度下降法的基本反向传播算法称为梯度下降反向传播算法（Gradient Descent Back Propagation，GDBP），有的书籍中也将之称为最速下降反向传播算法（Steepest Descent Back Propagation，SDBP）。

改进算法的思路大致可分为两类：一类是基于标准的 GDBP 算法，对其进行局部改进，如：引入可变学习率，使用动量等；另一类是利用其他更快收敛的数值优化算法（如：共轭梯度法、牛顿法及其变形）替换梯度下降法。

8.4.1 动量 BP 法

由式（8-14）知，GDBP 法的权值增量为

$$\Delta w_i(k)=-\eta\frac{\partial E_{\text{total}}}{\partial w_i} \tag{8-41}$$

动量 BP 法是指在上述标准 GDBP 算法的权值更新中，引入动量项，使权值更新值具有一定惯性，表示如下：

$$\Delta w_i(k)=-\eta(1-\alpha)\frac{\partial E_{\text{total}}}{\partial w_i}+\alpha\Delta w(k-1) \tag{8-42}$$

式中，$\alpha(0<\alpha<1)$ 称作动量因子。由此可知：与标准 GDBP 算法相比，动量 BP 法在更新权值时，增加了动量项 $\alpha\Delta w(k-1)$。它表示：本次权值的更新不仅与梯度有关，还与上一次的更新量 $\Delta w(k-1)$ 有关。动量项的加入，使权值的更新具有一定的惯性，从而使其具有一定的抗振荡能力和加快收敛的能力。

在具体应用中，可以通过调节动量因子 α 的大小来调整动量项在权值更新中所占的比例。动量因子一般取 0.1~0.8。该方法在 MATLAB 中对应的名称为“traingdm”，即 Gradient descent with momentum backpropagation。

8.4.2 可变学习率 BP 法

在标准 GDBP 算法中，学习率 η 是一个常数。在实际应用中，如果学习率过小，则收敛

速度慢；如果学习率过大，又容易出现振荡。事实上，在训练的不同阶段，需要的学习率不同，因此，如果能够根据在训练中自适应地调整学习率，可以大大加快算法的收敛速度。下面介绍其中的一种方法。

该方法基于误差的增减来调整学习率。当误差以减小的方式趋于目标时，说明搜索方向是正确的，可以增加学习率；当误差增加超过一定范围时，说明搜索方向有问题，应该减小步长，并撤销前一步修正过程。学习率的增减通过乘以一个增量/减量因子来实现，如下式所示：

$$\eta(k+1)=\begin{cases} k_{inc}\eta(k), e(k+1)<e(k) \\ \eta(k), e(k+1)>e(k) \text{且} \dfrac{e(k+1)}{e(k)}<\text{max\_perf\_inc} \\ k_{dec}\eta(k), e(k+1)>e(k) \text{且} \dfrac{e(k+1)}{e(k)}\geqslant \text{max\_perf\_inc} \end{cases} \tag{8-43}$$

通常，$k_{inc}=1.05$，$k_{dec}=0.7$，max_perf_inc = 1.04。该方法在 MATLAB 中对应的名称为 “traingda”，即 Gradient descent with adaptive learning rate backpropagation。

8.4.3 LM 算法

LM（Levenberg-Marquardt）算法是牛顿法（基于性能指标的二阶导数的优化算法）的一种变形。与其他拟牛顿法类似，LM 算法也是为了避免计算黑塞（Hesse）矩阵而设计的。当性能指标函数 $\boldsymbol{J}$ 具有误差的平方和形式时，黑塞矩阵可近似表示为

$$\boldsymbol{H}=\boldsymbol{J}^{\mathrm{T}}\boldsymbol{J} \tag{8-44}$$

式中，$\boldsymbol{J}$ 为性能函数对网络权值一阶导数的雅可比矩阵。

LM 算法根据下式修正网络权值：

$$w(k+1)=w(k)-(\boldsymbol{J}^{\mathrm{T}}\boldsymbol{J}+\mu\boldsymbol{I})^{-1}g \tag{8-45}$$

式中，g 为梯度；μ 为惩罚因子。

当 $\mu=0$ 时，LM 算法退化为牛顿法；当 μ 很大时，式（8-45）相当于步长较小的梯度下降法，由于雅可比矩阵比黑塞矩阵易于计算，因此该算法速度非常快。在网络参数个数适中（不超过几千）的情况下，LM 算法收敛速度快，通常是神经网络训练算法的首选。

该方法在 MATLAB 中对应的名称为 “trainlm”，即 Levenberg-Marquardt backpropagation。

8.5 BP 神经网络仿真示例

BP 神经网络由于具有多层结构，因此具有强大的非线性映射能力，它可以用在非线性的模式分类任务中，也可应用于非线性函数的逼近问题中。下面分别进行举例说明。

1. 模式分类

模式分类也即输出变量为有限离散值的分类问题。

【例 8.4】 考虑二元“异或”问题，4 个训练样本对分别为

$$\boldsymbol{x}=\begin{pmatrix} 0 & 0 \\ 0 & 1 \\ 1 & 0 \\ 1 & 1 \end{pmatrix}, \boldsymbol{t}=\begin{pmatrix} 0 \\ 1 \\ 1 \\ 0 \end{pmatrix}$$

训练 BP 神经网络实现异或模式的分类。

本例中，BP 神经网络选用单隐含层，隐含层中节点数为 2，MATLAB 程序代码如下：

```
%BP 解决异或问题
%清理操作
clear;
close all;
clc
%输入训练样本
x=[0 0 1 1;0 1 0 1];
t=[0 1 1 0];
%初始化
net=feedforwardnet(2);                        %隐含层包含 2 个节点,训练算法默认 trainlm.
net.divideFcn='dividetrain';                  %4 个样本均用于训练
net.layers{1}.transferFcn='tansig';           %隐含层采用 tansig 激励函数
net.layers{2}.transferFcn='purelin';          %输出层采用 purelin 线性激励函数
net.trainparam.goal=0.0001;                   %目标值设定
net=train(net,x,t);                           %训练网络
y    =net(x);                                 %预测输出
%结果显示
plotpv(x,round(y));
```

程序运行结果为

Y=[-0.094,0.9997,0.9991,-0.0005]

图形化显示结果如图 8-10 所示。

注意，由于 BP 神经网络的权值为随机初始化，所以每次运行的结果会不尽相同，但取整后最终网络的输出均可以实现“异或”功能。

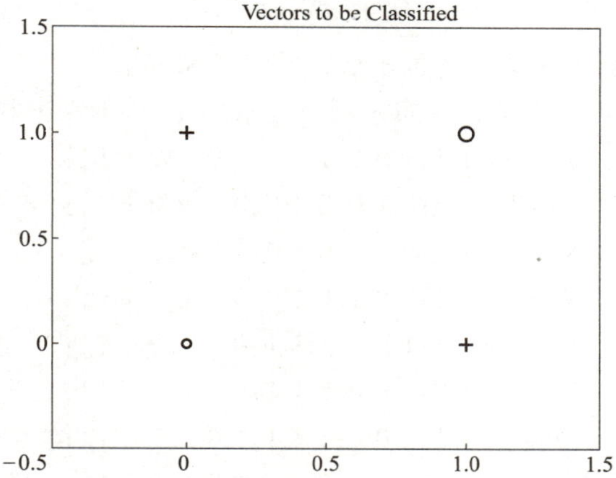

图 8-10　BP 神经网络解决“异或”问题

【例 8.5】　设计一个 BP 网络，识别 0，1，2，…，9，A，B，…，F。利用一个 5×3 的布尔量网络来表示上述十六进制数，十六进制数分别对应的布尔量网络如图 8-11 所示[9]。例如，0、1、2 分别表示为

$$\begin{pmatrix}1&1&1\\1&0&1\\1&0&1\\1&0&1\\1&1&1\end{pmatrix},\begin{pmatrix}0&1&0\\0&1&0\\0&1&0\\0&1&0\\0&1&0\end{pmatrix},\begin{pmatrix}1&1&1\\0&0&1\\0&1&0\\1&0&0\\1&1&1\end{pmatrix}$$

【分析】　16 个十六进制数表示成 5×3 的布尔量网络，送入神经网络时，需要先把 5×3

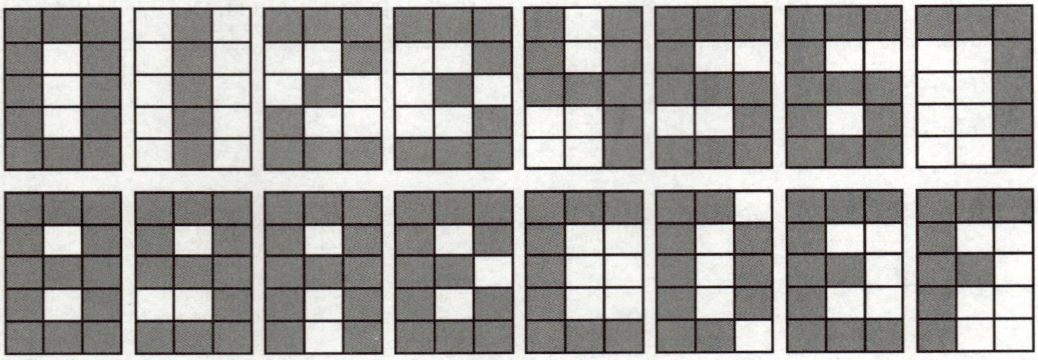

图 8-11　十六进制对应的 5×3 布尔量网络

的向量转换成包含 15 个元素的列向量，输出为对应的十六进制数，这里用 4 位二进制数表示十六进制数。因此 16 个输出分别表示如下：0 对应［0；0；0；0］，1 对应［0；0；0；1］，…，F 对应［1；1；1；1］。因此 BP 神经网络的输入维数为 15，输出维数为 4，共 16 个训练样本。我们选取单隐含层 BP 神经网络，隐含层神经元个数为 10。MATLAB 程序代码如下：

“视频教学 ch8-003”

```
%清理操作
clear;
close all;
clc

%%以下为样本数据的定义和表示
%定义 5×3 布尔网络表示的 16 个十六进制数
X0=[1 1 1;1 0 1;1 0 1;1 0 1;1 1 1];
X1=[0 1 0;0 1 0;0 1 0;0 1 0;0 1 0];
X2=[1 1 1;0 0 1;0 1 0;1 0 0;1 1 1];
X3=[1 1 1;0 0 1;0 1 0;0 0 1;1 1 1];
X4=[1 0 1;1 0 1;1 1 1;0 0 1;0 0 1];
X5=[1 1 1;1 0 0;1 1 1;0 0 1;1 1 1];
X6=[1 1 1;1 0 0;1 1 1;1 0 1;1 1 1];
X7=[1 1 1;0 0 1;0 0 1;0 0 1;0 0 1];
X8=[1 1 1;1 0 1;1 1 1;1 0 1;1 1 1];
X9=[1 1 1;1 0 1;1 1 1;0 0 1;1 1 1];
XA=[1 1 1;1 0 1;1 1 1;1 0 1;1 0 1];
XB=[1 1 1;1 0 1;1 1 0;1 0 1;1 1 1];
XC=[1 1 1;1 0 0;1 0 0;1 0 0;1 1 1];
XD=[1 1 0;1 0 1;1 0 1;1 0 1;1 1 0];
XE=[1 1 1;1 0 0;1 1 0;1 0 0;1 1 1];
XF=[1 1 1;1 0 0;1 1 0;1 0 0;1 0 0];
```

```
%将每个 5×3 布尔网络按列表示,生成输入矩阵 X
X=[X0(:),X1(:),X2(:),X3(:),X4(:),X5(:),X6(:),X7(:),X8(:),X9(:),…
   XA(:),XB(:),XC(:),XD(:),XE(:),XF(:)];
%定义十六进制数对应的目标向量,用 4 位二进制数表示。
T0=[0;0;0;0];
T1=[0;0;0;1];
T2=[0;0;1;0];
T3=[0;0;1;1];
T4=[0;1;0;0];
T5=[0;1;0;1];
T6=[0;1;1;0];
T7=[0;1;1;1];
T8=[1;0;0;0];
T9=[1;0;0;1];
TA=[1;0;1;0];
TB=[1;0;1;1];
TC=[1;1;0;0];
TD=[1;1;0;1];
TE=[1;1;1;0];
TF=[1;1;1;1];
T=[T0,T1,T2,T3,T4,T5,T6,T7,T8,T9,TA,TB,TC,TD,TE,TF];
%表示部分结束
%%网络构建及训练
net=feedforwardnet(10);                        %10 个隐含层节点,训练算法默认 trainlm.
net.divideFcn='dividetrain';                   %所有样本均用于训练
net.layers{1}.transferFcn='tansig';            %隐含层采用 tansig 激励函数
net.layers{2}.transferFcn='purelin';           %输出层采用 purelin 激励函数
net.trainparam.goal=0.0001;                    %目标值设定
net=train(net,X,T);                            %训练网络
Y=net(X);                                      %预测输出

%%网络预测输出表示
YY=round(Y);                                   %取整操作
YY2=num2str(YY');                              %数字转字符
YY3=bin2dec(YY2);                              %二进制转十进制
Yfinal=dec2hex(YY3);                           %十进制转十六进制
disp(Yfinal');                                 %显示结果
```

上面两个例子我们讨论了 BP 神经网络在二分类、多分类中的应用，在实际问题中，要注意激励函数的合理选用。

2. 函数逼近

函数逼近即输出变量为连续值的回归问题，请看下例。

【例 8.6】 试设计一个 BP 神经网络，使其逼近以下函数[10]：

$$y=1+\sin\frac{\pi}{4}x,\ -2\leqslant x\leqslant 2$$

本例的 MATLAB 程序代码如下：

```
%清理操作
clear;
close all;
clc;

%%产生数据样本
x=-2 :0.2:2;                              %产生等间隔的输入样本点
t=1+sin(pi/4 * x);                        %根据函数得到对应的输出样本点

%%网络构建及训练
net=feedforwardnet(3);                    %隐含层包含 3 个节点,训练算法默认 trainlm.
net.layers{1}.transferFcn='tansig';       %隐含层采用 tansig 激励函数
net.layers{2}.transferFcn='purelin';      %输出层采用 purelin 激励函数
net.trainparam.goal=1e-6;                 %目标误差设定
net=train(net,x,t);                       %训练网络
testx=-2 :0.3 :2;                         %测试输入
testt=   1+sin(pi/4 * testx);             %测试目标输出
testy   =net(testx);                      %BP 神经网络预测输出

%%网络预测输出表示
figure(1)                                 %打开图形窗口
plot(x,t,'k-');                           %绘制训练样本曲线
hold on;                                  %允许覆盖
plot(testx,testt,'b *');                  %绘制测试样本的期望输出
plot(testx,testy,'ro');                   %绘制测试样本的预测输出
legend('训练样本','测试样本期望输出','测试样本预测输出')   %为三条曲线添加图例
```

思考题与习题

8-1 给定习题 8-1 图所示的两层网络，初始权值和偏置值如图所示，给定如下输入/目标输出对：$x=1$，$t=1$。请完成下列任务：

(1) 将平方误差 e^2 表示为所有权值和偏置的显式函数；

（2）利用任务（1）求出初始权值和偏置处的$\partial e^2/\partial w_1$；

（3）利用反向传播算法计算初始权值和偏置处的$\partial e^2/\partial w_1$，并和任务（2）的结果进行比较。

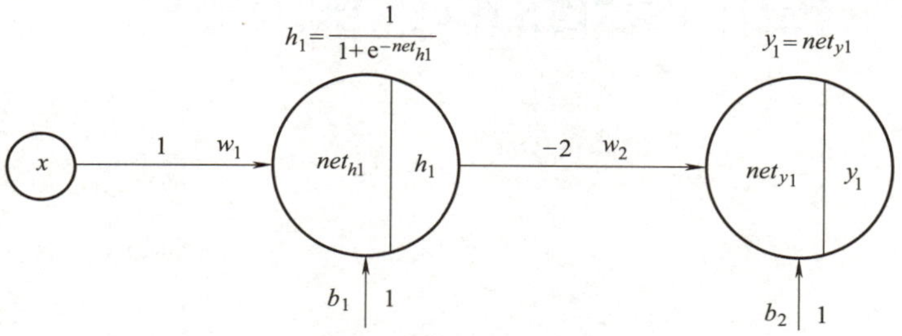

习题 8-1 图

8-2　给定一个多层前向 BP 神经网络，假设输入$[x_1, x_2]=[1, 3]$，期望输出$[t_1, t_2]=[0.9, 0.3]$，网络的初始权值如习题 8-2 图所示。请写出一次迭代学习的完整过程。隐含层神经元的激活函数为 logsig 函数，即$f(u)=\dfrac{1}{1+e^{-u}}$，输出层神经元的激活函数为 purelin 函数，即$g(u)=u$，学习率$\eta=1$。

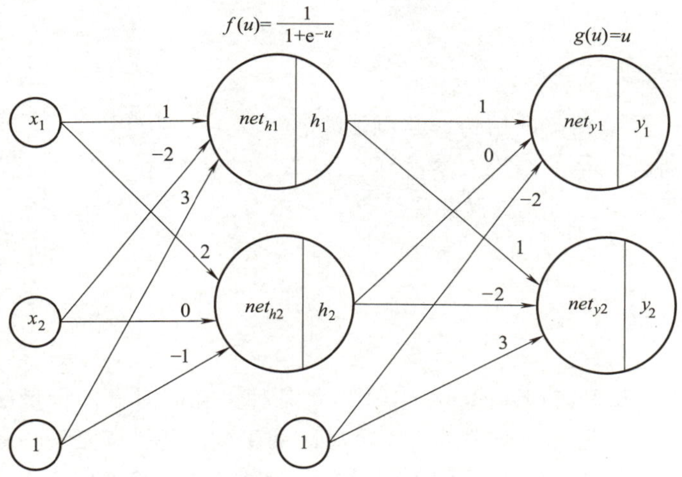

习题 8-2 图

8-3　（编程实现）例 8.6 中加入随机噪声，扩充样本至 500 个，按照训练集、测试集分别为 70%、30%的比例完成神经网络的训练和预测，并讨论：隐含层神经元个数、学习率、不同学习算法对预测结果的影响，并对结果进行分析。

8-4　（编程实现）自己编写 MATLAB 程序（不要调用已有神经网络函数）实现一个 1-S^1-1 网络的反向传播算法。初始权值和偏置值为−0.5 到 0.5 之间均匀分布的随机数（使用 MATLAB 函数 rand），并训练网络逼近下列函数：

$$y=1+\sin\frac{\pi}{2}x, -2\leqslant x\leqslant 2$$

分别选择$S'=2$和$S^1=10$。使用多个不同的学习率η及不同的初始条件进行实验，讨论学习率变化时算法的收敛性。

第 9 章

径向基函数神经网络

导读

1988 年，Broomhead 和 Lowe 根据生物神经元具有局部响应的原理，将径向基函数引入神经网络中，提出了径向基函数网络（Radial Basis Function Networks）。很快，该网络被证明具有结构简单、收敛速度快、能够逼近任意非线性函数的特点，随后在不同行业和领域中得到了广泛应用。本章介绍两种 RBF 网络：正则化 RBF 网络和广义 RBF 网络。

本章知识点

- RBF 神经网络的结构及模型表示。
- 正则化 RBF 神经网络的结构、学习算法。
- 广义 RBF 神经网络的结构、学习算法。
- RBF 神经网络的应用及仿真实现。

9.1 径向基函数

径向基函数（Radial Basis Function，RBF）是某种沿径向对称的标量函数，通常定义为样本到某一中心点之间的距离（通常是欧氏距离）的函数。任一满足 $\varphi(x, c)=\varphi(\| x-c \|)$ 的函数都可称作径向基函数，其中 c 代表中心点，$c=0$ 即以原点 0 为中心点。

常见的径向基函数有：

1）高斯（Gauss）函数

$$\varphi(x)=\mathrm{e}^{-\frac{(x-c)^2}{2\delta^2}} \tag{9-1}$$

2）多二次（Multiquadric）函数

$$\varphi(x)=\sqrt{1+\left(\frac{x-c}{\delta}\right)^2} \tag{9-2}$$

3）逆二次（Inverse quadratic）函数

$$\varphi(x)=\frac{1}{1+\left(\frac{x-c}{\delta}\right)^2} \tag{9-3}$$

4）薄板样条（Thin plate spline）函数

$$\varphi(x)=(x-c)^2\ln(x-c) \tag{9-4}$$

以上函数都是径向对称的，式（9-1）~式（9-3）中 δ 称为该基函数的宽度。绘制高斯型径向基函数的曲线如图 9-1 所示（取 $c=0$，$\delta=1$，2，5）。由图 9-1 可知：自变量 x 在中心位置 $x=c$（$c=0$）处径向对称，在偏离中心位置时函数值快速下降，δ 取值的大小决定了曲线的宽度。

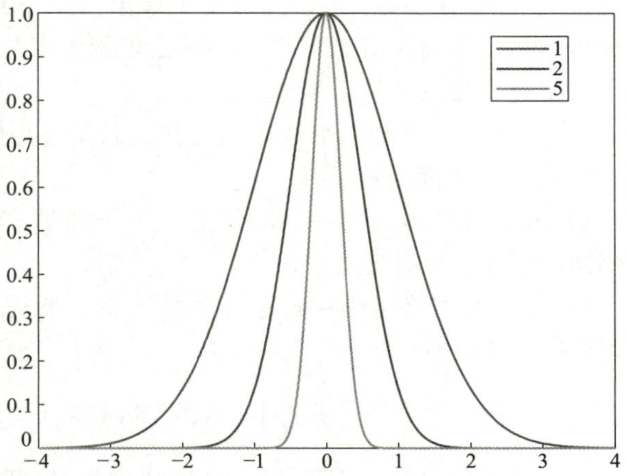

图 9-1　$\delta=1$，2，5 时的高斯型径向基函数曲线

RBF 最初的工作由 Powell 等人在 20 世纪 80 年代完成[11]，在他们的研究工作中，RBF 被用来解决多维空间中的精确插值问题。已有学者做过实验，用不同方法对大量的各种散乱数据进行插值，径向基函数插值的结果最令人满意。可以证明，在一定条件下，径向基函数几乎可以逼近所有函数。

9.2　正则化 RBF 神经网络

9.2.1　正则化 RBF 神经网络的结构

“视频教学 ch9-001”

正则化 RBF 网络的结构如图 9-2 所示，该网络具有三层结构：**第一层是输入层**，输入节点的个数等于输入变量的维数 n；**第二层是隐含层**，一个隐含层节点对应一个训练数据样本，因此隐含层神经元个数等于输入样本的个数 m，隐含层神经元采用式（9-1）所示的高斯基函数，节点所对应的输入样本即为该节点的径向基函数的中心值 c，基函数的宽度 δ 取统一的常数；**第三层为输出层**，输出层与 BP 网络的输出层相同，取线性激励函数。因此，网络最终的输出是各隐含层节点输出的线性加权和。

图 9-2 中，设输入样本 $\boldsymbol{x}^i=(x_1^i, x_2^i, \cdots, x_n^i)$，$i=1, 2, \cdots, m$，其中 n 为输入样本的维数，m 为输入样本的个数。则隐含层任一个节点 j 的高斯基函数输出为

$$h_j=\mathrm{e}^{-\frac{\|\boldsymbol{x}^i-\boldsymbol{x}^j\|^2}{2\delta^2}}, j=1,2,\cdots,m \tag{9-5}$$

式中，$\boldsymbol{x}^i$ 为当前输入样本；$\boldsymbol{x}^j$ 为第 j 个隐含层节点对应的输入样本。如前所述，在正则化 RBF 网络中，每个隐含层节点对应一个输入样本。

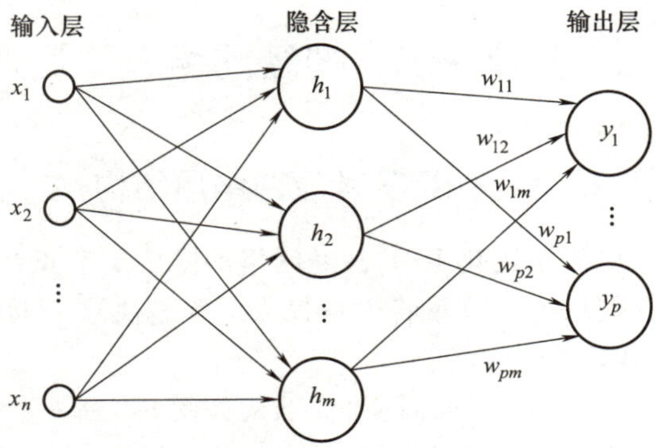

图 9-2　正则化 RBF 网络结构图

输出层的任一个节点 k 对应的输出值为

$$y_k=\sum_{j=1}^{m} w_{kj}h_j, k=1,2,\cdots,p \tag{9-6}$$

式中，w_{kj} 为隐含层第 j 个节点与输出层第 k 个节点之间的权值，通常在权值表示中第一个下标指示目标节点位置，第 2 个下标指示源节点位置。

正则化网络具有如下特点：

1）正则化网络是一个通用逼近器，只要有足够多的隐含层节点，它就能够以任意精度逼近任意多元连续函数。

2）具有最佳逼近特性，即任给一个未知的非线性函数 f，总可以找到一组权值使得正则化网络对于 f 的逼近是最优的。

3）正则化网络得到的解是“最佳”的，所谓最佳体现在同时满足对样本的逼近误差和逼近曲线的光滑性。

9.2.2 正则化 RBF 神经网络的学习算法

对于正则化 RBF 神经网络，其表达式如式（9-5）、式（9-6）所示，其隐含层节点数等于输入样本数，每个隐含层中节点的基函数的数据中心 c 正好对应一个输入样本，因此待学习的参数仅包括基函数的宽度（或扩展常数）δ 和输出层的权值。

径向基函数的宽度 δ 可根据数据样本的分布情况而确定，为了避免每个径向基函数太尖或太平，通常将所有径向基函数的宽度 δ 设为

$$\delta=\frac{d_{\max}}{\sqrt{2m}} \tag{9-7}$$

式中，$d_{\max}$ 为样本之间的最大距离；m 为样本数，即隐含层节点数。

确定基函数的中心和宽度后，即可得到隐含层节点的输出

$$h_j=\mathrm{e}^{-\frac{m}{d_{\max}^2}\|\boldsymbol{x}^i-\boldsymbol{x}^j\|^2},j=1,2,\cdots,m \tag{9-8}$$

下一步即求输出层权值。输出层权值可采用第 3 章介绍的最小均方算法（LMS），LMS 算法中的输入在这里是隐含层节点的输出，权值调整公式为

$$\Delta w_{kj}=\eta(t_k-y_k)h_j=\eta\left(t_k-\sum_{j=1}^{m}w_{kj}h_j\right)h_j,j=1,2,\cdots,m;k=1,2,\cdots,p \tag{9-9}$$

权值的初始值可随机给定。需要注意：式（9-9）给出的是单个样本的权值更新公式。

9.3 广义 RBF 神经网络

9.3.1 广义 RBF 神经网络的结构

由于正则化 RBF 神经网络的隐含层节点数等于输入样本的个数，因此当样本数 m 很大时，网络的计算量将大得惊人。为解决这一问题，可减少隐含层神经元的个数，从而得到广义 RBF 神经网络。

广义 RBF 神经网络的结构如图 9-3 所示。

广义 RBF 神经网络具有 n-r-p 结构，与正则化网络类似，广义网络有 n 个输入节点，p 个输出节点，输出层采用线性激活函数。不同的是，广义网络有 r 个隐含层节点，且 $r<m$（m 为输入样本数），输出层增加了偏置，图中表示为 w_{10}，…，w_{p0}。

设输入样本 $\boldsymbol{x}^i=(x_1^i,\ x_2^i,\ \cdots,\ x_n^i)$，$i=1,\ 2,\ \cdots,\ m$，其中 n 为输入样本的维数，m 为

输入样本的个数。则隐含层任一个节点 j 的高斯基函数输出为

$$h_j = e^{-\frac{\| x^i - c_j \|^2}{2\delta_j^2}}, j=1,\cdots,r, r<m \quad (9\text{-}10)$$

式中 c_j、δ_j 分别为隐含层节点对应的基函数的中心和宽度。

输出层任一节点 k 的输出为

$$y_k = \sum_{j=0}^{r} w_{kj} h_j, k=1,\cdots,p \quad (9\text{-}11)$$

式中，w_{kj} 为输出层第 k 个节点与隐含层第 j 个节点之间的权值，这里第一个下标指示目标节点位置，第 2 个下标指示源节点位置。

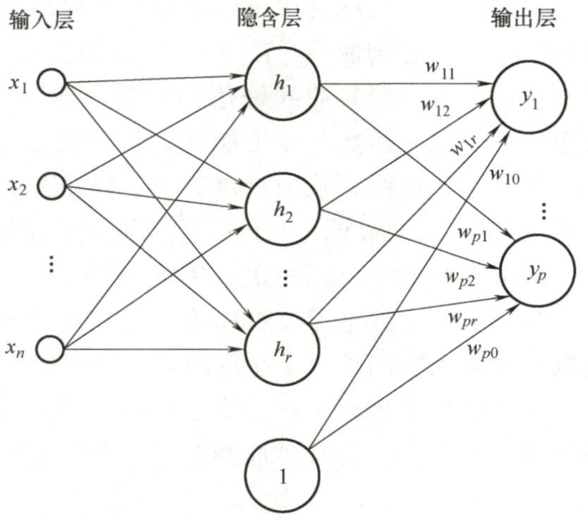

图 9-3　广义 RBF 神经网络结构

与正则化 RBF 网络相比，广义 RBF 网络有以下不同点：

1）隐含层径向基函数的个数 r 与样本数 m 不等，且 r 常常远小于 m。

2）径向基函数的中心不再限制在样本数据点上，而是由训练算法确定。

3）径向基函数的宽度 δ_j 不再相同，同样由训练算法确定。

4）输出层增加了阈值（偏置量），用于补偿基函数在样本集上的平均值与目标值之间的差别。

"视频教学 ch9-002"

9.3.2　广义 RBF 神经网络的功能

本节从函数逼近和模式分类两方面对广义 RBF 网络的功能进行探讨，以期对网络有更深入的认识。

1. 函数逼近

如 BP 网络一样，RBF 网络也已经被证明是一种通用的函数逼近器[12]。下面通过一个例子说明网络对函数的逼近能力。

考虑一个 1-2-1 型 RBF 网络（见图 9-4），隐含层及输出层参数分别如下：

$c_1=-2$，$\delta_1=1$，$c_2=2$，$\delta_2=1$，$w_{11}=1$，$w_{12}=1$，$w_{10}=0$。图 9-5 展示了该网络在输入 $x\in[-6,6]$ 区间变化时网络输出 y 的响应曲线，可以看出网络的输出是隐含层节点基函数的线性组合。

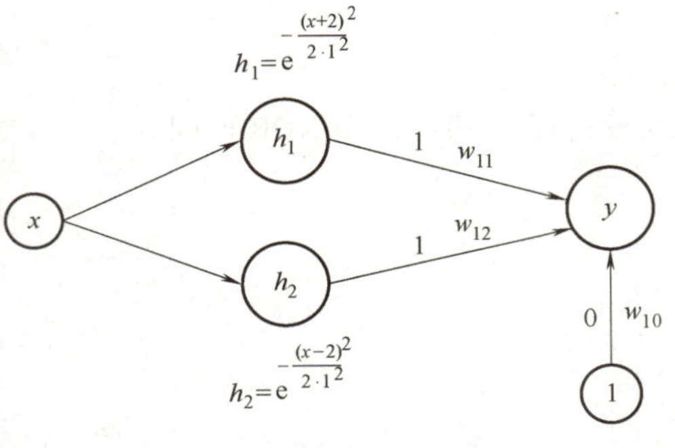

图 9-4　1-2-1 型 RBF 网络结构

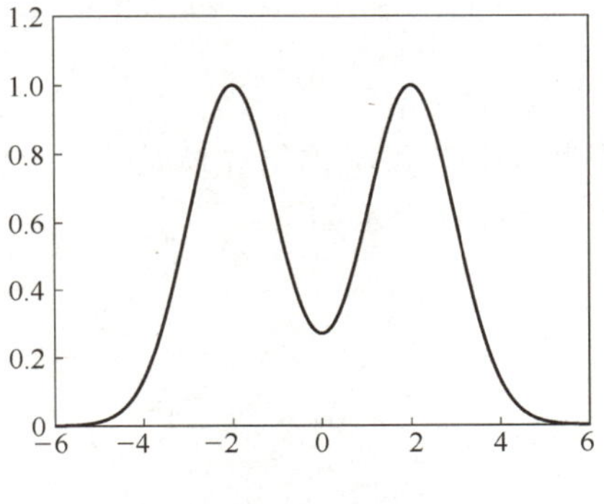

图 9-5　网络输出的响应曲线

下面分别讨论网络中不同参数变化对网络输出响应的影响。图 9-6 给出了四种参数变化对网络输出的影响曲线。图 9-6a 所示是隐含层基函数的中心值变化的对比曲线，可以看出基函数的中心点影响曲线峰值的位置。图 9-6b 给出了隐含层基函数宽度变化的对比曲线，从中可以看出基函数的宽度越大，越平缓，反之则越窄、越陡峭。图 9-6c 给出了输出层权值变化的对比曲线，从中可以看出：输出层权值对基函数进行缩放。图 9-6d 给出了输出层偏置变化的对比曲线，从中可以看出：输出层偏置让网络的响应上下移动。

从上面的例子可以看出，RBF 网络就是不同基函数的加权组合，只要隐含层的神经元足够多，通过参数学习就可以逼近任意的函数。我们也注意到：对于 RBF 网络，隐含层基函数只在输入空间的一个小区域内激活，即它的响应是局部的，如果输入位于中心很远的地方，它的输出将接近于0。因此在 RBF 网络的设计中，我们必须让基函数中心充分地分布在网络输入范围内，而且要选择合适的宽度使基函数充分重叠。

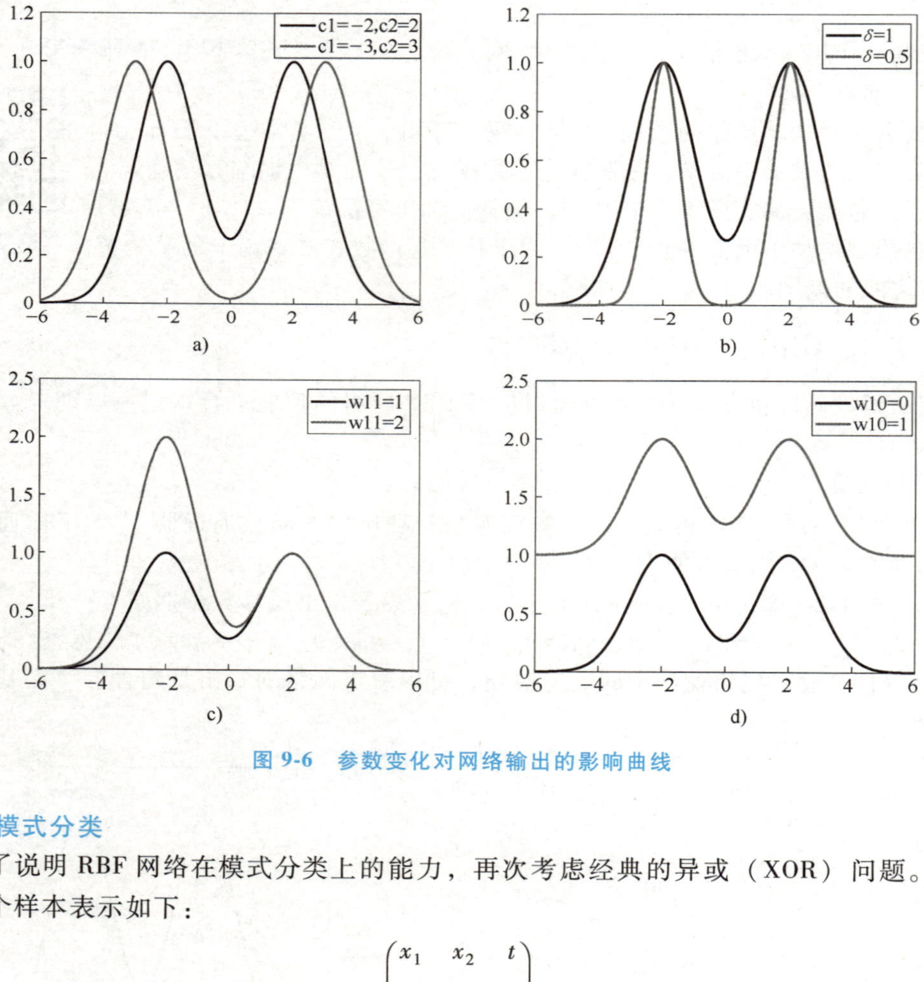

图 9-6　参数变化对网络输出的影响曲线

2. 模式分类

为了说明 RBF 网络在模式分类上的能力，再次考虑经典的异或（XOR）问题。异或问题的 4 个样本表示如下：

$$\begin{pmatrix} x_1 & x_2 & t \\ 0 & 0 & 0 \\ 0 & 1 & 1 \\ 1 & 0 & 1 \\ 1 & 1 & 0 \end{pmatrix} \tag{9-12}$$

构建如图 9-7 所示的 RBF 网络，RBF 网络的参数设置如图所示。计算出图中隐含层节点的输出如下：

$$\begin{pmatrix} x_1 & x_2 & h_1 & h_2 & t \\ 0 & 0 & 0.0183 & 1 & 0 \\ 0 & 1 & 0.1353 & 0.1353 & 1 \\ 1 & 0 & 0.1353 & 0.1353 & 1 \\ 1 & 1 & 1 & 0.0183 & 0 \end{pmatrix} \tag{9-13}$$

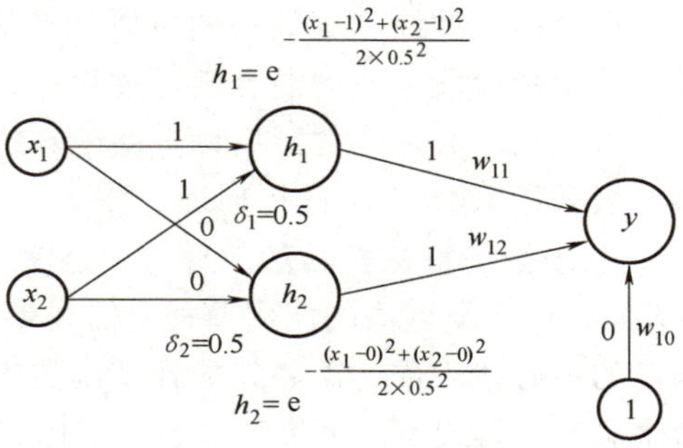

图 9-7　RBF 网络实现 XOR 功能

将式（9-13）绘制成二维图形，如图 9-8 所示，可以看出：在原坐标中无法线性可分的异或问题，在 RBF 网络中经基函数映射后已经转化为线性可分模式。

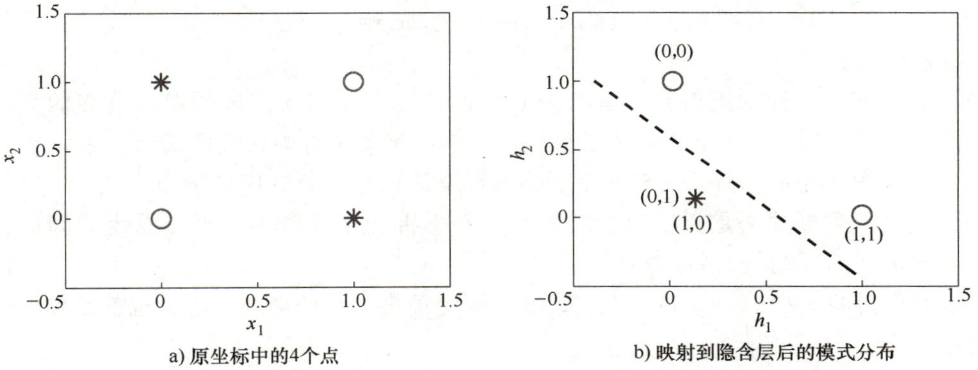

a) 原坐标中的4个点　　b) 映射到隐含层后的模式分布

图 9-8　XOR 问题在不同坐标下的图示

根据 Cover 定理：非线性可分问题可能通过非线性变换获得解决，即将复杂的模式分类问题非线性地投射到高维空间比投射到低维空间更可能是线性可分的。在 RBF 网络中，将输入空间非线性地映射到高维空间的方法是，设置一个隐含层，令隐含层节点数大于或等于输入节点数，从而可形成一个维数高于输入空间的高维隐空间。在上面的例子中，隐空间维数等于输入空间的维数，可见，对于简单的非线性问题，仅采用高斯函数进行非线性变换，就足以将 XOR 问题转化为一个线性可分问题。

9.3.3　广义 RBF 神经网络的学习算法

本节讨论广义 RBF 神经网络参数的学习，由式（9-10）、式（9-11）可知，广义 RBF 神经网络需要学习的参数有：

1）隐含层中基函数的中心 c_j。

2）隐含层中基函数的宽度 δ_j。

3）隐含层与输出层之间的权值和偏置值 w_{kj}。

RBF 网络可以使用基于梯度的方法来进行训练，然而由于基函数的局部特性，在 RBF 网络中误差曲面上有比 BP 网络多得多的局部极小点，因此，基于梯度的算法往往难以取得比较满意的训练结果。

下面介绍一种简单有效的两阶段训练算法，本算法于 1989 年由 Moody 和 Darken 提出，它是一种由两阶段组成的混合学习过程。第一阶段采用 K-means 聚类算法[13] 确定基函数的中心，再根据中心之间的距离计算基函数的宽度；第二阶段采用监督型学习算法训练输出层权值，可采用 LMS 方法进行训练。

1. 基于聚类算法得到基函数的中心值

K-means 聚类算法的使用前提是需要事前确定好 K，即聚成的类的个数。因此，在确定基函数的中心值之前，需要先估计基函数的个数，即隐含层节点个数，一般需要通过试验或经验来确定。假设有 r 个聚类中心，应用 K-means 聚类算法（这里 $K=r$）确定数据中心的过程描述如下：

（1）初始化聚类中心　从输入样本中随机选择 r 个不同的样本作为初始的聚类中心：$\boldsymbol{c}_1(0)$，$\boldsymbol{c}_2(0)$，…，$\boldsymbol{c}_r(0)$。

（2）计算样本与聚类中心的距离　计算输入空间所有样本与聚类中心之间的欧氏距离

$$\| \boldsymbol{x}^i-\boldsymbol{c}_j(k) \|_2, i=1,\cdots,m; j=1,\cdots,r \tag{9-14}$$

这里 k 指迭代次数。

（3）相似匹配　样本距离哪个聚类中心最近，就将其归入该聚类中心代表的类内。从而将全部样本划分为 r 个子集，每个子集构成一个以聚类中心为代表的类簇。

（4）更新聚类中心　计算上述 r 个子集的样本均值作为新的聚类中心。

（5）判断　判断算法是否收敛，当聚类中心不再变化或者小于事先设定的阈值，算法停止；否则转到第（2）步继续迭代。

结束时求得的 $\boldsymbol{c}_1(k)$，$\boldsymbol{c}_2(k)$，…，$\boldsymbol{c}_r(k)$ 即为最终得到的聚类中心，也就是我们要求取的基函数的中心。

【例 9.1】 K-means 小练习：平面上有 6 个点，分别为

$$\boldsymbol{x}_1=(1,1), \boldsymbol{x}_2=(1,3), \boldsymbol{x}_3=(2,2), \boldsymbol{x}_4=(5,6), \boldsymbol{x}_5=(6,4), \boldsymbol{x}_6=(7,7)$$

下面手工执行 K-means（$K=2$），将其聚成 2 类，以了解其运行过程。

1）随机选取 $\boldsymbol{c}_1(0)=(1,\ 3)$，$\boldsymbol{c}_2(0)=(6,\ 4)$ 作为 2 个类的初始类中心。

2）分别计算样本点与初始类中心 $\boldsymbol{c}_1(0)$，$\boldsymbol{c}_2(0)$ 的欧氏距离：

样本点 $\boldsymbol{x}_1$ 与初始聚类中心 $\boldsymbol{c}_1(0)$ 的距离为$\sqrt{(1-1)^2+(1-3)^2}=2$，因此依次可得

6 个样本点与 $\boldsymbol{c}_1(0)$ 的距离分别为 2，0，1.41，5，5.10，7.21；

6 个样本点与 $\boldsymbol{c}_2(0)$ 的距离分别为 5.83，5.10，4.47，2.24，0，3.16。

3）将样本点按照距离归类到最近的聚类中心，重新归类后的两类中包含的样本分别为类 1＝$\{\boldsymbol{x}_1,\ \boldsymbol{x}_2,\ \boldsymbol{x}_3\}$，类 2＝$\{\boldsymbol{x}_4,\ \boldsymbol{x}_5,\ \boldsymbol{x}_6\}$。

4）更新聚类中心：将两类样本的平均值作为新的聚类中心，有

$$\boldsymbol{c}_1(1)=\text{average}(\boldsymbol{x}_1,\boldsymbol{x}_2,\boldsymbol{x}_3)=(1.33,2)$$

$$\boldsymbol{c}_2(1)=\text{average}(\boldsymbol{x}_4,\boldsymbol{x}_5,\boldsymbol{x}_6)=(6,5.67)$$

5）跳转到步骤 2），计算样本点与新的聚类中心的距离：

6 个样本点与 $\boldsymbol{c}_1(0)$ 的距离分别为 1.05，1.05，0.67，5.43，5.08，7.56；

6 个样本点与 $\boldsymbol{c}_2(0)$ 的距离分别为 6.84，5.67，5.43，1.05，1.67，1.66。

6）再一次将样本归类到最近的聚类中心，有：类 1＝ $\{\boldsymbol{x}_1,\ \boldsymbol{x}_2,\ \boldsymbol{x}_3\}$，类 2＝ $\{\boldsymbol{x}_4,\ \boldsymbol{x}_5,\ \boldsymbol{x}_6\}$。可以看出与步骤 3）中的归类结果相同，聚类中心不再变化，因此停止迭代，输出

结果。

经过 K-means 聚类算法最终收敛的 2 个类中心为 $\boldsymbol{c}_1=(1.33, 2)$，$\boldsymbol{c}_2=(6, 5.67)$。

上述步骤用图示法可表示为图 9-9。

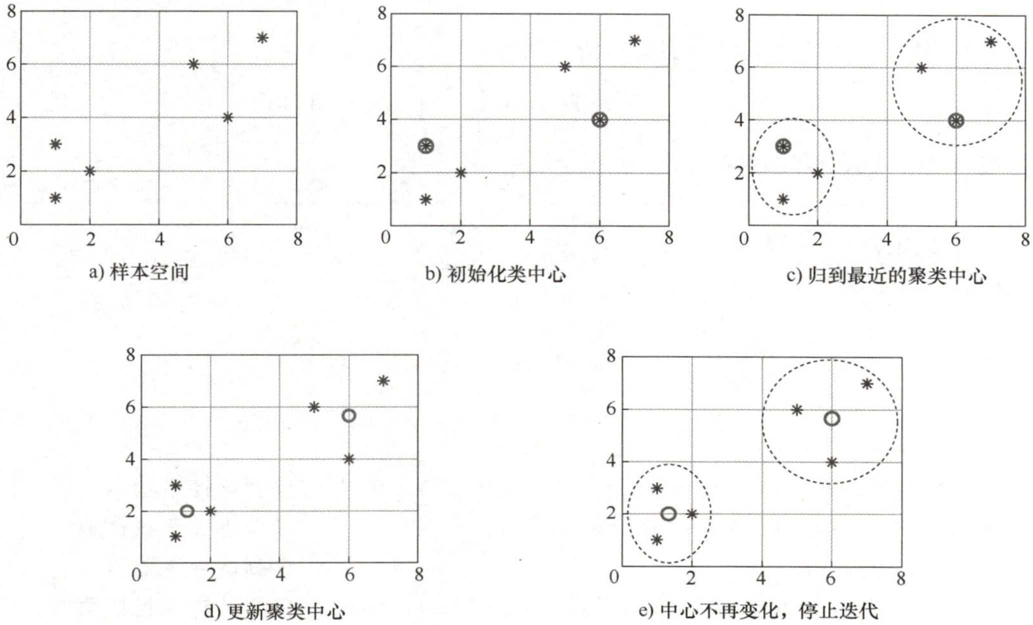

图 9-9　K-means 聚类算法的图示法演示

2. 计算得到基函数的宽度

完成聚类后，每一个隐含层节点对应一个聚类中心，基于下式可计算每个节点对应的基函数的宽度：

$$\delta_j^2=\frac{1}{|M_j|}\sum_{x\in M_j}(\boldsymbol{x}-\boldsymbol{c}_j)^{\mathrm{T}}(\boldsymbol{x}-\boldsymbol{c}_j) \tag{9-15}$$

式中，M_j 是以 c_j 为中心的类的训练样本集合；$|M_j|$是该集合包含的元素个数。

3. 基于 LMS 的隐含层到输出层的权值和偏置的学习

此步的学习过程同正则化 RBF 网络，注意 LMS 算法的输入为隐含层的输出，具体步骤归纳如下：

1）初始化 w_{kj} 为较小的随机数，设定学习率 η。

2）给定样本对（$\boldsymbol{x}^i$，$\boldsymbol{t}^i$），$i=1, \cdots, m$，根据式（9-10）先计算隐含层输出 h_j^i，$j=1, \cdots, r$，再根据式（9-11）求得网络输出 $\boldsymbol{y}^i=(y_1^i, y_2^i, \cdots, y_p^i)$。

3）计算总误差函数 $E=\frac{1}{2}\sum_{i=1}^{m}(\boldsymbol{t}^i-\boldsymbol{y}^i)^2$，当偏差小于给定的最小偏差或达到最大迭代次数时，算法结束，否则转到步骤 4）。

4）调整权值 $w_{kj}:=w_{kj}+\Delta w_{kj}=w_{kj}+\eta\sum_{i=1}^{m}(t_k^i-y_k^i)h_j^i$。

说明： 为了避免下标太多，引起混淆，上述步骤中用上标 i 来表示第 i 组样本对应的计算量，显然步骤 4）中给出的权值更新公式为批量式学习算法，即在一次权值更新迭代中使用了全部的样本。

9.4 RBF 神经网络仿真示例

利用 RBF 神经网络通过训练逼近如下函数：

$$y=1.1(1-x+2x^2)\exp\left(-\frac{x^2}{2}\right),x\in[-4,4] \tag{9-16}$$

编写 MATLAB 程序代码如下：

```
%清理操作
clear;
close all;
clc;

%产生样本
x=-4:0.05:4;                                        %训练样本输入
t=1.1*(1-x+2*x.^2).*exp(-x.^2/2);                   %训练样本目标值
testx=-2:0.04:2;                                    %测试样本输入
targetx=1.1*(1-testx+2*testx.^2).*exp(-testx.^2/2); %测试样本目标值

goal=1e-3;                                          %设定网络的误差限
net1=newrb(x,t,goal)                                %建立并训练 RBF 神经网络
y1=net1(testx);                                     %网络 1 的预测输出
perf1=perform(net1,targetx,y1);                     %计算网络 1 的性能
view(net1);                                         %显示网络 1 的结构

net2=newrbe(x,t);                                   %建立正则化 RBF 神经网络
                                                     并训练
y2=net2(testx);                                     %网络 2 的预测输出
perf2=perform(net2,targetx,y2)                      %计算网络 2 的性能
view(net2);                                         %显示网络 2 的结构

figure(1);
plot(x,t,testx,y1,'r*',testx,y2,'bo');              %绘制结果曲线
legend('训练样本','newrb 函数结果','newrbe 函数结果')
```

上面程序中使用了 MATLAB 自带的两个函数进行曲线拟合，分别是 newrb 和 newrbe，两个函数都可用于建立 RBF 网络，前一个是建立广义 RBF 网络，后一个是建立严格的 RBF 网络（即正则化 RBF 网络）。二者最重要的区别是：newrbe 建立的网络，其隐含层节点数总是等于输入样本数，它通过精确插值输入样本而使网络的训练误差为 0；newrb 则是通过不断

增加隐含层节点来构建网络，当满足给定的误差目标 goal 后停止增加。在上面的代码中，goal 设定为 10^{-3}，在 newrb 函数中 goal 的默认值为 0。

运行结果如下：基于训练样本建立的广义 RBF 和正则化 RBF 神经网络结构如图 9-10 所示，可以看出，在给定误差目标 goal 下，newrb 函数建立的网络，其隐含层节点数（5）要远远小于 newrbe 函数构建的正则化 RBF 网络的隐含层节点数（161）。如果 goal 设为 0，则通过 newrb 函数建立的网络隐含层节点同样为 161，请读者自行尝试。

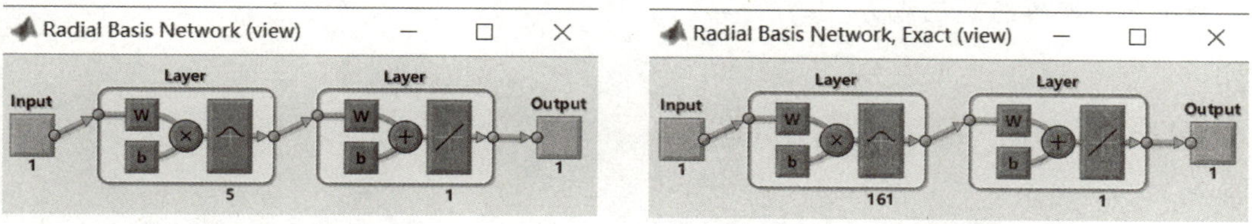

a) newrb函数建立的网络结构 1-5-1　　b) newrbe函数建立的网络结构1-161-1

图 9-10　网络结构图

两种网络的预测曲线如图 9-11 所示，图中实线显示的是训练样本，＊号呈现的是广义 RBF 网络的预测结果，○号显示的是正则化 RBF 网络的预测结果，从中也可以看出，两种网络的预测结果均拟合了曲线的趋势，但在本例中，正则化 RBF 网络（对应 newrbe 函数）的预测精度要更高一些。需要注意的是，在实际应用中，由于我们获取的训练数据不可避免地含有噪声，对训练数据的过度拟合会使网络的泛化能力变差，因此多数情况下广义 RBF 网络的泛化能力会优于正则化 RBF 网络。

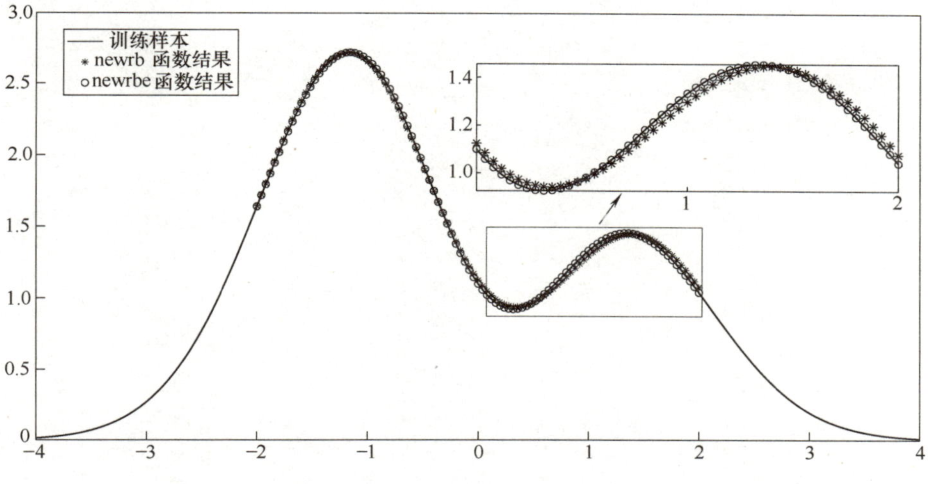

图 9-11　两种 RBF 网络拟合结果

思考题与习题

9-1　思考：结合所学知识，从网络结构、参数量、面向问题等方面总结 RBF 神经网络与 BP 神经网络的异同点。

9-2　下载 UCI 公开数据集 Iris，通过编写程序实现 *K*-means 聚类算法，求出隐含层

($K=3$) 的中心和宽度。

9-3　自己编写代码，训练 RBF 实现“异或”功能。

9-4　利用 RBF 神经网络编写程序完成习题 8-4 中的曲线拟合问题。结合仿真结果，进一步总结思考：RBF 神经网络与 BP 神经网络的各自特点与优势。

9-5　在 9.4 节仿真示例的基础上，在训练样本和测试样本中增加噪声，分别调用 newrb（自行给定合适的 goal）和 newrbe 函数实现曲线拟合，统计两种网络的训练误差和测试误差，对比两种网络的泛化能力。

第 10 章 神经网络的应用及控制

导读

前面几章我们一起学习了几种代表性的神经网络模型，其中有简单的线性模型（感知器、线性神经网络），也有稍复杂的非线性模型（BP 神经网络和 RBF 神经网络）。本章着重探讨神经网络在实际应用中需要注意的实用技巧，以及神经网络在控制系统中的应用及仿真示例。

本章知识点

- 神经网络应用技巧——训练前、中、后的步骤及注意事项。
- 神经网络控制方法及实现。

10.1 神经网络应用技巧

由前面章节可知，神经网络具有强大的非线性拟合能力，但是在使用神经网络解决问题时，只有将网络的基础知识与实际经验相结合，才有可能达到期望的效果。

图 10-1 给出了神经网络的训练流程，我们概要地将其总结为训练前、网络训练及训练后三大阶段。需要注意的是，整个过程是反复迭代进行的，如果性能未能满足要求，需要返回前面步骤进行修改，直到满足要求。下面就按照这三个阶段的顺序对各阶段中要注意的主要问题进行讨论。

1. 训练前的准备

在网络训练前有许多准备步骤，主要包括：样本数据选择、数据预处理、网络类型及结构选择。

（1）样本数据选择　神经网络学习的来源为样本数据，因此样本数据的质量和数量是决定神经网络效果的根本。在实际应用中，一定要注意：训练神经网络的数据必须覆盖神经网络可能会用到的所有输入空间，否则，神经网络的性能就无法得到保证。

因此，在条件允许情况下，尽量采用标准化操作自行设计数据收集的实验，以保证实验数据能够遍历使用神经网络时的所有情况；如果无法控制数据收集的过程，则尽可能使用收集到的所有样本数据，待训练完成后，通过分析训练好的网络从而判断训练数据是否充分，结果是否可靠？关于这点，本节后面会有进一步的介绍。

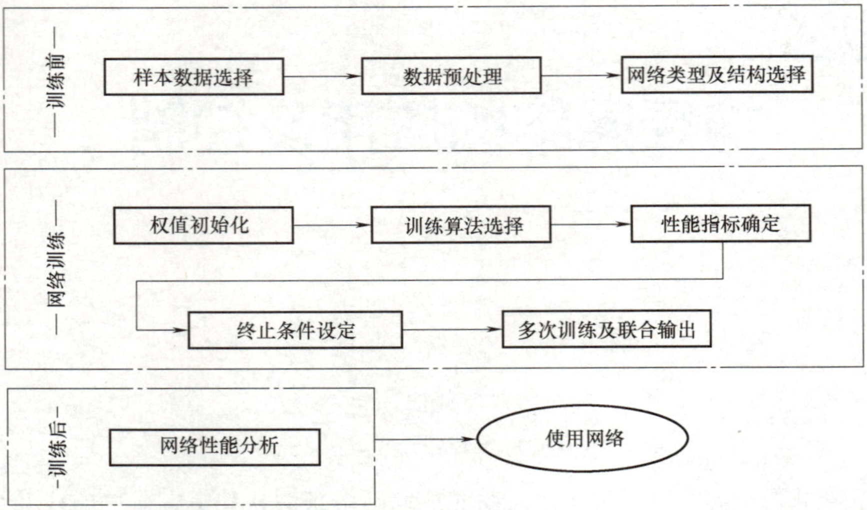

图 10-1　神经网络的训练流程

(2) 数据预处理　数据预处理的目的方便后续网络的训练，它包含数据归一化、特征选择或提取、输入输出编码、缺失数据处理、数据集划分等主要步骤。

1) 数据归一化。在多层网络中，隐含层经常使用 sigmoid 函数，当净输入大于 3 时，这类函数就基本饱和了（$e^{-3}\approx 0.05$），在网络训练的初始阶段并不希望出现这种情况，因为这会导致梯度值变得很小；而且当多个输入变量的值域范围差异较大时，会严重影响学习算法的收敛速度。因此，标准的做法是在输入传给网络之前对其进行归一化。通常，有两种归一化方法，其中一种是最大最小归一化：

$$\boldsymbol{x}'=\frac{2(\boldsymbol{x}-\boldsymbol{x}_{\min})}{\boldsymbol{x}_{\max}-\boldsymbol{x}_{\min}}-1 \tag{10-1}$$

另外一种是均值方差归一化

$$\boldsymbol{x}'=\frac{\boldsymbol{x}-\boldsymbol{x}_{\text{mean}}}{\boldsymbol{x}_{\text{std}}} \tag{10-2}$$

通常情况下，对数据集的输入和输出样本均要进行归一化。

2) 特征选择或提取。当输入向量维度很高或者存在冗余时，通常会用到特征选择或特征提取。两者都属于降维方法，即试图去减少特征数据集中的变量（特征）的数目，但是它们所采用的方法却不同。特征选择是从原始特征集中选择出有效的特征子集，是一种包含的关系，没有更改原始的特征空间；特征提取主要是通过属性间的关系，如组合不同的特征得到新的特征。

根据特征选择过程是否用到类信息的指导，可将特征选择算法分为三大类：Filter 型、Wrapper 型和 Embedded 型。

特征提取的代表性算法有：主成分分析 PCA（Principle Component Analysis）、独立成分分析 ICA（Independent Component Analysis）、线性判别分析 LDA（Linear Discriminant Analysis）、典型相关分析 CCA（Canonical Correlation Analysis）以及各种核方法。

特征选择和特征提取属于相对独立的研究分支，有兴趣的读者可进一步查阅相关文献。

3) 输入输出编码。当输入或输出取离散值时，如：在模式识别问题中，输出为类别变量。在这种情况下，需要对输入或输出进行编码的过程。对于一个包含四个类的模式识别问题至少有三种方式编码：第一，可以使用四个数值 {1, 2, 3, 4} 来表示目标输出；第二，可以用二进制编码来表示四种类型，即 {(0, 0), (0, 1), (1, 0), (1, 1)}；第三，可以使用四位输出 {(1, 0, 0, 0), (0, 1, 0, 0), (0, 0, 1, 0), (0, 0, 0, 1)} 进行编码，哪一个位置被激活（取值为1），即代表哪类输出。通常，第三种编码方法取得的结果最优。当然，离散输入可以使用与离散输出相同的编码方法。

对于模式识别问题，当对目标输出进行编码后，还要考虑输出层的激励函数的选择。通常会选用 Tan-sigmoid 或 Log-sigmoid 函数，但要注意，这往往会给后续的参数训练带来困难，因为训练算法通常在 sigmoid 型函数的饱和区取得目标输出值。另一种在模式识别任务中常使用的激励函数是 softmax 函数，其形式如下：

$$\mathrm{softmax}(z_i)=\frac{\mathrm{e}^{z_i}}{\sum_{j=1}^{S}\mathrm{e}^{z_i}} \tag{10-3}$$

式中，S 代表类别个数。可见，每个输出都在 0 到 1 之间，且所有输出之和为 1，因此 softmax 函数可以解释为每个类别的概率。

4）缺失数据处理。数据缺失也是在解决实际问题时不能避免的一种情况。数据缺失情况多种多样，有时是某一个变量数据的缺失，有时是某一段时间某些变量数据的缺失。解决这一问题最简单的方法是把缺失的数据都丢弃不用。然而，当可用数据非常有限时，我们需要尽可能地利用已有数据来补全缺失数据：如果某输入变量中存在缺失数据，可以用该变量的平均值或邻近值代替缺失数据，并用额外的标记对其进行标注；如果目标中的某些数据存在缺失，则可以修改性能指标，去掉与缺失的目标输出值相关联的误差信息。

5）数据集划分。在训练之前，通常我们会将数据集划分为三个子集：训练集、验证集和测试集。训练集，就是拿来训练模型的数据集，通过这个数据训练得到模型的参数；验证集，可以用来做超参数的选取与模型的选取，在没有测试集的情况下也可以评价模型的性能；测试集，用来评价模型的效果。一般来说，训练集的大小占整个数据集的 70%，验证集和测试集各占 15%。

同时注意，这些子集应该能够代表整个数据集，即三个子集覆盖一样的输入空间，因此最简单的数据划分方法是每个子集从整个数据集中随机选择。

（3）网络类型及结构选择　网络结构的选择取决于待解决的问题的类型。确定了网络类型，接下来还需要确定网络的层数及每层神经元的个数。本章我们仅讨论两类问题：拟合和分类。

拟合也称作函数逼近或回归。在拟合问题中，目标变量取值为连续量，如：控制工程师要根据对象输入输出数据来辨识对象的模型。用于拟合问题的标准神经网络结构是隐含层采用 Tan-sigmoid，输出层采用线性神经元的多层感知器。径向基网络也可以用于拟合问题，使用时隐含层采用高斯激励函数，输出层使用线性激励函数。

分类也称为模式识别问题。在模式识别问题中，目标变量取值为离散量，如医生要依据细胞大小的均匀性、细胞形状的均匀性、肿块厚度、有丝分裂等判断一个肿瘤是良性的还是恶性的。多层感知器用于模式识别问题时，输出层通常使用 sigmoid 或者 softmax 函数，同样径向基函数也可以用于模式识别。

2. 网络训练

数据准备完毕，网络结构确定后，就可以开始训练网络了。网络训练部分主要包括权值初始化、训练算法选择、性能指标确定、终止条件设定、多次训练及联合输出。

（1）权值初始化　对于多层网络，权值和偏置值一般初始化为较小的随机值。当输入归一化到［-1，1］之间时，可以将权值初始化为［-0.5，0.5］之间均匀分布的随机量。这是因为，如果初始化权值和偏置量为0，初始条件可能会落在性能曲面的一个鞍点上；如果初始权值很大，由于 sigmoid 函数趋于饱和，初始条件可能落在性能曲面的平坦部分。

（2）训练算法选择　对于多层网络，通常使用基于梯度或雅可比的优化算法；对于有几百个权值的多层网络，Levenberg-Marquardt 算法运算最快；当权值数量达到上千或更多时，共轭梯度方法效率更高。

（3）性能指标确定　对于多层网络，标准的性能指标函数是均方误差。即

$$E=\frac{1}{2}\sum_{p}(t_p-y_p)^2 \tag{10-4}$$

实际中，经常在均方性能指标函数基础上，增加一个正则项来防止过拟合。即

$$E=\frac{1}{2}\sum_{p}(t_p-y_p)^2+\sum_{j}\lambda_j w_j^2 \tag{10-5}$$

以均方误差作为性能指标在函数拟合问题上应用效果较好；在目标是离散值的模式识别问题中，则经常使用交叉熵作为性能指标函数。即

$$E=-\sum_{p}t_p\log y_p \tag{10-6}$$

如果设置了交叉熵性能指标函数，通常在网络的最后一层使用 softmax 激励函数。

当然，根据实际问题需要，可以采用加权或者多目标类的性能指标。

（4）终止条件设定　在大多数神经网络应用中，网络训练误差不会收敛到零。因此，通常需要引入其他的准则来决定何时终止网络训练。

1）设置最大迭代次数；如果达到最大迭代次数时，权值依然没有收敛，可以使用上一次训练得到的权值初始化网络并重新开始训练。

2）性能指标梯度的范数（通常采用误差平方和）为零或为一很小值时停止训练。

（5）多次训练及联合输出　单次训练的网络不一定能获得最优的性能，因为训练过程可能会陷入局部极小值。为了克服这个问题，最好能够在不同初始条件下多次训练网络，然后选择性能最优的参数。通常情况下训练 5~10 次就能够取得网络的全局最优值。

另一种充分利用所有训练结果的方法称为“网络委员会”。对于每一次训练，验证集随机从数据集中选取，并随机初始化权值和偏置值，在 N 个网络都训练好后，所有网络共同形成一个联合输出。对于函数逼近问题，网络的联合输出可以取所有网络输出的平均值；对于分类问题，得票最多的类别将作为联合输出结果。

3. 训练结果分析

网络训练好后，需要对其结果进行分析，以确认结果是否有效，或网络是否需要改进。下面将分别对拟合和分类问题进行讨论。

（1）拟合问题　分析拟合问题中神经网络训练结果的一种有效方法是将训练后的网络输出 y_q 与对应的目标输出 t_q 做回归。即

$$y_q=at_q+b+\varepsilon_q \tag{10-7}$$

式中，a、b 分别是线性函数的斜率和偏移量；ε_q 是回归的残差。且

$$a=\frac{\sum_{q=1}^{Q}(t_q-\bar{t})(y_q-\bar{y})}{\sum_{q=1}^{Q}(t_q-\bar{t})^2} \tag{10-8}$$

$$b=\bar{y}-a\bar{t} \tag{10-9}$$

式中，

$$\bar{y}=\frac{1}{Q}\sum_{q=1}^{Q}y_q,\bar{t}=\frac{1}{Q}\sum_{q=1}^{Q}t_q \tag{10-10}$$

式中，Q 为样本点数量；下标 q 代表第 q 个样本点。

图 10-2 展示了拟合问题分析的一个示例。其中长实线表示实际输出，圆圈代表数据点，短实线表示网络输出。在该例中，可以看出：尽管有一些误差，但拟合结果相当不错。下一步可以对远离回归线的特殊样本点进行进一步研究：如在 $t=27$，$y=17$ 附近有两个离群点，就需要判断是数据本身有问题，还是它们与其他数据相距较远，如果是后一种情况，则需要在该区域附近采集更多的样本数据。

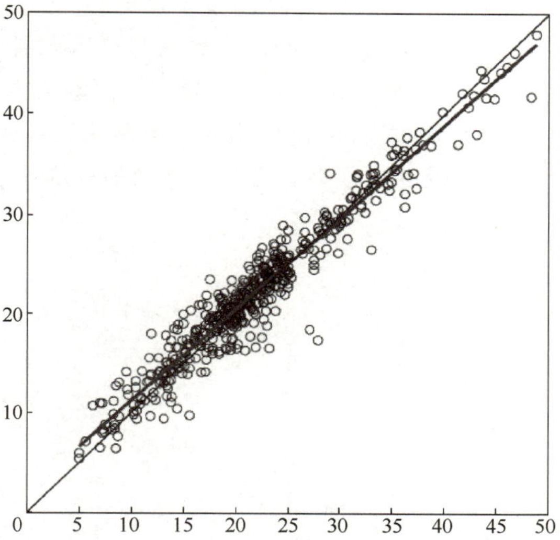

图 10-2　拟合问题结果分析示例

另外，还可以计算 y_q 与 t_q 之间的相关系数，即 R 值为

$$R=\frac{\sum_{q=1}^{Q}(t_q-\bar{t})(y_q-\bar{y})}{(Q-1)s_t s_y} \tag{10-11}$$

$$s_t=\sqrt{\frac{1}{Q-1}\sum_{q=1}^{Q}(t_q-\bar{t})},s_y=\sqrt{\frac{1}{Q-1}\sum_{q=1}^{Q}(y_q-\bar{y})} \tag{10-12}$$

我们希望 R 值接近 1，如果 $R=1$，表示所有的数据点都精确地落在回归线上；如果 $R=0$，表示数据点随机散开。图 10-2 中的 $R=0.965$，可见数据虽然没有完全落在回归线上，但是偏差相对较小。

另外，要对训练集、验证集、测试集分别进行回归分析。如果训练集能够精确拟合，而验证集和测试集的拟合结果不理想，这表明出现了过拟合现象，此时可以减小网络规模并重新训练；如果训练集和验证集的结果都很好，但测试集的结果不好，这表明可能测试数据超出了训练数据和验证数据的范围，这种情况下，需要准备更好的数据用于训练和验证；如果三个集合上的拟合结果都不好，则需要增加网络中神经元的数量，或者增加网络的层数。

（2）分类问题　在分类（模式识别）问题中，由于目标值是离散的，我们通常会利用混淆矩阵（confusion matrix）来进行结果评估。假设有 150 个数据样本，其中 1、2、3 类各有 50 个。分类结束后得到的混淆矩阵见表 10-1，其中每一列表示为某类别的实际样本数，

某一行表示预测为该类别的样本数。第 2 列说明 50 个类 1 样本中有 43 个被正确预测为类 1，3 个样本被错误地预测为类 2，4 个样本被错误地预测为类 3。

表 10-1 混淆矩阵示例

预测值	实际值		
	类 1	类 2	类 3
类 1	43	0	1
类 2	3	47	0
类 3	4	3	49

另外，F1-Score 也是分类问题的一个常用的衡量指标。在给出 F1-Score 的定义之前，首先定义一下几个概念。

TP（True Positive）：预测类别与实际类别一致。

FP（False Positive）：错将其他类预测为本类。

FN（False Negative）：错将本类预测为其他类。

在此基础上，可以计算每个类别的查准率 precision 和召回率 recall，即

$$\text{precision}=\frac{\text{TP}}{\text{TP}+\text{FP}} \tag{10-13}$$

$$\text{recall}=\frac{\text{TP}}{\text{TP}+\text{FN}} \tag{10-14}$$

最后有

$$\text{F1-Score}=2\cdot\frac{\text{precision}\cdot\text{recall}}{\text{precision}+\text{recall}} \tag{10-15}$$

10.2 神经网络用于控制

神经网络因具有很强的学习和自适应能力，能够逼近任意复杂的非线性函数，因此被广泛应用于控制领域。基于神经网络的控制系统，也称为神经网络控制，是智能控制一个非常活跃的分支。

神经网络在控制系统中的作用可总结为以下几类：

1）在反馈控制系统中直接充当控制器。

2）在基于精确模型的控制系统中充当被控对象的模型。

3）在传统控制系统中起优化作用，如优化 PID 参数。

4）与其他智能控制方法或优化方法融合使用，如模糊控制、遗传算法等。

10.2.1 单神经元 PID 自适应控制器算法

1. 单神经元 PID 自适应控制器

单神经元 PID 自适应控制器的结构如图 10-3 所示，其中单神经元有三个输入 x_1、x_2、x_3，它们分别为 $x_1(k)=e(k)$，$x_2(k)=e(k)-e(k-1)$，$x_3(k)=e(k)-2e(k-1)+e(k-2)$。可见转换器是将期望信号 $r(k)$ 和输出信号 $y(k)$ 转换成神经元需要的状态量 x_1、x_2、x_3。

第 k 时刻的控制信号 $u(k)$ 为

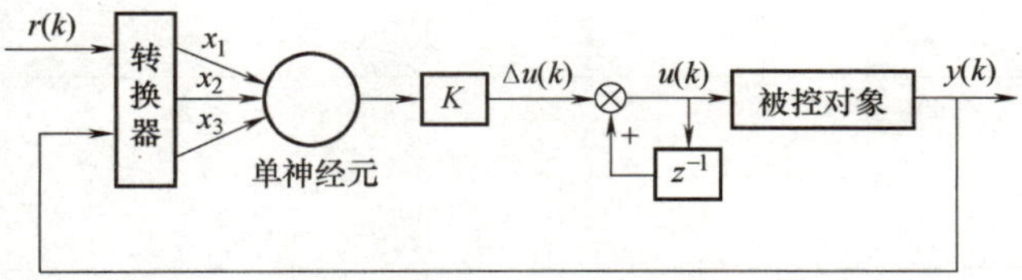

图 10-3 单神经元 PID 自适应控制系统结构图

$$u(k)=u(k-1)+K\sum_{i=1}^{3}w'_i(k)x_i(k) \tag{10-16}$$

其中

$$w'_i(k)=w_i(k)/\sum_{i=1}^{3}|w_i(k)| \tag{10-17}$$

式中，$w_i(k)$ 对应神经元的权系数；K 为神经元的比例系数，且 $K>0$。

该单神经元 PID 控制器对权值进行在线更新并且按照有监督 Hebb 学习规则最终实现控制作用。其权值更新公式为

$$\begin{cases}w_1(k+1)=w_1(k)+\eta_p u(k)e(k)x_1(k)\\ w_2(k+1)=w_2(k)+\eta_d u(k)e(k)x_2(k)\\ w_3(k+1)=w_3(k)+\eta_i u(k)e(k)x_3(k)\end{cases} \tag{10-18}$$

式中，η_p、η_i、η_d 为 PID 控制器中三个参数的学习率，η_p、η_i、$\eta_d\in[0,1]$。三个学习率可分别进行设置，使系统更加灵活。另外，比例系数 K 增大，则系统响应速度增快，超调量增大，同时稳定性可能会下降；反之系统的快速性会降低。所以当被控对象的滞后时间较大时，要使系统稳定，需适当减小 K 值。

2. 仿真示例

以下式所示的一阶纯滞后对象为例，进行算法仿真测试。

$$G(s)=\frac{K}{Ts+1}e^{-\tau s} \tag{10-19}$$

其中本例中参数取值为 $T=6$，$K=20$，$\tau=3$。

仿真程序请扫右侧二维码获取。

“程序代码 ch10-001”

运行程序，结果如图 10-4、图 10-5 所示。

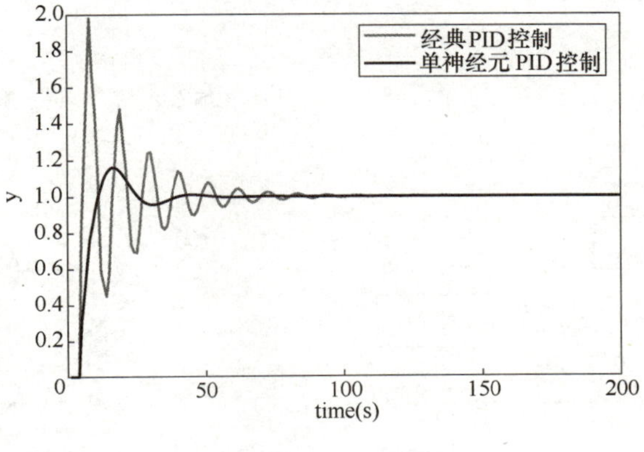

图 10-4 单神经元 PID 控制结果曲线

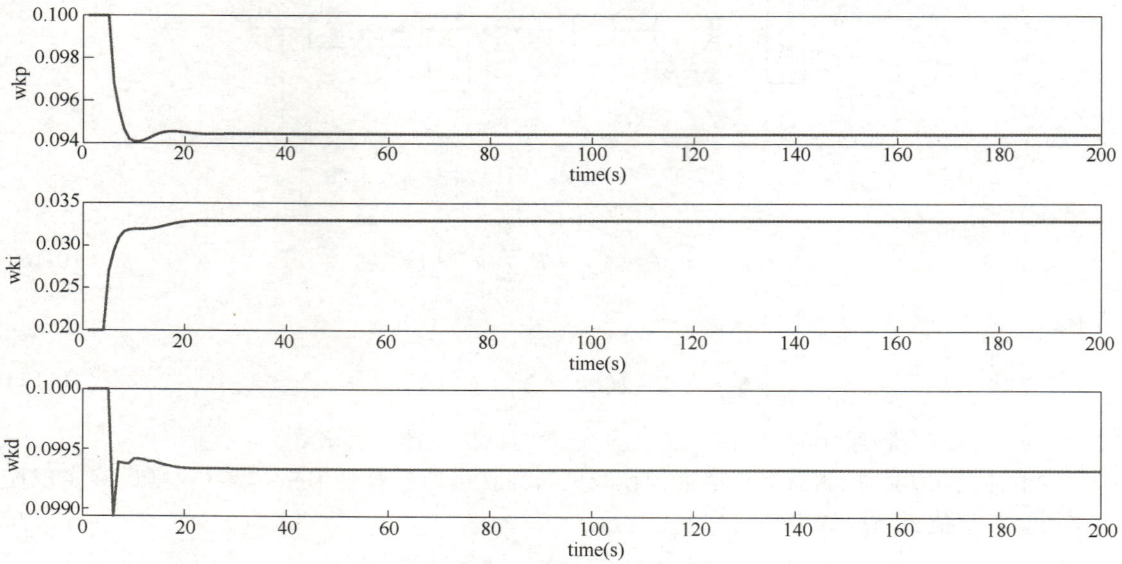

图 10-5　PID 参数变化曲线

10.2.2　神经网络前馈学习控制

1. 神经网络前馈学习控制器

神经网络前馈学习控制将神经网络控制器 NN_c 与常规反馈控制器 K 结合起来，构成复合控制器，其结构图如图 10-6 所示。其中，反馈控制器 K 可采用常规 PID 控制器，神经网络作为前馈控制器，通过学习对象的逆动力学模型来实现控制作用。在控制之初，总的控制输出 u 主要依靠反馈控制器 K 的输出 u_p 进行控制。随着控制进程的行进，神经网络通过不断进行学习，在线调整网络权值，使得反馈控制器输出 u_p 趋近于 0，即 $u=u_n$，从而使得神经网络控制器逐渐在整个控制中占主导地位。神经网络学习控制能够提高系统的精度和自适应能力。

神经网络选择 RBF 网络（见图 10-7），网络输入为 $r(k)$，输出为 $u_n(k)$，这里 k 代表仿真时间。设网络的径向基向量为 $\boldsymbol{H}=(h_1, \cdots, h_j, \cdots, h_m)^{\mathrm{T}}$，$j=1, \cdots, m$，即隐含层节点数为 m。

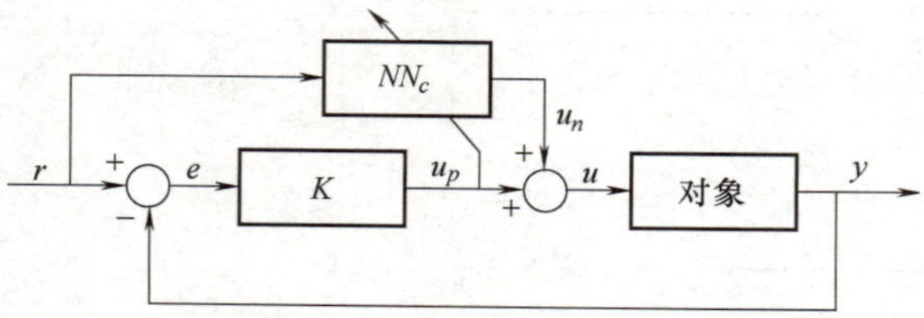

图 10-6　神经网络前馈学习控制结构框图

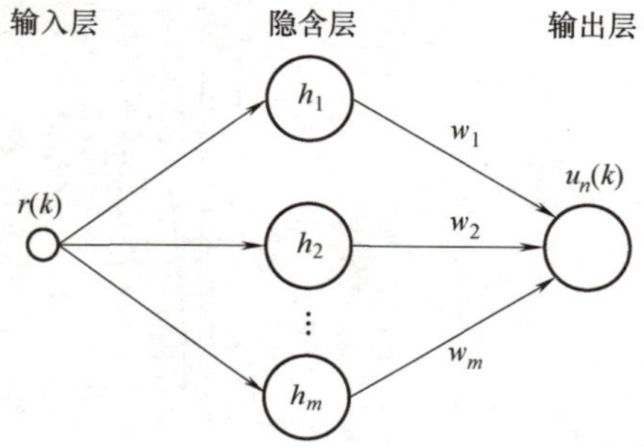

图 10-7　RBF 前馈神经网络结构图

该网络中 h_j 取高斯基函数，即

$$h_j=\exp\left(-\frac{\| \boldsymbol{r}(k)-\boldsymbol{c}_j \|^2}{2b_j^2}\right) \tag{10-20}$$

式中，b_j 为节点 j 的基宽，且 $b_j>0$；$\boldsymbol{c}_j$ 为第 j 个节点的中心向量。

设隐含层与输出层的权向量为 $\boldsymbol{W}=(w_1,\ \cdots,\ w_m)^{\mathrm{T}}$，则可得 RBF 网络的输出如下：

$$u_n(k)=h_1w_1+\cdots+h_jw_j+\cdots+h_mw_m \tag{10-21}$$

式中，m 为 RBF 网络隐含层神经元的个数。

因此，可得总的控制律为

$$u(k)=u_p(k)+u_n(k) \tag{10-22}$$

RBF 神经网络的性能指标函数定义为

$$E(k)=\frac{1}{2}(u_n(k)-u(k))^2 \tag{10-23}$$

为计算方便，我们取$\dfrac{\partial u_p(k)}{\partial w_j(k)}\approx\dfrac{\partial u_n(k)}{\partial w_j(k)}$，此处近似求解带来的偏差将通过后续的权值调节进行补偿。

采用梯度下降法调整网络的权值，公式如下：

$$\Delta w_j(k)=-\eta\frac{\partial E(k)}{\partial w_j(k)}=\eta(u_n(k)-u(k))h_j(k) \tag{10-24}$$

因此，可得神经网络权值的调整公式如下：

$$\boldsymbol{W}(k)=\boldsymbol{W}(k-1)+\Delta\boldsymbol{W}(k)+\alpha(\boldsymbol{W}(k-1)-\boldsymbol{W}(k-2)) \tag{10-25}$$

式中，η 为学习率；α 为动量因子。

2. 仿真示例

设被控对象[14] 为

$$G(s)=\frac{1000}{s^2+50s+2000} \tag{10-26}$$

取采样时间为 1ms，采用 Z 变换进行离散化，经过 Z 变换后的离散化对象为

$$y(k)=-\mathrm{den}(2)y(k-1)-\mathrm{den}(3)y(k-2)+\mathrm{num}(2)u(k-1)+\mathrm{num}(3)u(k-2) \tag{10-27}$$

“程序代号 ch10-002”

跟踪信号为幅值为 0.5、频率为 2Hz 的方波信号。取跟踪信号 $r(k)$ 作为 RBF 神经网络的输入，隐含层神经元个数取 $m=4$，因此网络结构为 1-4-1。高斯基函数的参数值取值如下：$\boldsymbol{c}=(-2,\ -1,\ 1,\ 2)^{\mathrm{T}}$，$\boldsymbol{b}=(0.5,\ 0.5,\ 0.5,\ 0.5)^{\mathrm{T}}$。隐含层到输出层的网络初始权值 W 取 0~1 之间的随机数。网络训练参数取值为 $\eta=0.30$，$\alpha=0.05$。RBF 网络程序请扫右侧二维码获取。

仿真结果分别如图 10-8、图 10-9 所示。

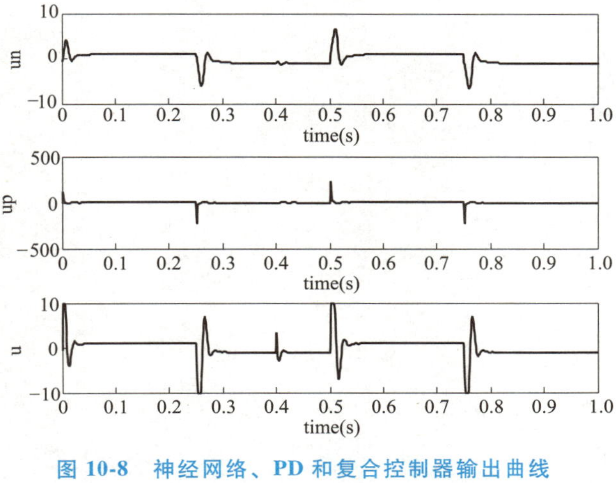

图 10-8　神经网络、PD 和复合控制器输出曲线

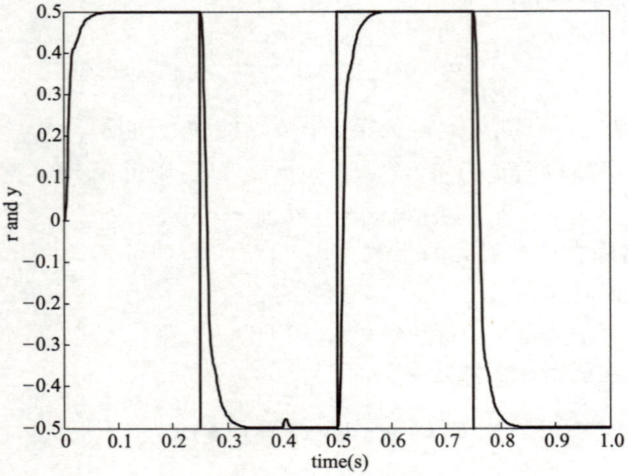

图 10-9　方波位置跟踪波形图

思考题与习题

10-1　MATLAB 中有自带的数据集 bodyfat_dataset. mat，可通过命令 load bodyfat_dataset 导入使用，该数据集中输入向量为 252 个不同个体的 13 个身体属性变量，目标值为对应的 252 个体的体脂百分比。请按照 10.1 节训练前、训练中、训练后的思路，利用 RBF、多层前向 BP 网络对该数据集进行预处理、建模并训练及测试，并对比两种模型的预测性能。

10-2　改变 10.2.1 节中被控对象模型中的参数，重新完成控制任务，体会并总结单神经元 PID 控制与传统 PID 控制的异同。

10-3　查找文献，完成“神经网络在控制系统设计中的典型应用模式”为主题的文献综述报告。

第 3 篇　优化算法篇

第 11 章

智能优化算法

导读

优化问题是指在众多方案或参数值中寻找一个最优方案或一组参数值，以使目标函数达到最大或最小值。优化问题广泛存在于自动控制、生产调度、图像处理、模式识别等众多领域，很多实际问题本质上最终都可以转化成优化问题。

优化方法的研究由来已久，传统的优化方法（如牛顿法、单纯形法等）对待求解问题有着比较严格的数学约束。近几十年来，受到人类智能、生物群体社会性和自然现象的启发，人们发明了很多智能优化算法。主要包括：模仿自然界生物进化机制的遗传算法；模拟生物免疫系统学习和认知功能的免疫算法；模拟蚂蚁集体觅食行为的蚁群算法；模拟鸟群和鱼群群体行为的粒子群优化算法；源于固体物质退火过程的模拟退火算法；模拟人类智力记忆过程的禁忌搜索算法等。在优化算法领域称它们为智能优化算法。本章选取两种较有代表性并被广泛使用的算法——遗传算法和粒子群优化算法进行讲解。

本章知识点

- 遗传算法的基本概念、实现步骤及仿真应用。
- 粒子群优化算法的基本概念、实现步骤及仿真应用。

11.1 遗传算法

11.1.1 引言

遗传算法（Genetic Algorithm，GA）是受生物进化思想的启发而形成的一种随机搜索算法。遗传算法最早由美国的 J. H. Holland 教授及其学生于 1975 年提出，此后，遗传算法的研究引起了国内外学者的关注。

遗传算法借鉴了达尔文的进化论和孟德尔的遗传学说。

进化论认为适者生存。在生存斗争中，具有有利变异的个体容易存活下来，并且有更多的机会将有利变异传给后代；具有不利变异的个体就容易被淘汰，产生后代的机会也将少得多。因此，凡是在生存斗争中获胜的个体都是对环境适应性比较强的个体。达尔文把这种在生存斗争中适者生存、不适者被淘汰的过程叫作自然选择。

达尔文的自然选择学说表明，遗传和变异是决定生物进化的内在因素。遗传是指父代与子代之间，在性状上存在的相似现象；变异是指父代与子代之间，以及子代的个体之间，在性状上存在的差异现象。遗传能使生物的性状不断地传送给后代，因此保持了物种的特性；变异能够使生物的性状发生改变，从而适应新的环境而不断地向前发展。

遗传学的研究表明：遗传物质的主要载体是染色体，而染色体由基因组成，基因是遗传的基本单位，它储存着遗传信息，可以被准确地复制，也能够发生突变。

生物遗传和进化的规律有：

1）生物的所有遗传信息都包含在其染色体中，染色体决定了生物的性状。染色体是由基因及其有规律的排列所构成的。

2）生物的繁殖过程是由其基因的复制过程来完成的。同源染色体的交叉或变异会产生新的物种，使生物呈现新的性状。

3）对环境适应能力强的基因或染色体，比适应能力差的基因或染色体有更多的机会遗传到下一代。

11.1.2　基本概念

概括地讲，遗传算法借助群体搜索技术，其中种群代表一组解，通过对当前种群施加选择、交叉和变异等一系列遗传操作来产生新一代的种群，并逐步使种群进化到包含最优解或近似最优解的状态。由于遗传算法是进化论和遗传学与计算机科学相互渗透而形成的计算方法，所以遗传算法中经常会用到各种进化与遗传学的概念。这些基本概念如下：

1. 种群和个体

种群是生物进化过程中的一个集团，在算法中表示一组可行解集。

个体是组成种群的单个生物体，在算法中表示单个的可行解。

例如：种群 $\boldsymbol{P}=\{p_1, p_2, \cdots, p_{N_P}\}$ 为一组可行解集，种群大小为 N_P，其中的每个 p_i 都是个体。

“视频教学 ch11-001”

2. 染色体和基因

染色体是包含生物体所有遗传信息的物质，在算法中表示个体的编码。

基因是控制生物体某种性状（即遗传信息）的基本单位，在算法中表示染色体中的每一位。

例如：个体 p_1 的编码为 {1011}，则 {1011} 这组编码就叫作染色体，其中的 1、0、1、1 每一位的元素都称为基因。

3. 遗传编码

遗传编码将个体编码成染色体，常用的编码形式有二进制编码、十进制编码（实数编码）等。

（1）二进制编码　例如，求整数区间 [0, 31] 上函数 $f(x)$ 的最大值，假设使用二进制编码形式，我们可以由长度为 5 的染色体表示变量 x，即从“00000”到“11111”。当然，在解决实际问题时，编码位数需要根据解决的问题适当选择。

（2）实数编码　基于二进制编码的个体尽管操作方便，计算简单，但也存在着一些难以克服的困难而无法满足所有问题的要求。例如，对于高维、连续优化问题，由于从一个连续量离散化为一个二进制量存在误差，使得算法很难求得精确解。为了解决二进制编码产生的问题，人们在解决一些数值优化问题（尤其是高维、连续优化问题）时，经常采用实数编码方式。实数编码的优点是计算精确度高，便于和经典连续优化算法结合，适用于数值优化问题；其缺点是适用范围有限，只能用于连续变量问题。

4. 适应度

适应度即生物群体中个体适应生存环境的能力。在遗传算法中，用来评价个体优劣的数学函数，称为个体的适应度函数。

5. 遗传操作

生物的遗传主要是通过选择、交叉、变异三个过程把父代群体的遗传信息遗传到子代成员中。与此对应，遗传算法中最优解的搜索过程也模仿生物的这个进化过程，使用所谓的遗传操作来实现，即选择操作、交叉操作和变异操作。

（1）选择操作　选择操作是指按某种策略基于选择概率从当前种群 $P(t)$ 中选择出一定数目的个体，使它们遗传到下一代种群 $\boldsymbol{P}(t+1)$ 中。常用的选择策略有比例选择、排序选择和竞技选择三种类型。

比例选择法，又叫作“轮盘赌”选择法，是遗传算法中最早提出的一种选择方法。该方法利用该个体适应度所占比例的大小来决定其被选择的可能性。若某个体 p_i 的适应度为 $f(p_i)$，种群大小为 N_p，则它被选取的概率表示为

$$P_s(i)=\frac{f(p_i)}{\sum_{i=1}^{N_P} f(p_i)} \tag{11-1}$$

可见个体适应度越大，则其被选择的机会也越大；反之亦然。轮盘赌选择算法的实现方法为：根据每个个体的选择概率 $P_s(i)$ 将一圆盘分成 N_p 个扇区，每个扇区所占比例与该个体的选择概率一致。再设立一个移动指针，将圆盘的转动等价为指针的移动。选择时，假想转动圆盘，若静止时指针指向哪个扇区，则选择哪个个体，其示意图如图 11-1 所示。

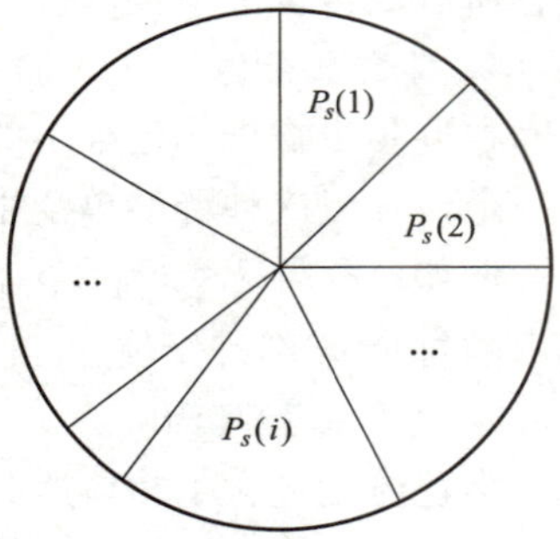

图 11-1　轮盘赌选择算法原理示意图

（2）交叉操作　交叉操作是指按照某种方式对选择的父代中配对染色体中的部分基因进行交换，从而形成新的个体。根据个体编码方法的不同，交叉操作可分为二进制交叉和实值交叉两种类型。这里以二进制交叉进行说明。

二进制交叉（Binary Valued Crossover）是指二进制编码情况下所采用的交叉操作，主要包括单点交叉、两点交叉、多点交叉和均匀交叉等方法。

1）单点交叉：先在两个父代个体的编码串中随机设定一个交叉点，然后对这两个父代个体交叉点前面或后面部分的基因进行交换，并生成子代中的两个新的个体。单点交叉的具体执行过程如下：

① 对种群中的个体进行两两随机配对，若种群大小为 N_p，则共有［$N_p/2$］对相互配对的个体组。

② 对每一对相互配对的个体随机设置一个交叉点。若染色体长度为 L，则共有（$L-1$）个可能的交叉点位置。

③ 对每一对相互配对的个体，依设定的交叉概率 P_c 在其交叉点处交换两个个体的部分（交叉点前或后）染色体，从而产生出两个新的个体。

单点交叉操作的示意图如图 11-2 所示。

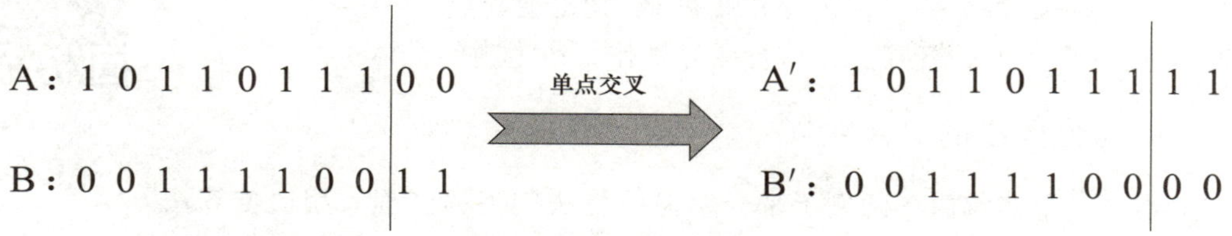

图 11-2　单点交叉操作示意图

2）双点交叉是指在配对的个体染色体中随机生成两个交叉点，然后依设定的交叉概率 P_c 将两个交叉点之间基因进行互换，生成子代中的两个新的个体。双点交叉的操作示意图如图 11-3 所示。

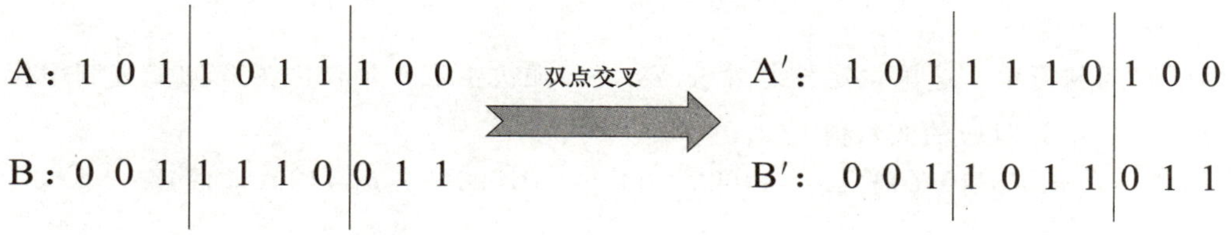

图 11-3　双点交叉操作示意图

3）多点交叉是指在配对的个体染色体中随机设置多个交叉点，形成多个交叉区域，间隔进行互换。多点交叉的操作示意图如图 11-4 所示。

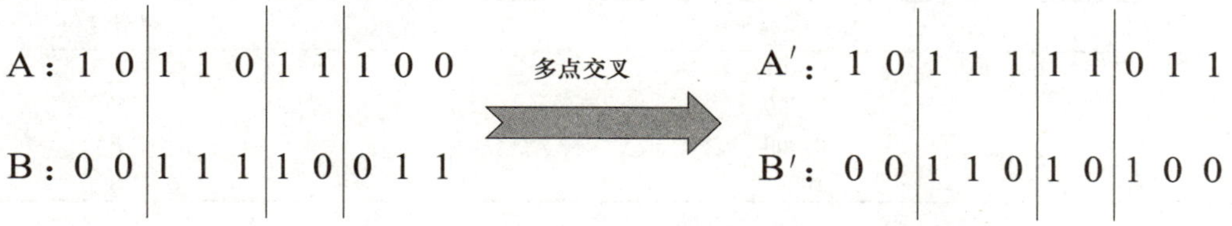

图 11-4　多点交叉操作示意图

4）均匀交叉是先随机生成一个与父串具有相同长度，并被称为交叉模版的二进制串，然后再利用该模版对两个父串进行交叉，即将模版中 1 对应的位进行交换，而 0 对应的位不交换，依此生成子代中的两个新的个体。均匀交叉操作示意图如图 11-5 所示。

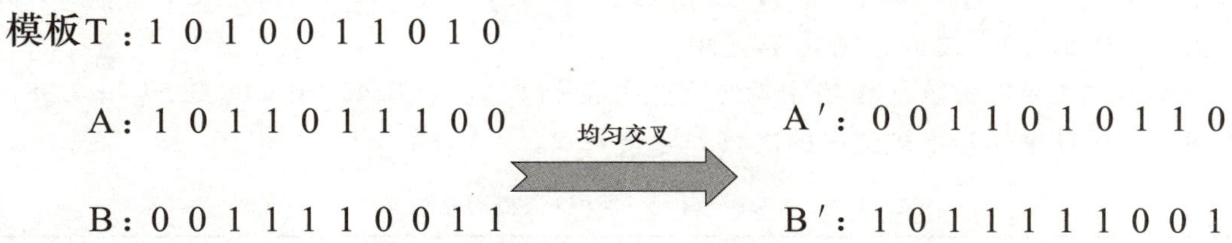

图 11-5　均匀交叉操作示意图

（3）变异操作　对种群中的每个个体，以变异概率 P_m 将某一些基因位上的基因值进行改变，从而形成一个新的个体。根据个体编码方式的不同，变异方式有：二进制变异、实值变异。对于二进制编码的个体，变异操作就是将个体在变异点上的基因值取反，即用 0 代替 1，或用 1 代替 0；对于实值变异，则用取值范围内的一个随机值替代原基因值。

变异操作的执行过程为：

1）对个体中的每个基因，按变异概率 P_m 指定变异点。

2）对每一个指定的变异点，执行变异操作，产生新的个体。

"视频教学
ch11-002"

11.1.3 遗传算法的具体实现

本节通过一个非常简单的例子来介绍遗传算法实现的流程。用遗传算法求函数 $f(x)=x^2$ 的最大值，其中 x 为［0，31］之间的整数。这个优化问题非常简单，很显然其最大值位于 $x=31$ 处。接下来，我们介绍该问题的遗传算法求解过程。

1. 编码

由题意知，x 的定义域是区间［0，31］间的整数，可由 5 位二进制数表示，因此，使用二进制编码方式，染色体串中的基因位数为 5。编码后用 00000 表示 0，11111 表示 31。

2. 生成初始种群

因求解问题简单，这里设定种群规模 $N_P=4$，随机生成 4 个长度为 5 的二进制串作为初始种群（括号中为对应的实数值）：

$$p_1=01101(13),p_2=11000(24),p_3=01000(8),p_4=10011(19)$$

3. 计算适应度

首先定义适应度函数，由于本例是求 $f(x)$ 的最大值，因此可直接用 $f(x)$ 作为适应度函数。分别计算初始种群中 4 个个体的适应度值见表 11-1。

表 11-1 初始种群中个体的适应度值

个体	二进制编码	对应实数值	适应度值
p_1	01101	13	169
p_2	11000	24	576
p_3	01000	8	64
p_4	10011	19	361

4. 执行遗传操作

（1）选择　采用轮盘赌法进行选择操作：首先按照式（11-1）计算初始种群中 4 个个体的选择概率和累积百分比（见表 11-2）；根据累积百分比可计算个体被选中的次数，方法如下：随机生成一个［0，1］之间的随机数，如果该随机数落入［0，0.14］之间，则 p_1 被选中；落入（0.14，0.63］之间，则 p_2 被选中；落入（0.63，0.69］之间，则 p_3 被选中；落入（0.69，1］之间，则 p_4 被选中。

依次生成 4 个随机数（相当于轮盘上指针的指数），如 0.45、0.11、0.57 和 0.98，按照上述方法统计个体样本被选中的次数，见表 11-2。

表 11-2 初始种群中个体的选择概率及选中次数

个体	二进制编码	适应度值	选择概率	累积百分比	选中次数
p_1	01101	169	0.14	0.14	1
p_2	11000	576	0.49	0.63	2
p_3	01000	64	0.06	0.69	0
p_4	10011	361	0.31	1	1

经选择后得到的新的种群为

$$p'_1=11000(24),p'_2=01101(13),p'_3=11000(24),p'_4=10011(19)$$

其中染色体 11000 在种群中出现了 2 次，而原染色体 01000 则因适应度值太小而在选择操作中被淘汰。

（2）交叉　假设交叉概率为 100%，即种群中的全部个体参加交叉运算。设 p'_1 和 p'_2 交叉，p'_3 和 p'_4 交叉，分别交换后 2 位基因，则经交叉后得到的新种群为

$$p''_1=11001(25),p''_2=01100(12),p''_3=11011(27),p''_4=10000(16)$$

（3）变异　设变异率为 0.1%，本次循环中没有发生变异。

因此，经过第 1 轮遗传操作后的第 1 代种群为

$$p_{11}=11001(25),p_{12}=01100(12),p_{13}=11011(27),p_{14}=10000(16)$$

5. 重复遗传操作

重复"复制-交叉-变异"的遗传操作：

假设第 2 轮复制操作中，所有个体均被选中，则经选择后的种群为

$$p'_{11}=11001(25),p'_{12}=01100(12),p'_{13}=11011(27),p'_{14}=10000(16)$$

接下来做交叉运算，p'_{11}、p'_{12}、p'_{13}、p'_{14} 分别交换后三位基因，得

$$p''_{11}=11100(28),p''_{12}=01001(9),p''_{13}=11000(24),p''_{14}=10011(19)$$

本轮仍不发生变异。于是得到第 2 代种群：

$$p_{21}=11100(28),p_{22}=01001(9),p_{23}=11000(24),p_{24}=10011(19)$$

继续进行遗传操作：

第 2 代种群中各染色体的情况见表 11-3。

本轮的选择结果为

$$p'_{21}=11100(28),p'_{22}=11100(28),p'_{23}=11000(24),p'_{24}=10011(19)$$

进行交叉运算，让 p'_{21}、p'_{24}、p'_{22}、p'_{23} 分别交换后 2 位基因，得

$$p''_{21}=11111(31),p''_{22}=11100(28),p''_{23}=11000(24),p''_{24}=10000(16)$$

这一轮仍然不发生变异。

表 11-3　第 2 代种群中个体的情况

个体	二进制编码	适应度值	选择概率	累积百分比	选中次数
p_{21}	11100	784	0.44	0.44	2
p_{22}	01001	81	0.04	0.48	0
p_{23}	11000	576	0.32	0.80	1
p_{24}	10011	361	0.20	1.00	1

由此得到第 3 代种群：

$$p_{31}=11111(31),p_{32}=11100(28),p_{33}=11000(24),p_{34}=10000(16)$$

显然，在这一代种群中已经出现了适应度最高的染色体个体 11111。于是遗传操作终止，将染色体解码为实数 31，即为待求的最优解。将 31 代入函数 $f(x)=x^2$ 中，即可得到函数的最大值为 961。

11.1.4　遗传算法的运算流程

遗传算法的运算流程如图 11-6 所示。具体步骤可概括如下：

（1）初始化　编码，确定最大种群数 N_P，随机生成初始种群 $\boldsymbol{P}=\{p_1,\ p_2,\ \cdots,\ p_{N_P}\}$；

令进化代数 $t=0$；设置最大进化代数 t_{max}、交叉概率 P_c、变异概率 P_m。

（2）个体评价　计算种群中各个个体的适应度值 $f(p_i)$。

（3）进入循环　遗传操作：执行选择、交叉、变异运算；

$$t=t+1。$$

（4）终止条件判断　$t \leqslant t_{max}$ 或者连续几代最大适应度值 f_{max} 不再变化。满足条件，结束程序，并输出最优个体；不满足，则继续循环。

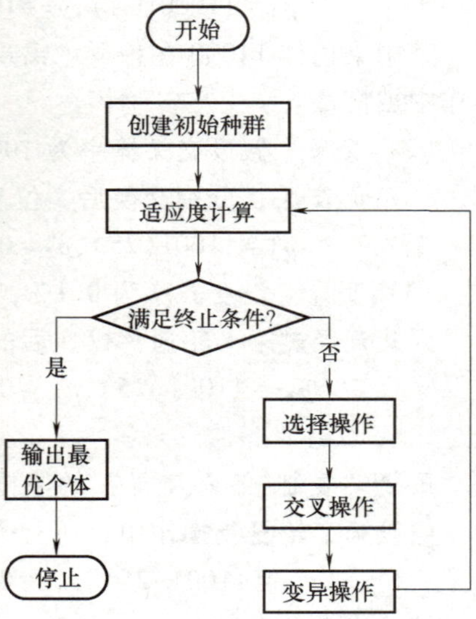

图 11-6　遗传算法运算流程图

11.1.5　仿真示例

【例 11.1】　用遗传算法求函数 $f(x)=x+10\sin 5x+7\cos 4x$ 的最大值[15]，其中 x 的取值范围为 [0，10]。

解法 1：自己编写程序实现

首先绘制函数的图形。在 MATLAB 中输入以下语句：

```
x=0:0.01:10;
y=x+10*sin(5*x)+7*cos(4*x);
plot(x,y);
xlabel('x');
ylabel('f(x)');
title('f(x)=x+10sin(5x)+7cos(4x)');
```

得到图 11-7 所示的函数图形。可以看出，该函数是一个有多个局部极值的函数。

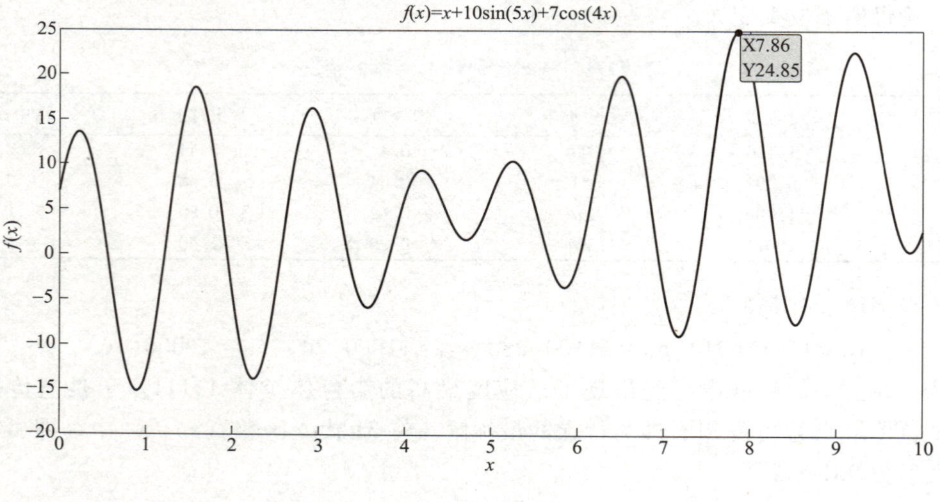

图 11-7　$f(x)$ 函数曲线

遗传算法求解过程如下：

1）初始化种群数目 $N_p=50$，染色体二进制编码长度 $L=20$，最大进化代数 $G=50$，交叉

概率 $P_c=0.8$，变异概率为 $P_m=0.1$。

2）产生初始种群，将二进制编码转换成十进制，计算个体适应度值，并进行归一化；采用基于轮盘赌的选择操作、基于概率的交叉和变异操作，产生新的种群，并把历代的最优个体保留在新种群中，进行下一步遗传操作。

3）判断是否满足终止条件：若满足，则结束搜索过程，输出优化值；若不满足，则继续进行迭代优化。

优化结束后，其适应度进化曲线如图 11-8 所示，优化结果为 $x=7.8564$，函数 $f(x)$ 的最大值为 24.86。

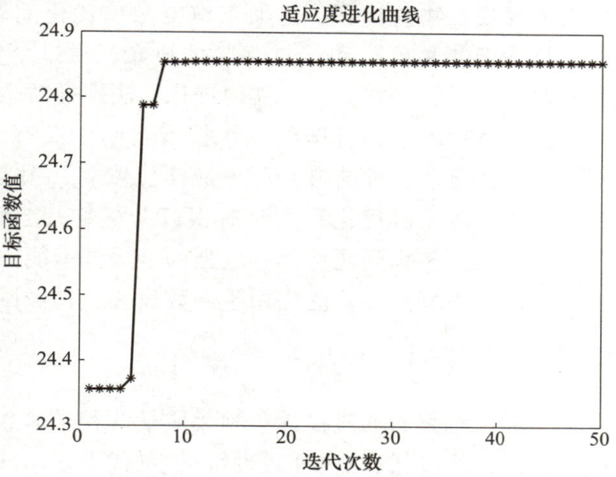

图 11-8 适应度进化曲线

注意： 由于初始种群是随机产生的，因此，每次运行结果会稍有差异。

MATLAB 的源程序请扫右侧二维码获取。

“程序代码 ch11-001”

解法 2：调用 MATLAB 的 ga 函数实现

注意： 由于 MATLAB 中的 ga 函数是求极小值的，所以先把函数转换成极小问题。然后再调用 ga 函数实现。

```
%%%%%%%%%%%%%适应度函数%%%%%%%%%%%%%%%%%%%%%%
function result=func1_2(x)
fit=x+10*sin(5*x)+7*cos(4*x);
result=1./(fit*fit);          %求平方后再求倒数,把极大值问题转换成极小值问题
```

主程序代码如下：

```
[x,fval]=ga(@func1_2,1,[],[],[],[],0,10)
```

其中：@func1_2 为待优化的函数名，1 为变量个数，后面的四个 [] 代表等式、不等式约束，这里为空。最后两个数字为变量的下限和上限。

运行程序后得到 x=7.8567，fval=0.0016，将 fval 逆变换后可得函数最大值为 24.8554。与方法 1 的结果接近。

11.2 粒子群优化算法

11.2.1 引言

受鸟类群体行为的启发，1995 年，美国社会心理学家 James Kennedy 和电气工程师 Russell Eberhart 共同提出了粒子群优化算法（Particle Swarm Optimization，PSO）。由于算法简单，容易实现，一经提出便引起了进化计算领域学者们的广泛关注。2001 年 J. Kennedy 与 R. Eberhart 出版了《群体智能》一书，将群体智能的影响进一步扩大。

粒子群优化算法来源于对鸟类群体活动规律性的研究，进而利用群体智能建立一个简化

的模型。它模拟鸟类的觅食行为，将求解问题的搜索空间比作鸟类的飞行空间，将每只鸟抽象成一个没有质量和体积的粒子，用它来表征问题的一个可行解，将寻找问题最优解的过程看成鸟类寻找食物的过程，进而求解复杂的优化问题。粒子群优化算法与其他进化算法一样，也是基于“种群”和“进化”的概念，通过个体间的协作与竞争，实现对复杂空间最优解的搜索。同时，它又不像其他进化算法那样对个体进行交叉、变异、选择等进化算子操作，而将群体中的个体看作在 D 维搜索空间中没有质量和体积的粒子，每个粒子以一定的速度在解空间运动，并向自身历史最佳位置 p_{best} 和群体历史最佳位置 g_{best} 聚集，实现对候选解的进化。粒子群优化算法具有很好的生物社会背景而易于理解，由于参数少而容易实现，对非线性、多峰问题均具有较强的全局搜索能力，在科学研究与工程实践中得到了广泛关注。目前，该算法已广泛应用于函数优化、神经网络训练、模式分类、模糊控制等领域。

11.2.2 基本粒子群优化算法

粒子群优化算法通过设计一种无质量的粒子来模拟鸟群中的鸟，粒子仅具有两个属性：速度和位置，速度代表移动的快慢，位置代表移动的方向。具体描述如下：

假设在一个 D 维的目标搜索空间中，有 N 个粒子，它们组成一个群体，其中第 i 个粒子表示为一个 D 维的向量：

$$\boldsymbol{X}_i=(x_{i1},x_{i2},\cdots,x_{iD}),i=1,2,\cdots,N \tag{11-2}$$

第 i 个粒子的飞行速度也是一个 D 维的向量，记为

$$\boldsymbol{V}_i=(v_{i1},v_{i2},\cdots,v_{iD}),i=1,2,\cdots,N \tag{11-3}$$

第 i 个粒子迄今为止搜索到的最优位置称为个体最优，记为

$$\boldsymbol{p}_{\text{best}}=(p_{i1},p_{i2},\cdots,p_{iD}),i=1,2,\cdots,N \tag{11-4}$$

整个粒子群迄今为止搜索到的最优位置为全局最优，记为

$$\boldsymbol{g}_{\text{best}}=(g_1,g_2,\cdots,g_D) \tag{11-5}$$

每次迭代，粒子根据如下的式（11-6）和式（11-7）来更新自己的速度和位置：

$$v_{ij}(t+1)=wv_{ij}(t)+c_1r_1(p_{ij}(t)-x_{ij}(t))+c_2r_2(g_j(t)-x_{ij}(t)) \tag{11-6}$$

$$x_{ij}(t+1)=x_{ij}(t)+v_{ij}(t+1) \tag{11-7}$$

式中，w 为惯性权重；c_1、c_2 为学习因子，也称加速常数；$j=1，2，\cdots，D$ 代表 D 维；$v_{ij}\in[-v_{\max}，v_{\max}]$ 是粒子的速度，$v_{\max}$ 为常数，由用户设定来限制粒子的速度。r_1、r_2 是介于 0 和 1 之间的随机数，增加了粒子飞行的随机性。

式（11-6）右边由三部分组成：第一部分为“惯性”或“动量”部分，反映了粒子的运动“习惯”，代表粒子有维持自己先前速度的趋势；第二部分为“认知”部分，反映了粒子对自身历史经验的记忆或回忆，代表粒子有向自身历史最佳位置逼近的趋势；第三部分为“社会”部分，反映了粒子间协同合作与知识共享的群体历史经验，代表粒子有向群体或邻域历史最佳位置逼近的趋势。第一部分用于保证算法的全局收敛性能；第二部分、第三部分使算法具有局部收敛能力。

参数说明：

（1）惯性权重　惯性权重 w 表示在多大程度上保留原来的速度：w 较大，则全局收敛能力较强，局部收敛能力较弱；w 较小，则局部收敛能力较强，全局收敛能力较弱。实验结果表明：w 在 0.8~1.2 之间时，粒子群优化算法有更快的收敛速度；而当 $w>1.2$ 时，算法则容易陷入局部极值。

另外，在搜索过程中可以对 w 进行动态调整：在算法开始时，赋 w 以较大正值，随着搜索的进行，可以线性地使 w 逐渐减小，这样可以保证在算法开始时，各粒子能够以较大的速度步长在全局范围内探测到较好的区域；而在搜索后期，较小的 w 值则保证粒子能够在极值点周围进行精细的搜索，从而使算法有较大的概率向全局最优解收敛。目前，采用较多的动态惯性权重值是线性递减权值策略，其表达式如下：

$$w = w_{\max} - \frac{(w_{\max} - w_{\min})t}{T_{\max}} \tag{11-8}$$

式中，$T_{\max}$ 表示最大进化代数；$w_{\min}$ 表示最小惯性权重；$w_{\max}$ 表示最大惯性权重；t 表示当前迭代次数。在大多数的应用中，$w_{\max}=0.9$，$w_{\min}=0.4$。

（2）学习因子　学习因子 c_1、c_2 分别调节向 p_{best} 和 g_{best} 方向飞行的最大步长，它们分别决定粒子个体经验和群体经验对粒子运行轨迹的影响，反映粒子群之间的信息交流。如果 $c_1=0$，则为“社会”模型，粒子缺乏认知能力，而只有群体经验，它的收敛速度较快，但容易陷入局部最优；如果 $c_2=0$，则为“认知”模型，没有社会的共享信息，个体之间没有信息的交互，所以找到最优解的概率较小。因此一般设置 $c_1=c_2$，通常取 $c_1=c_2=1.5$。这样，个体经验和群体经验就有了同样重要的影响力，使得最后的最优解更精确。

（3）粒子最大速度 $v_{\max}$　粒子的速度在空间中的每一维上都有一个最大速度限制值 $v_{d\max}$，用来对粒子的速度进行限制，使速度控制在范围［$-v_{d\max}$，$v_{d\max}$］内，这决定问题空间搜索的力度，该值一般由用户自己设定。$v_{\max}$ 是一个非常重要的参数，如果该值太大，则粒子们也许会飞过优秀解区域；如果该值太小，则粒子们可能无法对局部最优区域以外的区域进行充分的探测。研究者指出，设定 $v_{\max}$ 和调整惯性权重的作用是等效的，所以 $v_{\max}$ 一般用于对种群的初始化进行设定，即将所有维的变化范围统一设定为 $v_{\max}$，而不再对最大速度进行细致的选择和调节。

（4）边界条件处理　当某一维或若干维的位置或速度超过设定值时，采用边界条件处理策略可将粒子的位置限制在可行搜索空间内，这样能避免种群的膨胀与发散，也能避免粒子大范围地盲目搜索，从而提高了搜索效率。具体的方法有很多种，比如通过设置最大位置限制 $x_{\max}$ 和最大速度限制 $v_{\max}$，当超过最大位置或最大速度时，在取值范围内随机产生一个数值代替，或者将其设置为最大值，即边界吸收。

（5）粒子种群规模　粒子种群大小的选择视具体问题而定，但是一般设置粒子数为 20～50。对于大部分的问题，10 个粒子已经可以取得很好的结果；不过对于比较难的问题或者特定类型的问题，粒子的数量可以取到 100 或 200。另外，粒子数目越大，算法搜索的空间范围就越大，也就更容易发现全局最优解；当然，算法运行的时间也越长。

（6）停止准则　跟其他优化算法类似，最大迭代次数、计算精度或最优解的最大停滞步数 Δt（或可以接受的满意解）都可以作为停止准则。根据具体的优化问题，停止准则的设定需同时兼顾算法的求解时间、优化质量和搜索效率等多方面因素。

11.2.3　粒子群优化算法实现流程

粒子群优化算法基于“种群”和“进化”的概念，通过个体间的协作与竞争，实现复杂空间最优解的搜索，其流程如下：

“视频教学 ch11-003”

1）初始化粒子群，包括群体规模 N，$t=0$ 时每个粒子的位置 $\boldsymbol{x}_i(0)$ 和速度 $\boldsymbol{v}_i(0)$。

2）计算每个粒子的适应度值 $f(i)$。

3）对每个粒子，用它的适应度值 $f(i)$ 和个体最优值 $p_{best}(i)$ 比较。如果 $f(i)<p_{best}(i)$，则用 $f(i)$ 替换掉 $p_{best}(i)$。

4）对每个粒子，用它的适应度值 $f(i)$ 和群体最优值 g_{best} 比较。如果 $f(i)<g_{best}$，则用 $f(i)$ 替换 g_{best}。

5）令 $t=t+1$，迭代更新粒子的速度 $\boldsymbol{v}_i(t)$ 和位置 $\boldsymbol{x}_i(t)$。

6）进行边界条件处理。

7）判断算法终止条件是否满足：若是，则终止算法并输出优化结果；否则返回步骤 2）。

粒子群优化算法的运算流程如图 11-9 所示。

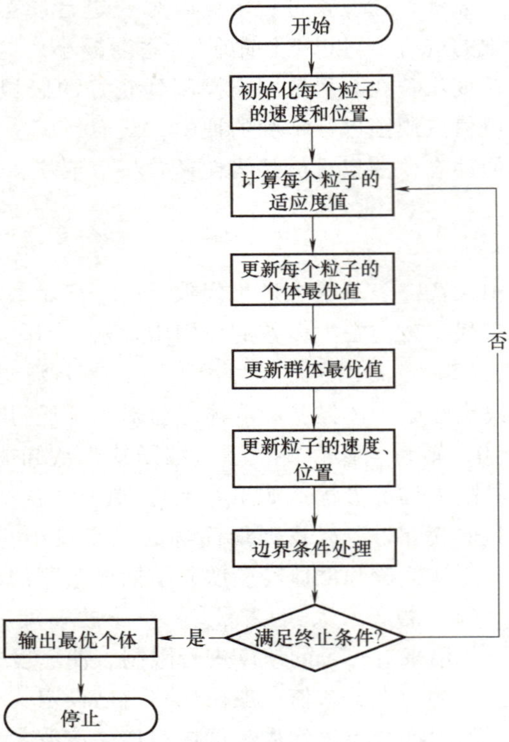

图 11-9 粒子群优化算法的运算流程图

11.2.4 仿真示例

【例 11.2】 用粒子群优化算法求函数 $f(x,y)=3\cos(xy)+x+y^2$ 的最小值[15]，其中 x、y 的取值范围均为 [−4，4]。

解法 1：自己编写程序实现

首先绘制函数的图形。在 MATLAB 中输入以下语句：

```
x=-4:0.01:4;
y=-4:0.01:4;
[X,Y]=meshgrid(x,y);
Z=3*cos(X.*Y)+X+Y.*Y;
mesh(X,Y,Z)
xlabel('x');ylabel('y');zlabel('3cos(xy)+x+y^2')
```

运行代码，得到如图 11-10 所示的函数图形。可以看出，该函数是一个有多个局部极值的函数。

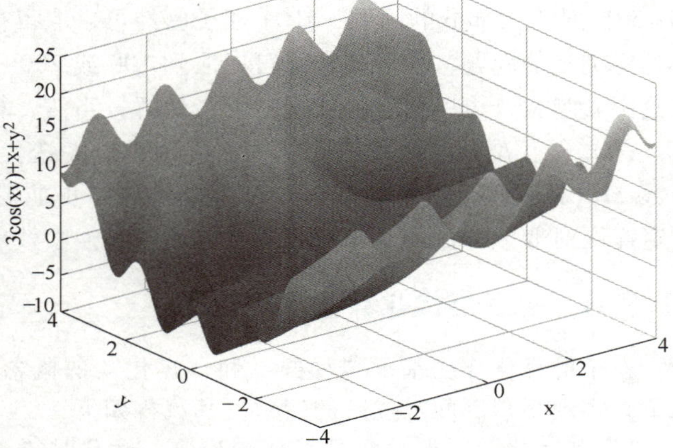

图 11-10 函数图形

粒子群优化算法求解过程如下：

1）初始化群体粒子个数 $N=100$，粒子维数 $D=2$，最大迭代次数 $T=50$，学习因子 $c_1=c_2=1.5$，惯性权重最大值 $w_{max}=0.8$，惯性权重最小值为 $w_{min}=0.4$，位置最大值 $x_{max}=4$，位置最小值 $x_{min}=-4$，速度最大值 $v_{max}=1$，速度最小值 $v_{min}=-1$。

2）初始化种群粒子位置 x 和速度 v，粒子个体最优位置 p 和最优值

p_{best}，粒子群全局最优位置 g 和最优值 g_{best}。

3）计算动态惯性权重值 w，更新粒子位置 x 和速度 v，并进行边界条件处理，判断是否替换粒子个体最优位置 p 和最优值 p_{best}，以及粒子群全局最优位置 g 和最优值 g_{best}。

4）判断是否满足终止条件：若满足，则结束搜索过程，输出最优值；若不满足，则继续进行迭代优化。

优化结束后，其适应度进化曲线如图 11-11 所示。优化后的结果为：在 $x=-3.9994$，$y=-0.7501$ 时，函数 $f(x)$ 取得最小值-6.4067。

注意：由于粒子位置和速度是随机产生的，因此，每次运行结果会稍有差异。

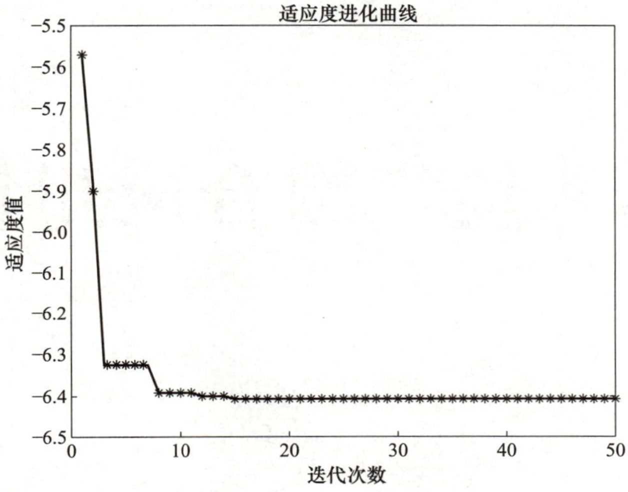

图 11-11 粒子群优化算法的适应度进化曲线

MATLAB 实现代码请扫右侧二维码获取。

“程序代码 ch11-002”

解法 2：调用 MATLAB 工具箱中的 particleswarm 函数实现

输入以下命令：

lb=[-4;-4];ub=[4;4];[x,fval]=particleswarm(@func2,2,lb,ub) 则可以得到如下运行结果：$x=-4.0000$，$y=0.7539$，fval=-6.4079。

对比解法 1，可知两种方法均得到了近似的最优结果。

思考题与习题

11-1 自己编写代码，用粒子群优化算法求解例 11.1。

11-2 自己编写代码，用遗传算法求解例 11.2。

11-3 比较遗传算法与粒子群优化算法的异同点？

11-4 思考：在模糊控制或神经网络应用中，哪些地方可以使用优化算法？

第 4 篇　综合应用篇

第 12 章

双容水箱液位智能控制系统设计

导读

本章为前面章节所学内容的综合应用，以典型的过程对象——双容水箱为被控对象，探讨了 PID、模糊控制、PID 参数模糊整定控制，以及神经网络自整定 PID 等多种控制方案的设计思路，并在 MATLAB 中进行了仿真实现。请读者在此基础上，自行练习实现，并进一步探讨不同参数对系统性能的影响，以及更加高效的参数自适应方法。

本章知识点

- 双容水箱对象的控制特点。
- 双容水箱液位 PID 控制系统设计思路及实现。
- 双容水箱模糊控制系统设计思路及实现。
- 双容水箱神经网络控制系统设计思路及实现。

12.1 双容水箱对象及模型

双容水箱的模型可以用图 12-1 来描述。图中，上水箱的进水阀为 V1，出水阀为 V2；下水箱进水阀为 V2，出水阀为 V3，上下水箱通过阀门 V2 串接在一起，其中 V1 可调，V2、V3 开度固定，Q1、Q2、Q3 分别表示对应的进水或出水流量，h_1、h_2 分别表示上、下水箱

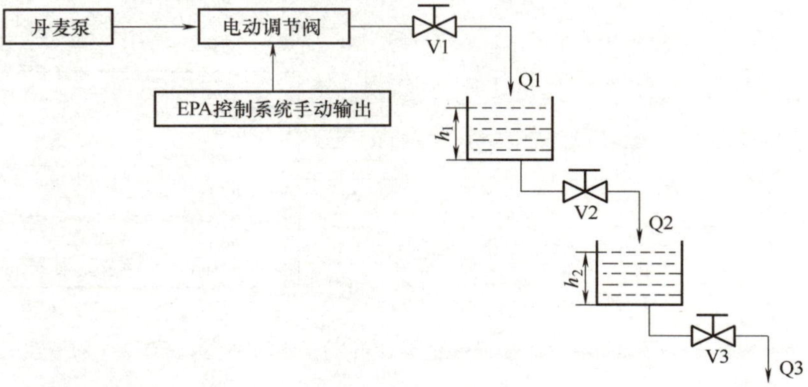

图 12-1 双容水箱模型示意图

的液位。本系统中被控量为下水箱液位 h_2，控制量为进水阀 V1 的进水量。

本章后续章节将以下列传递函数为双容水箱的数学模型进行控制方案设计，该模型是在实验室多容水箱实验装置上通过阶跃响应测试法获取的：

$$G(s)=\frac{1.35}{13.51s^2+7.35s+1}\mathrm{e}^{-0.85s} \tag{12-1}$$

12.2 PID 控制器的设计及实现

PID 控制器是目前为止在实际中应用最为广泛的一种控制器，其简要介绍见 4.6 节。基于 Simulink 搭建的双容水箱液位对象 PID 控制器系统仿真框图如图 12-2 所示。各模块参数设置如下：设定值为 60cm，被控对象的纯滞后时间为 0.85s，PID 控制器的参数设置详见图 12-3，其输出饱和（Output Saturation）项中的上下限值设置为 100 和 0。在 50s 时加一幅值为 10 的扰动。

“程序代码 ch12-001”

仿真参数设置如下：解法器（Solver），定步长，步长 0.1，仿真时间 100。运行程序，仿真结果如图 12-4 所示。

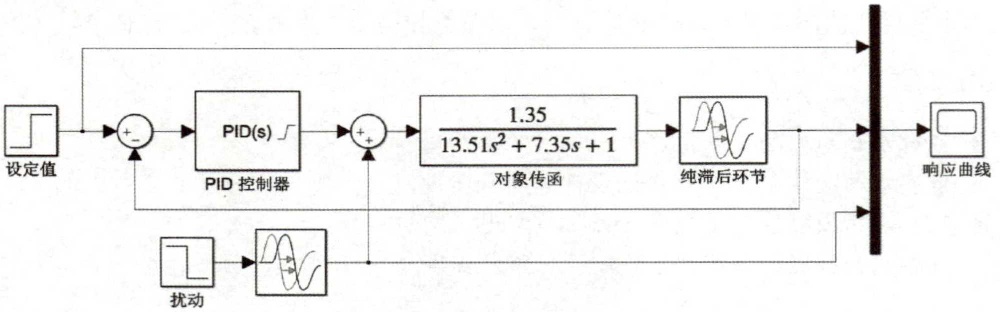

图 12-2 双容水箱液位对象 PID 控制器系统 Simulink 仿真框图

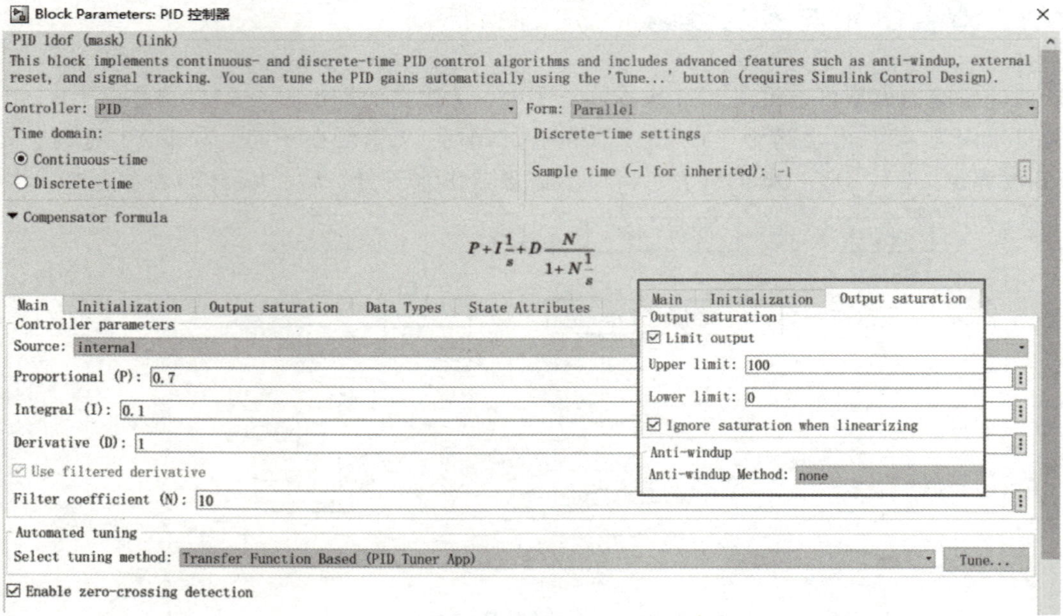

图 12-3 PID 控制器的参数设置

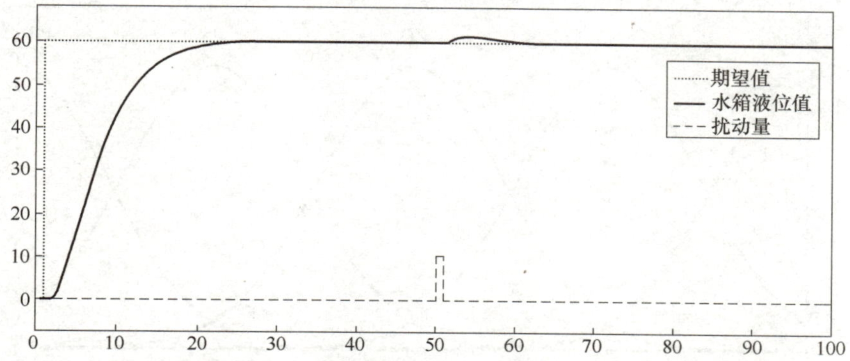

图 12-4　PID 控制响应曲线

12.3　模糊控制器的设计及实现

接下来介绍两种模糊控制方案的实现，分别是 Mamdani 模糊控制器和 PID 参数自整定控制器。

12.3.1　Mamdani 模糊控制器

模糊控制器采用两输入单输出的结构，输入为偏差 e 和偏差变化 ec，输出为阀门开度变化量 du，其实际论域、模糊论域及模糊集合划分详见表 12-1。

表 12-1　模糊控制器的参数设置

变量	实际论域	模糊论域	语言值(模糊集合)
输入:偏差 e	[-60,60]	[-60,60]	{NB,NS,ZO,PS,PB}
输入:偏差变化 ec	[-10,10]	[-10,10]	{NB,NS,ZO,PS,PB}
输出:阀门开度变化 du	[-10,10]	[-10,10]	{NB,NS,ZO,PS,PB}

三个变量的隶属度函数分别如图 12-5~图 12-7 所示，模糊控制器内的控制规则见表 12-2。

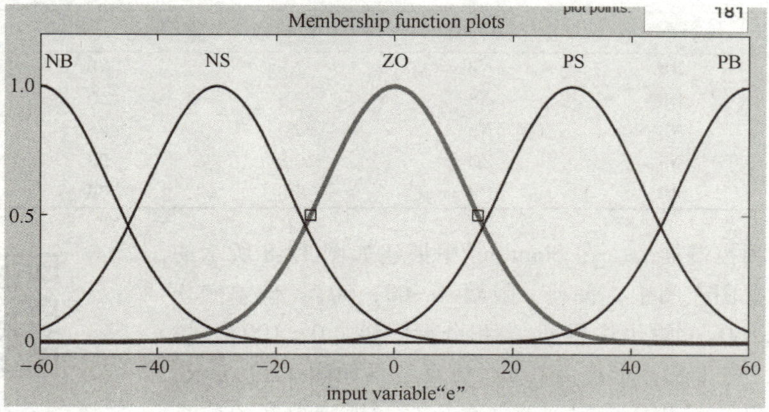

图 12-5　e 的隶属度函数

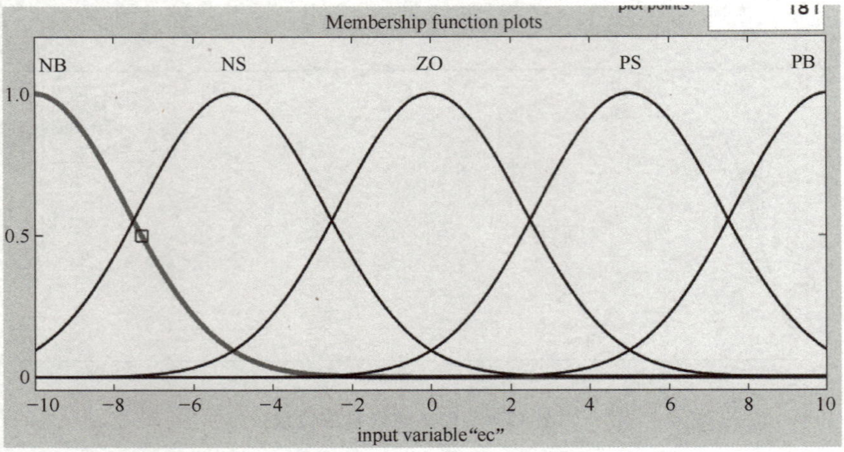

图 12-6　*ec* 的隶属度函数

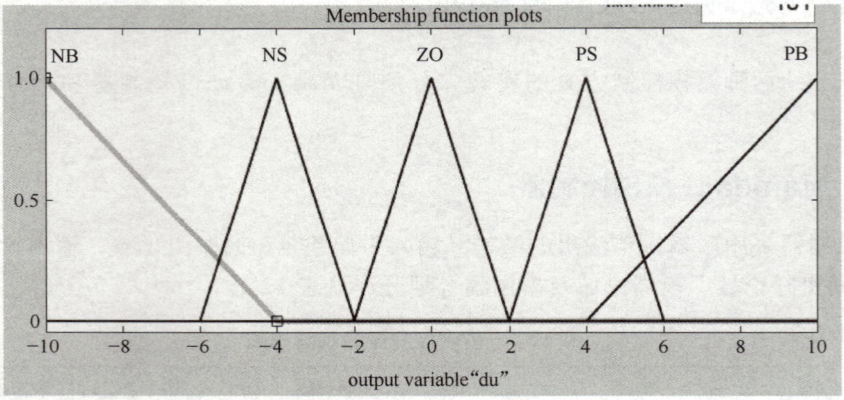

图 12-7　*du* 的隶属度函数

表 12-2　模糊控制规则表

e	*ec*				
	NB	NS	ZO	PS	PB
	du				
NB	NB	NB	NB	NB	NB
NS	NB	NS	NS	ZO	PS
ZO	NB	NS	ZO	PS	PB
PS	NS	ZO	PS	PS	PB
PB	PB	PB	PB	PB	PB

设置好模糊控制器后，在 Simulink 中搭建如图 12-8 所示的控制系统仿真框图。图中，偏差 *e* 限幅 [−60，60]，偏差变化 *ec* 限幅 [−60，60]，输出增量 *du* 经积分后限幅 [0，100]，仿真时间为 200，定步长，步长为 0.1。仿真结果如图 12-9 所示，从图中可以看出，与 PID 控制器的结果比较，模糊控制的仿真结果并不理想。

"程序代码
ch12-002"

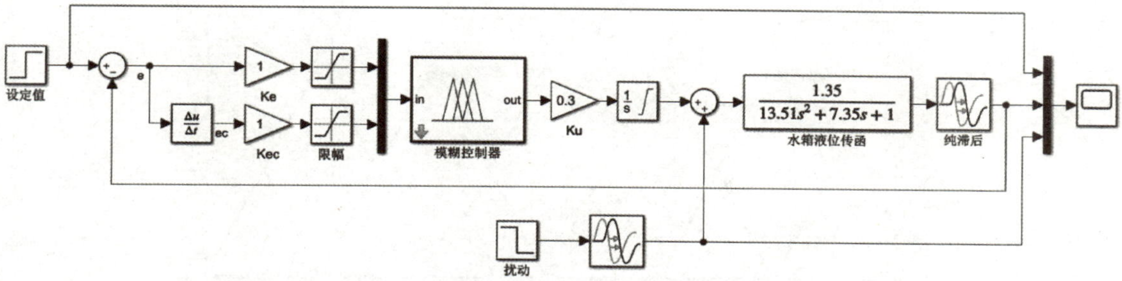

图 12-8 水箱液位模糊控制系统仿真框图

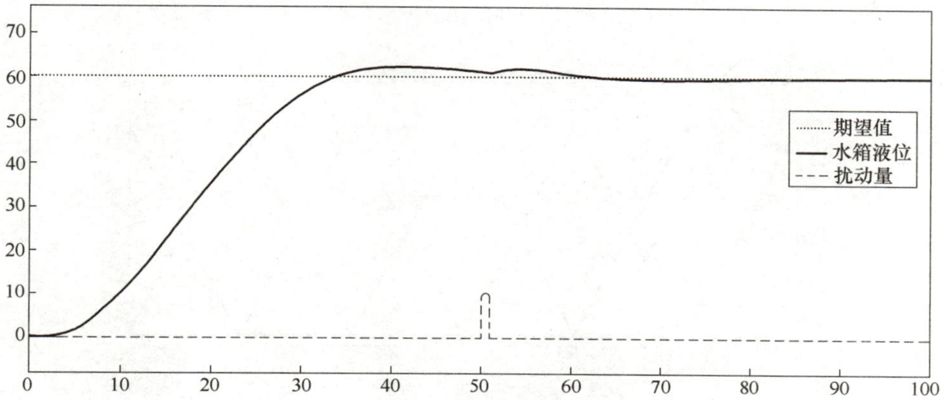

图 12-9 水箱液位模糊控制响应曲线

12.3.2 PID 参数模糊自整定控制器

PID 参数模糊自整定控制器是通过设计模糊系统来自适应地整定 PID 的参数，我们可以把该模糊系统称为模糊整定器，它根据输入（偏差、偏差变化）的大小来确定 PID 的三个参数的变化，实现的关键就是模糊规则的制定。

首先进行模糊整定器的设计。该模糊整定器输入变量有两个，分别为偏差 e 和偏差变化 ec；输出变量有三个，分别为 dK_p、dK_i 和 dK_d，即 PID 控制器中比例增益、积分增益、微分增益的变化量。五个参数的基本设置详见表 12-3。

“程序代码 ch12-003”

表 12-3 模糊整定器的输入输出参数设置

变量	实际论域	模糊论域	语言值(模糊集合)
偏差 e	[-60,60]	[-60,60]	{NB,NM,NS,ZO,PS,PM,PB}
偏差变化 ec	[-10,10]	[-10,10]	{NB,NM,NS,ZO,PS,PM,PB}
比例增益变化 dK_p	[-0.1,0.1]	[-0.1,0.1]	{NB,NM,NS,ZO,PS,PM,PB}
积分增益变化 dK_i	[-0.1,0.1]	[-0.1,0.1]	{NB,NM,NS,ZO,PS,PM,PB}
微分增益变化 dK_d	[-0.1,0.1]	[-0.1,0.1]	{NB,NM,NS,ZO,PS,PM,PB}

模糊 PID 控制的模糊控制器中 e、ec 的隶属度函数分别如图 12-10、图 12-11 所示；dK_p、dK_i、dK_d 的隶属度函数相同，如图 12-12 所示。

模糊规则见表 12-4。

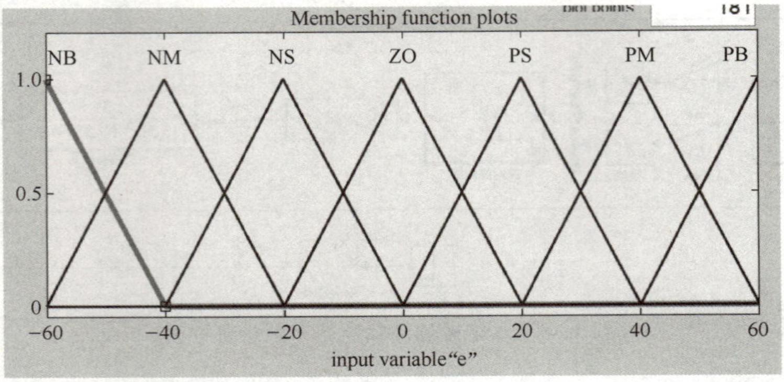

图 12-10 *e* 的隶属度函数（模糊 PID）

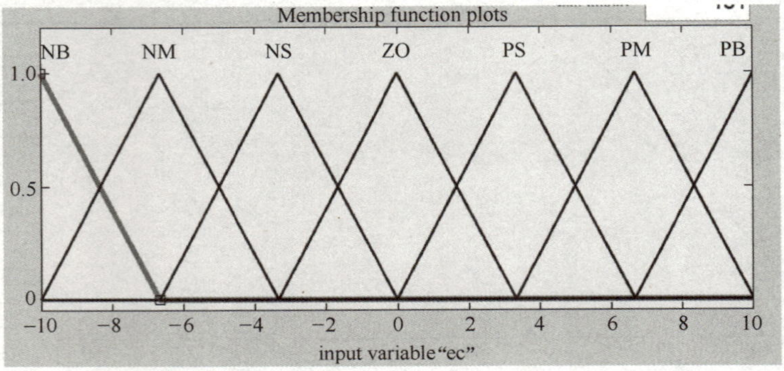

图 12-11 *ec* 的隶属度函数（模糊 PID）

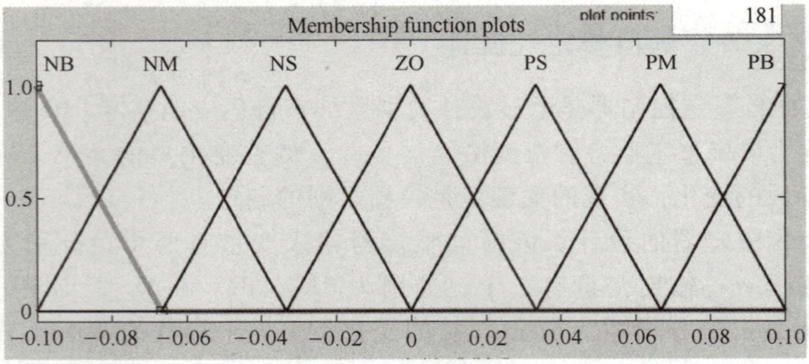

图 12-12 dK_p、dK_i、dK_d 的隶属度函数（模糊 PID）

表 12-4 模糊整定器的规则表

e	*ec*						
	NB	NM	NS	ZO	PS	PM	PB
	$dK_p/dK_i/dK_d$						
NB	PB\NB\PS	PB\NB\NS	PM\NM\NB	PM\NM\NB	PS\NS\NB	ZO\ZO\NM	ZO\ZO\PS
NM	PB\NB\PS	PB\NB\NS	PM\NM\NB	PS\NS\NM	PS\NS\NM	ZO\ZO\NS	NS\ZO\ZO
NS	PM\NB\PS	PM\NM\NS	PM\NS\NM	PS\NS\NM	ZO\ZO\NS	NS\PS\NS	NS\PS\ZO
ZO	PM\NM\ZO	PM\NM\NS	PS\NS\NS	ZO\ZO\NS	NS\PS\NS	NM\PM\NS	NM\PM\ZO
PS	PS\NM\ZO	PS\NS\ZO	ZO\ZO\ZO	NS\PS\ZO	NS\PS\ZO	NM\PM\ZO	NM\PM\ZO
PM	PS\ZO\PB	ZO\ZO\NS	NS\PS\PS	NM\PM\PS	NM\PM\PS	NM\PB\PS	NB\PB\PB
PB	ZO\ZO\PB	ZO\ZO\PM	NM\PS\PM	NM\PM\PM	NM\PM\PS	NB\PB\PS	NB\PB\PB

PID 参数模糊自整定控制的仿真图如图 12-13 所示。此外，K_p、K_i、K_d 三个参数的初始值分别为 0.7、0.1 和 1。

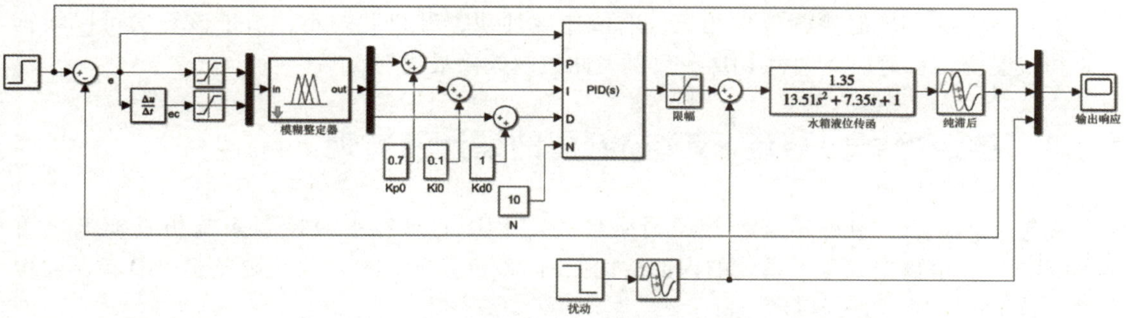

图 12-13　双容水箱液位 PID 参数模糊自整定控制仿真模型

设置仿真时间为 100、定步长、步长为 0.1 后运行程序，得到图 12-14 所示的结果曲线，仿真过程中 PID 参数的动态变化曲线如图 12-15 所示。

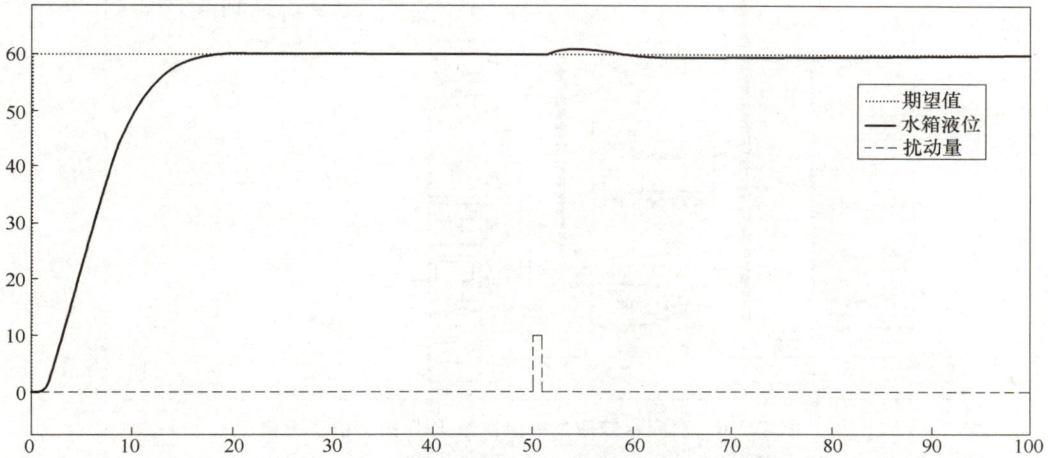

图 12-14　双容水箱液位 PID 参数模糊自整定控制的仿真结果

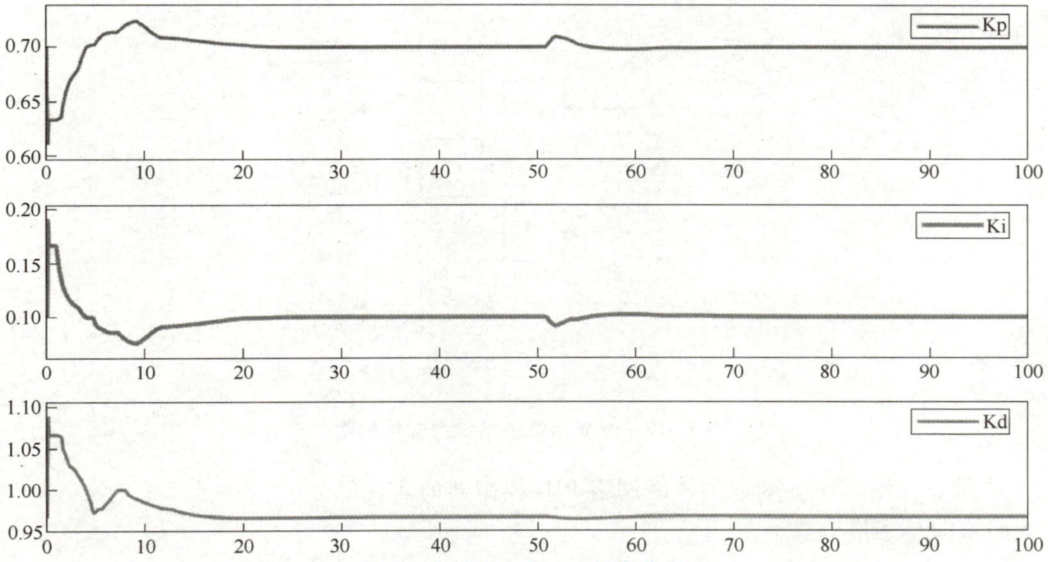

图 12-15　过程中 PID 参数曲线

从仿真结果可以看出：系统超调量为 1.13%，峰值时间为 21.09min，对应误差 5%的调节时间为 13.99min，对于误差 2%的调节时间为 15.37min。与模糊控制的效果相比，响应速度变快；与传统 PID 的控制效果相比，响应速度加快，且超调较小，由于该算法可以根据偏差和偏差变化自适应地调整 PID 参数，因此控制效果最优。

12.4　神经网络自整定 PID 控制器的设计及实现

首先在 Simulink 中搭建基于神经网络自整定 PID 的双容水箱控制系统仿真模型（见图 12-16），其中数据准备子系统的内部结构如图 12-17 所示，神经网络自整定 PID 控制器由名为“bphanshu1”的 S 函数实现。

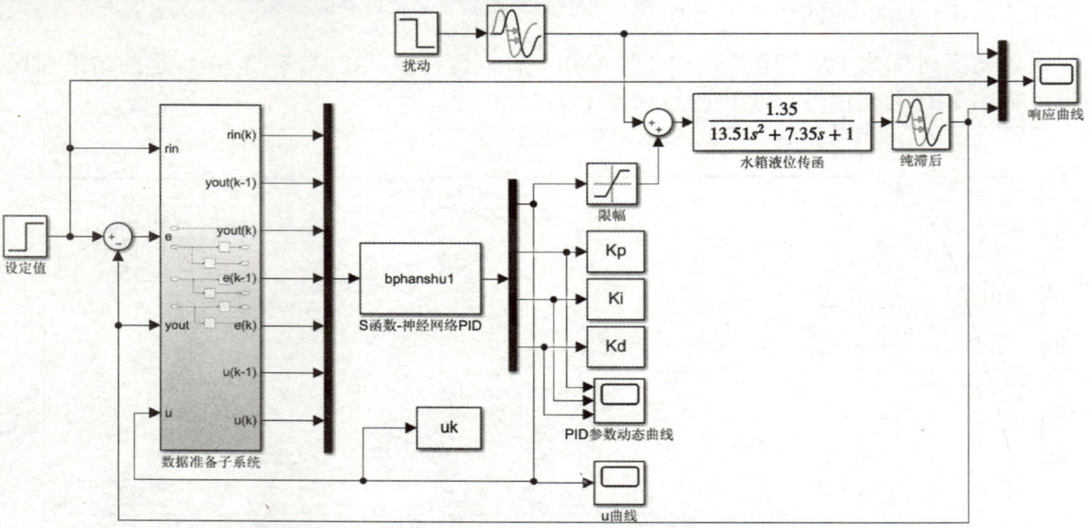

图 12-16　双容水箱液位神经网络 PID 控制仿真模型

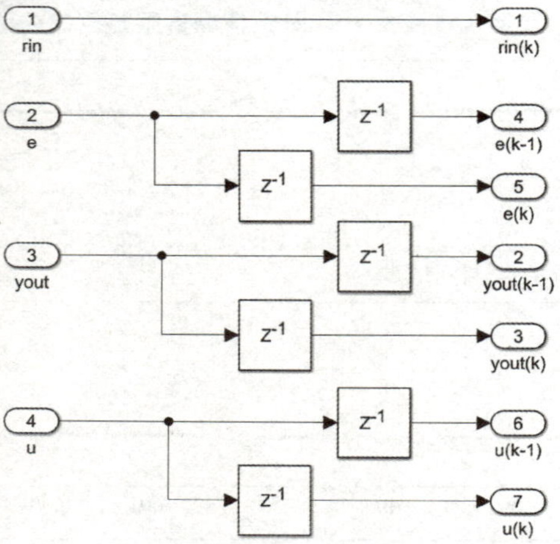

图 12-17　数据准备子系统内部结构图

下面重点介绍基于 S 函数的神经网络 PID 控制器的实现部分。

S 函数的基本格式如下：

function[sys,x0,str,ts] = 函数名(t,x,u,flag)

其中，t 为仿真时间；x 为系统的状态变量；u 为输入变量；sys 为系统输出；x0 为系统状态变量初值；str 为保留参数；ts 为采样时间；flag 为仿真流程控制标志变量。表 12-5 为 flag 变量对应的调用函数及相应描述。

表 12-5　flag 对应的调用函数及描述

Flag 标志	调用函数	功能描述
0	mdlInotializeSize	系统模型初始化函数
1	mdlDerivatives	连续系统状态变量导数
2	mdlUpdate	离散系统状态变量导数
3	mdlOutputs	系统模型输出
4	mdlGetTimeOfNextVarHit	计算下一个采样点时间
9	mdlTerminate	仿真结束调用函数

本次设计的神经网络控制器采用三层（3-5-3）网络结构，神经网络的输入为期望值、水箱液位值和偏差，输出为 K_p、K_i、K_d。隐含层、输出层的权值分别为 w_i、w_o，学习率和惯性因子分别为 xite 和 alfa，T 是采样周期。

S 函数实现代码可扫描右侧二维码获取。

“程序代码 ch12-004”

运行后，得到如图 12-18 所示的结果曲线。

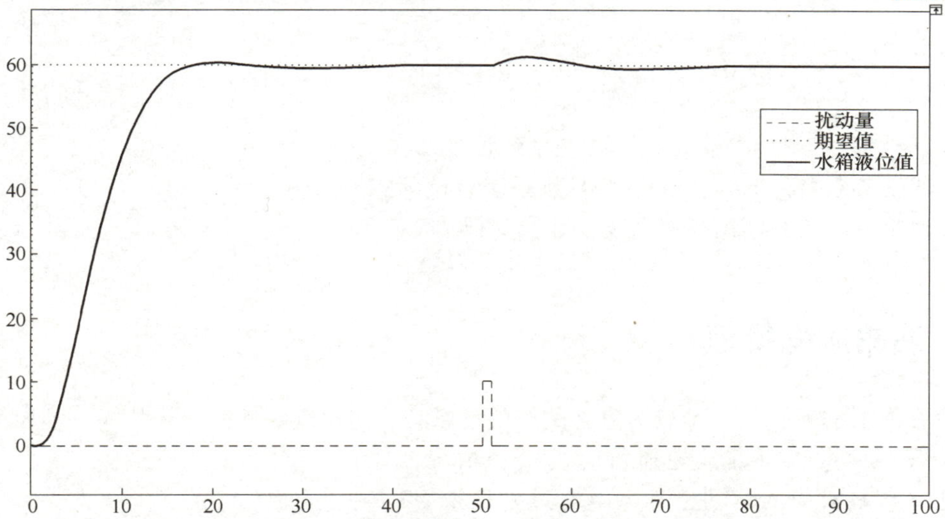

图 12-18　双容水箱神经网络 PID 控制的仿真结果

仿真结果显示：系统超调量为 0.48%，峰值时间为 20.67min，对应误差 5%的调节时间为 15.10min，误差 2%的调节时间为 16.42min。对于扰动的动态降落为 2.01%，偏差为 0。可以看出：神经网络整定 PID 参数的方法可以实现良好的控制效果。

思考题与习题

12-1　针对双容水箱液位控制任务，复现本章中的控制方案，对不同控制方案的仿真结果进行比较分析，并总结各种控制方案的特点。

12-2　针对双容水箱液位控制任务，尝试引入第 11 章介绍的两种优化算法对本章中的控制方案进行改进或融合，并分析仿真结果。

第 13 章 油轮航向智能控制系统设计

导读

本章提供了另一个综合应用案例，油轮航向角的自动控制[16]。以油轮航向角为被控对象，探讨了三种智能控制方案的设计及实现：BP 神经网络、RBF 神经网络以及模糊控制。请读者在此基础上，探讨不同控制方案下参数变化对系统性能的影响，并探索各种算法中参数优化的实现途径。

本章知识点

- 油轮航向模型构建。
- 油轮航向角的 BP 神经网络控制系统设计及实现。
- 油轮航向角的 RBF 神经网络控制系统设计及实现。
- 油轮航向角的模糊控制系统设计及实现。

13.1 油轮航向模型

油轮在海上的航行是一个较为复杂的非线性系统，当出现一些外界干扰时，油轮的运动状态就会发生变化。研究油轮航行时的运动情况，首先要建立与之对应的运动坐标系，通过坐标系来表示油轮的运动情况。油轮运动的坐标系如图 13-1 所示，油轮以速度 u 沿着指定方向 x 前进，ψ 表示航向角（以 rad 计），δ 表示舵角输入（以 rad 计），ψ_r 来表示期望的航向角。

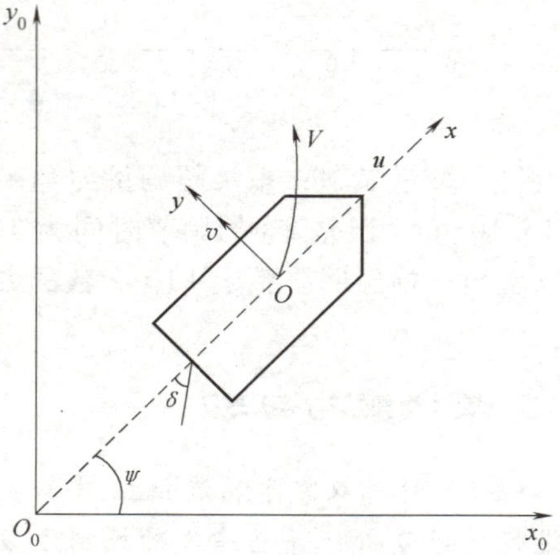

图 13-1 油轮运动坐标系

根据舵角和油轮运动的关系，建立如式（13-1）所示的航向角 $\psi(t)$ 与舵角 $\delta(t)$ 的数学方程[16]：

$$\dddot{\psi}(t)+\left(\frac{1}{\tau_1}+\frac{1}{\tau_2}\right)\ddot{\psi}(t)+\frac{1}{\tau_1\tau_2}H(\dot{\psi}(t))=\frac{K}{\tau_1\tau_2}(\tau_3\dot{\delta}(t)+\delta(t)) \tag{13-1}$$

式中，

$$K=K_0\left(\frac{u}{l}\right) \tag{13-2}$$

$$\tau_i=\tau_{i0}\left(\frac{l}{u}\right),i=1,2,3 \tag{13-3}$$

式中，K、τ_1、τ_2、τ_3 是油轮恒定前进速度 u 和长度 l 的函数。螺旋试验表明，$H(\dot{\psi})$ 可以近似为

$$H(\dot{\psi})=\bar{a}\dot{\psi}^3+\bar{b}\dot{\psi} \tag{13-4}$$

式中，$\bar{a}$ 和 $\bar{b}$ 是实值常量，且 $\bar{a}$ 恒大于 0，这里取 $\bar{a}=1$，$\bar{b}=1$。

式（13-1）中，如果令

$$a=\frac{1}{\tau_1}+\frac{1}{\tau_2} \tag{13-5}$$

$$b=\frac{1}{\tau_1\tau_2} \tag{13-6}$$

$$c=\frac{K\tau_3}{\tau_1\tau_2} \tag{13-7}$$

$$d=\frac{K}{\tau_1\tau_2} \tag{13-8}$$

则可以得到

$$\dddot{\psi}(t)=-a\ddot{\psi}(t)-bH(\dot{\psi}(t))+c\dot{\delta}(t)+d\delta(t) \tag{13-9}$$

式（13-9）中，令

$$\dot{x}_3=\dddot{\psi}(t)-c\dot{\delta}(t) \tag{13-10}$$

则有

$$x_3=\ddot{\psi}(t)-c\delta(t) \tag{13-11}$$

令

$$\dot{x}_2=\ddot{\psi}(t) \tag{13-12}$$

$$x_1(t)=\psi(t) \tag{13-13}$$

可以得到如下的状态方程[16]：

$$\dot{x}_1(t)=x_2(t) \tag{13-14}$$

$$\dot{x}_2(t)=x_3(t)+c\delta(t) \tag{13-15}$$

$$\dot{x}_3(t)=-a\ddot{\psi}(t)-bH(\dot{\psi}(t))+d\delta(t) \tag{13-16}$$

其中，

$$H(\dot{\psi}(t))=\dot{\psi}^3(t)+\dot{\psi}(t)=x_2^3(t)+x_2(t) \tag{13-17}$$

上述状态方程假设零初始状态 $\psi(0)=\dot{\psi}(0)=\ddot{\psi}(0)=0$，所以 $x_1(0)=x_2(0)=0$，$x_3(0)=-c\delta(0)$，其他物理参数值设置如下：$K_0=5.88$，$\tau_{10}=-16.91$，$\tau_{20}=0.45$，$\tau_{30}=1.43$，$l=350$（m），$u=5$（m/s）。仿真时令积分步长 $h=1$s，采用周期 $T=10$s，这意味着控制器每 10s 进行一次计算，输出对应的舵角。

13.2 神经网络控制器设计及实现

13.2.1 BP 神经网络控制器

本节我们使用 BP 神经网络作为控制器来实现对油轮航向角的自动控制。控制系统的结构框图如图 13-2 所示。

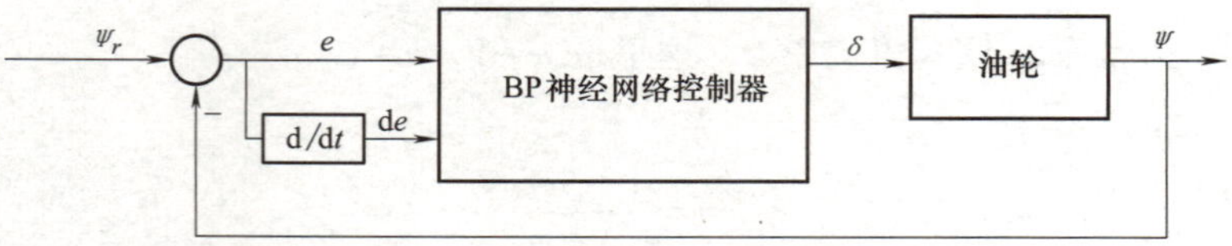

图 13-2 基于 BP 神经网络的油轮航向控制系统结构框图

BP 神经网络采用 3 层结构，包含一个隐含层，隐含层节点 5 个（见图 13-3）。隐含层激活函数为 sigmoid 函数，输出层激活函数为 purelin 函数。

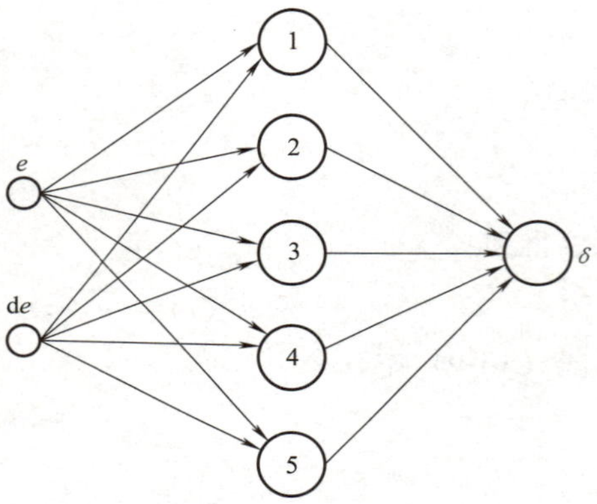

图 13-3 BP 神经网络结构图

选取误差函数为

$$e(k)=\frac{1}{2}(\psi_r-\psi)^2 \tag{13-18}$$

采用有动量因子的最速下降法（也叫作梯度下降法），权值更新公式为

$$\Delta w(k)=-\eta(1-\alpha)\Delta e(k)+\alpha\Delta\omega(k-1) \tag{13-19}$$

式中，η 为学习率；α 为动量因子。

神经网络控制器的算法训练步骤如下：

1）参数初始化：权值 ω，学习率 η；航向角误差和误差变化量。

2）进行 BP 神经网络前向运算，得到舵角大小。

3）代入对象模型，得到当前航向角。

4）误差反向传播，逐层调整权值的大小。

5）更新航向角误差和误差变化量。

6）当误差小于目标值或迭代次数高于设定值，停止迭代，否则返回步骤 2）。

详细程序代码请扫右侧二维码获取。

"程序代码 ch13-001"

仿真结果如图 13-4~图 13-6 所示。

13.2.2 RBF 神经网络控制器

基于径向基神经网络的控制系统结构如图 13-7 所示，其中，RBF 神经网络控制器的输入为误差 e 及误差变化率 de，输出为舵角 δ。

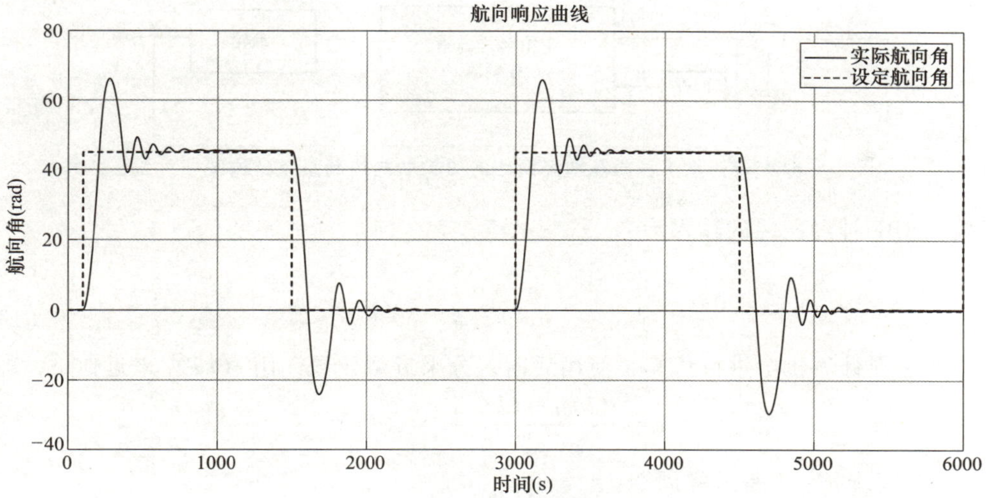

图 13-4　航向响应曲线（一）

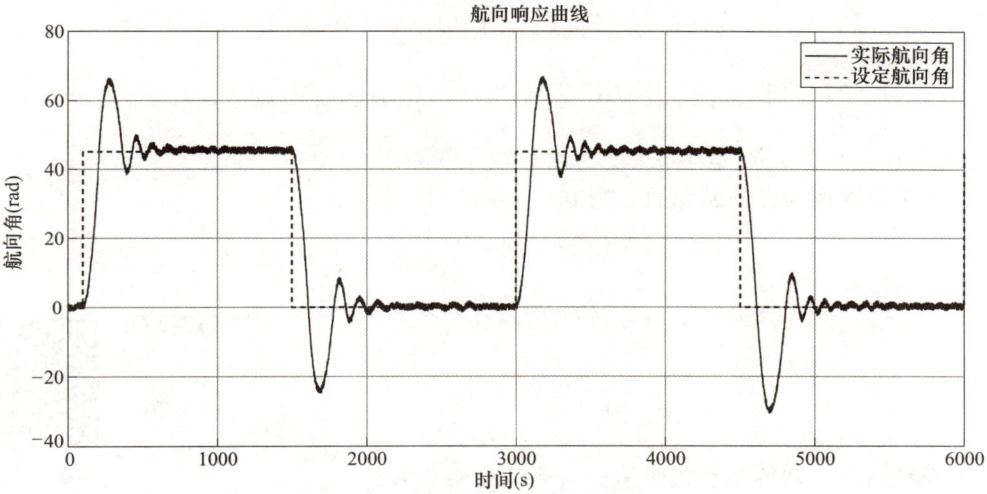

图 13-5　传感器误差下的航向响应曲线（一）

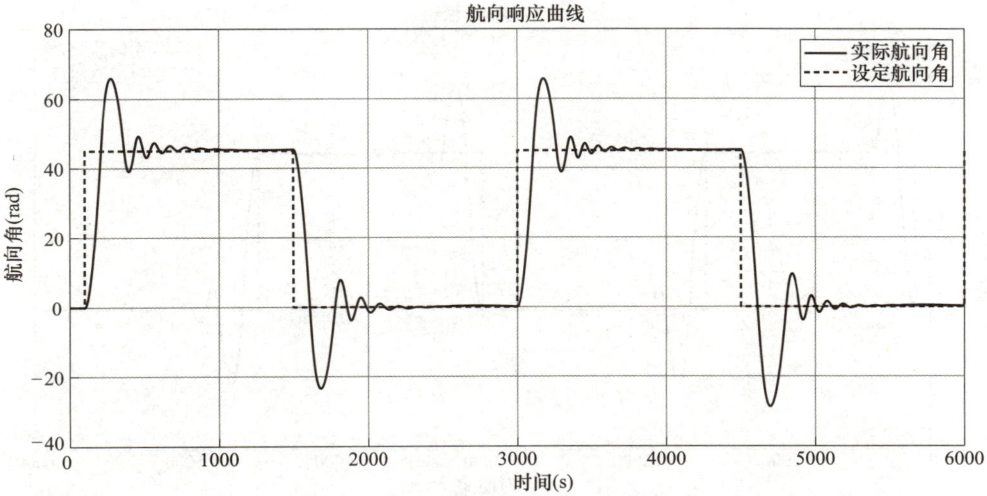

图 13-6　风扰动下的航向响应曲线（一）

图 13-7　基于径向基神经网络的油轮航向控制系统结构图

因此，RBF 神经网络的输入为

$$e=\psi_r-\psi \tag{13-20}$$

$$\dot{e}=\dot{\psi}_r-\dot{\psi} \tag{13-21}$$

为了便于在计算机中进行仿真，使用后向差分来近似导数，用 $c(kT)$ 来近似 $\dot{e}$，即

$$\dot{e}\approx\frac{e(kT)-e(kT-T)}{T}=c(kT) \tag{13-22}$$

式中，k 是时间步长；T 是采样周期。

所以，RBF 神经网络的输出可以表示为

$$\delta(k)=F_{rbf}(e(k),c(k))=\sum_{i=1}^{n_R}b_iR_i(x) \tag{13-23}$$

式中，$e(k)\in\left[-\frac{\pi}{2},\frac{\pi}{2}\right]$；$c(k)\in[-0.01,\ 0.01]$；$n_R$ 是隐含层神经元节点的个数；b_i 是第 i 个神经元的连接权值；R_i 是第 i 个隐含层神经元的输出。

选择高斯函数作为径向基函数，则有

$$R_i(x)=\exp\left(-\frac{|x-c^i|^2}{(\sigma^i)^2}\right) \tag{13-24}$$

$$\sigma_1^i=0.7\frac{\pi}{\sqrt{n_R}} \tag{13-25}$$

$$\sigma_2^i=0.7\frac{0.02}{\sqrt{n_R}} \tag{13-26}$$

“程序代码 ch13-002”

RBF 神经网络控制的实现代码请扫右侧二维码获取。

仿真结果如图 13-8～图 13-10 所示。

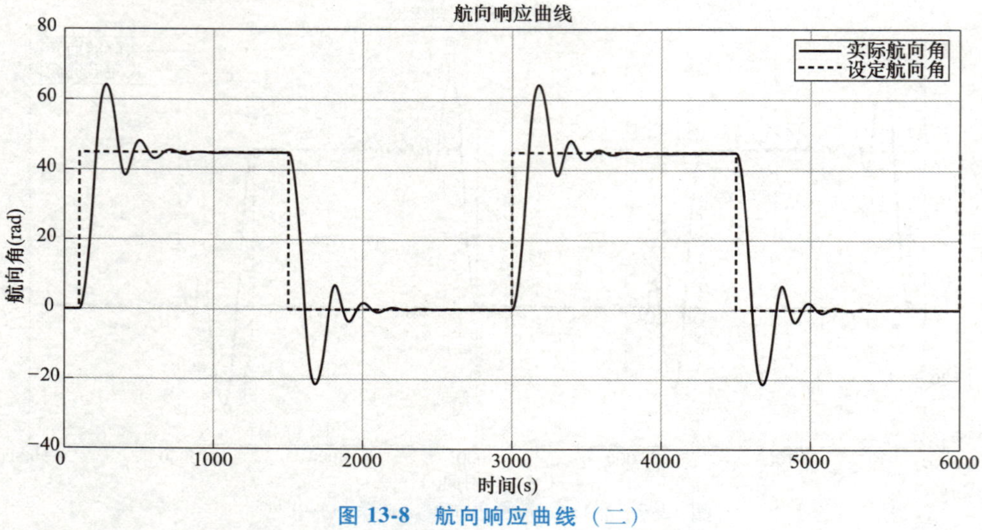

图 13-8　航向响应曲线（二）

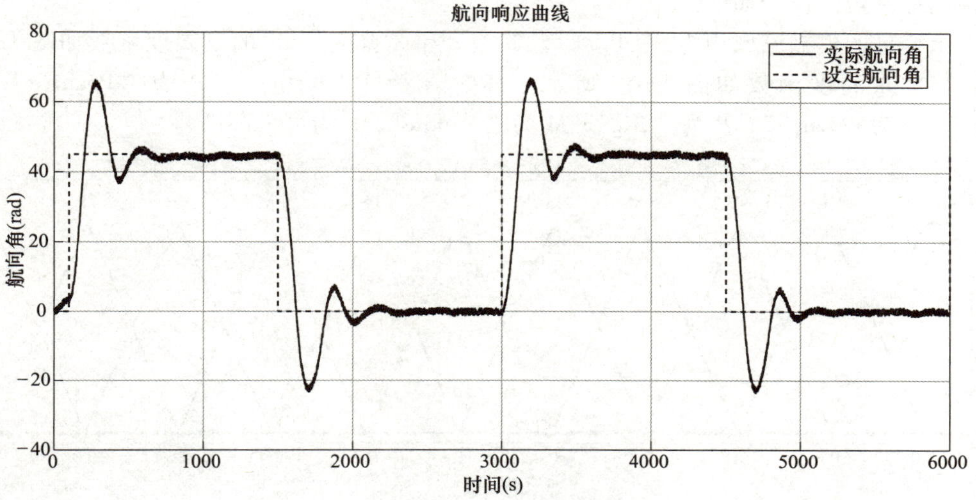

图 13-9　传感器误差下的航向响应曲线（二）

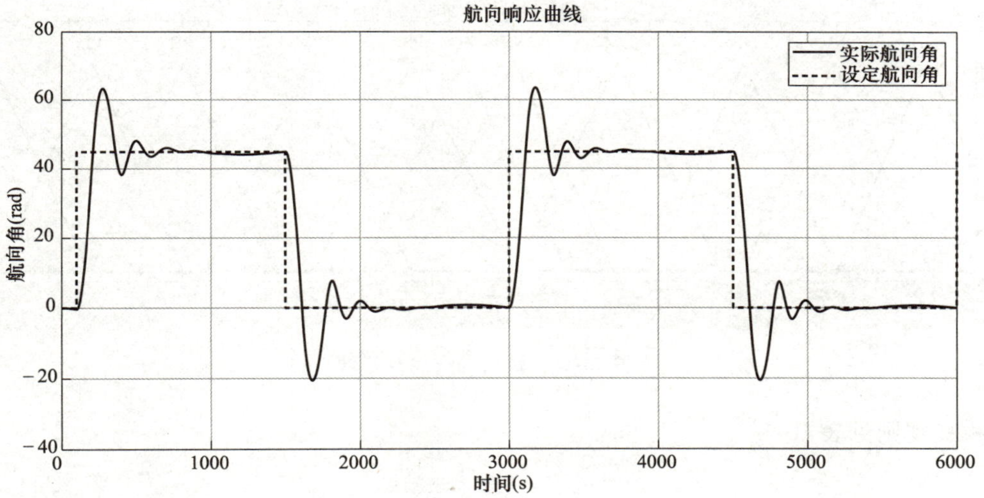

图 13-10　风扰动下的航向响应曲线（二）

13.3　模糊控制器设计及实现

基于模糊控制的油轮航向控制系统结构图如图 13-11 所示，其中，模糊控制器的输入为偏差 e 和偏差变化 de，输出为舵角 δ，K_e、K_{de}、K_u 分别为量化因子和比例因子。

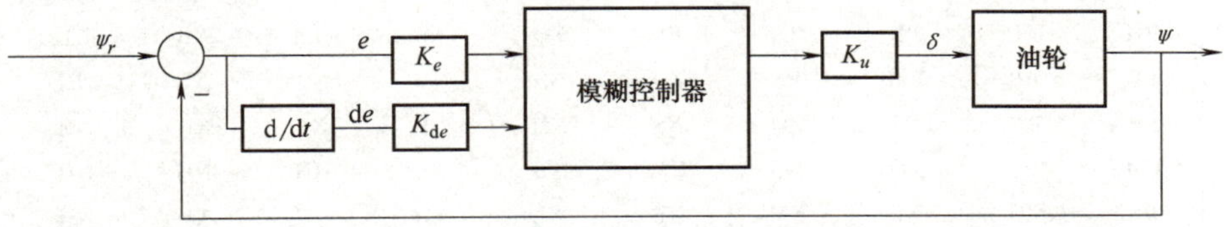

图 13-11　油轮航向模糊控制系统框图

模糊控制器的设计如下：

三个变量的模糊论域均为［-1，1］，偏差 e 和偏差变化 de 的隶属度函数如图 13-12 所示，输出的隶属度函数如图 13-13 所示。其中 N 为 “Negative”，P 为 “Positive”，H 为 “Huge”，L 为 “Large”，B 为 “Big”，M 为 “Middle”，S 为 “Small”。

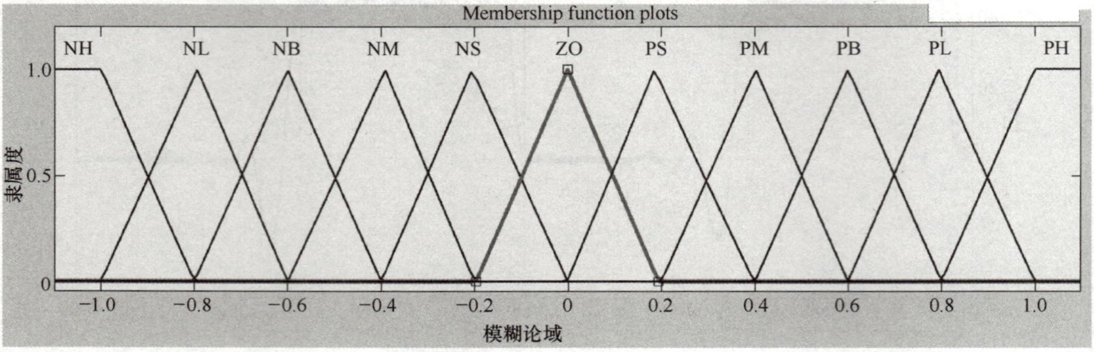

图 13-12　偏差和偏差变化的隶属度函数

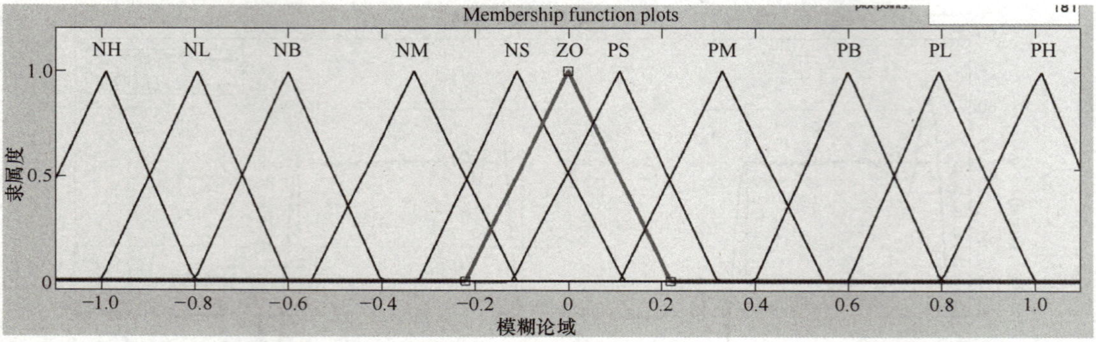

图 13-13　输出的隶属度函数

模糊规则见表 13-1。

表 13-1　模糊规则表

e	de										
	NH	NL	NB	NM	NS	ZO	PS	PM	PB	PL	PH
	u										
NH	PH	PH	PH	PH	PH	PH	PL	PB	PM	PS	ZO
NL	PH	PH	PH	PH	PH	PL	PB	PM	PS	ZO	NS
NB	PH	PH	PH	PH	PL	PB	PM	PS	ZO	NS	NM
NM	PH	PH	PH	PL	PB	PM	PS	ZO	NS	NM	NB
NS	PH	PH	PL	PB	PM	PS	ZO	NS	NM	NB	NL
ZO	PH	PL	PB	PM	PS	ZO	NS	NM	NB	NL	NH
PS	PL	PB	PM	PS	ZO	NS	NM	NB	NL	NH	NH
PM	PB	PM	PS	ZO	NS	NM	NB	NL	NH	NH	NH
PB	PM	PS	ZO	NS	NM	NB	NL	NH	NH	NH	NH
PL	PS	ZO	NS	NM	NB	NL	NH	NH	NH	NH	NH
PH	ZO	NS	NM	NB	NL	NH	NH	NH	NH	NH	NH

模糊控制的程序代码请扫右侧二维码获取。

运行上述程序，可得到在不同量化因子、比例因子下的航向角响应曲线，如图 13-14、图 13-15 所示。

“程序代码 ch13-003”

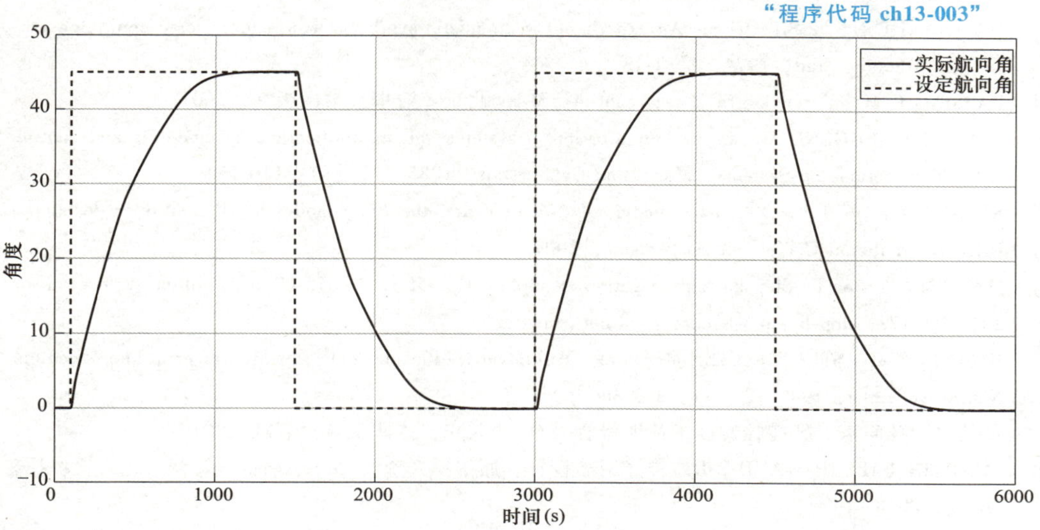

图 13-14　模糊控制结果（一）

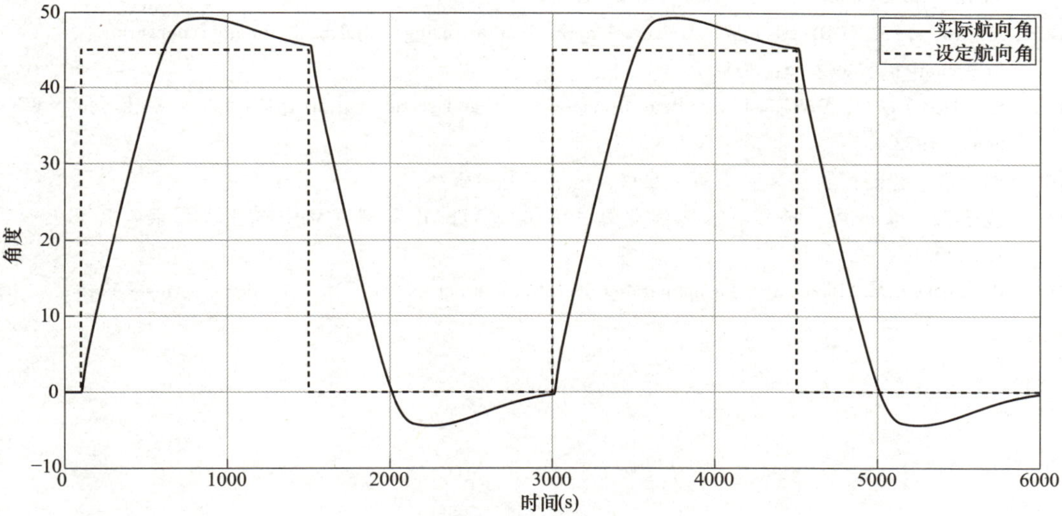

图 13-15　模糊控制结果（二）

思考题与习题

13-1　针对油轮航向角控制任务，复现本章所有控制方案，在此基础上，尝试引入优化算法或其他思路对其进行改进，最后对所有策略的控制性能和特点进行比较分析。

13-2　学习完成所有内容后，尝试用最简单的语言描绘模糊控制、神经网络、粒子群优化算法、遗传算法的特点，同学间进行分享。

13-3　课程学习结束后，谈谈你对智能控制或人工智能的认识以及对其未来的展望。

参考文献

[1] ZADEH L A. Fuzzy sets [J]. Information and Control, 1965, 8: 338-353.

[2] ZIMMERMANN H J. Fuzzy Set Theory and Its Applications [M]. London: Springer-Verlag, 1991.

[3] MAMDANI E H, ASSILION S. An experiment in linguistic synthesis with a fuzzy logic controller [J]. Intl J. Man-Machine Stud, 1974, 7: 1-13.

[4] PASSINO K M, Yurkovich S. Fuzzy control [M]. 北京：清华大学出版社，2001.

[5] TAKAGI T, SUGENO M. Fuzzy identification of systems and its applications to modeling and control [J]. IEEE Transactions on Systems, Man, and Cybernetics, 1985, 15 (1): 116-132.

[6] KUNG C C, SU J Y. T-S fuzzy model identification and the fuzzy model based controller design [C] // IEEE International Conference on Systems, 2007.

[7] MATT M. A step by Step back propagation example [EB/OL]. [2015-03-17]. https: //mattmazur. com/2015/03/17/a-step-by-step-backpropagation-example/.

[8] HORNIK K M, STINCHCOMBE M, et al. Multilayer feedforward networks are universal approximators [J]. Neural Networks, 1989, 2 (5): 359-366.

[9] 巩敦卫，孙晓燕. 智能控制技术简明教程 [M]. 北京：国防工业出版社，2010.

[10] MARTIN T H, HOWARD B D. 神经网络设计：原书第2版：[M]. 章毅，等译. 北京：机械工业出版社，2018.

[11] POWELL M J D. Radial basis function for multivariable interpolation [C] //IMA Conference on Algorithms for the Approximation of Functions ans Data, 1985.

[12] PARK J, SANDBERG I W. Universal approximation using radial-basis-function networks [J]. Neural Computation, 1993, 5: 305-316.

[13] RICHARD O D, PETER E H. Pattern classification and scene analysis [M]. New York: John Wiley & Sons, 1973.

[14] 刘金琨. 智能控制 [M]. 5版. 北京：电子工业出版社，2021.

[15] 包子阳，余继周，杨杉. 智能优化算法及其 MATLAB 实例 [M]. 3版. 北京：电子工业出版社，2021.

[16] PASSINO K M. Biomimicry for optimization, control and automation [M]. London: Springer-Verlag. 2005.